かんたん
IT基礎講座

ゼロからわかる

Amazon Web Services

AWS 超入門 改訂新版

はじめてのクラウド

大澤文孝［著］

技術評論社

ご注意

ご購入・ご利用の前に必ずお読みください。

- 本書に記載された内容は、情報の提供のみを目的としています。したがって、本書を用いた運用は、必ずお客様自身の責任と判断によって行ってください。これらの情報の運用の結果について、技術評論社および著者はいかなる責任も負いません。
- 本書記載の情報は2024年3月現在の執筆内容に基づきます。Webサービスの操作画面等は変更されている可能性があります。

以上の注意事項をご承諾の上で本書をご利用ください。

- 書籍情報URL
  https://gihyo.jp/book/2024/978-4-297-14089-2

はじめに

初版から5年。本書は、おかげさまで改訂を迎えることができました。

AWSはインフラを提供するクラウドサービスですが、旧来のオンプレミス（データセンターなどで自社運営する方法）と同じ方法で運用することもできますし、いまふうのAWSらしい運用もできます。

AWSらしい運用とは、なんでも自分で仮想サーバーを構築して運用するのではなく、「仮想サーバー」「ストレージ」「Webサーバーサービス」「データベース」「キャッシュ」「負荷分散装置」など、AWSが提供する用途別のサービスを組み合わせて運用するやり方です。

本書は、この「AWSらしい運用」を解説した書です。

AWSへの移行期は、互換性や学習コストの問題から、旧来の方法のまま運用することも多かったです。しかしAWSらしい運用は、堅牢性・拡張性・保守性の面で優れているため、いまでは、以前に増して、「AWSらしさ」が重要視されています。

こうした時代に変わったこともあり、初版の時代に比べて、本書の内容は、一層、実践的で役立つことでしょう。

本書は、ハンズオンを中心とした書です。

仮想コンピューティングのEC2とストレージサービスのS3に焦点を当て、Webサーバーやブログサーバーを作りながら、AWSのサービスを組み合わせてインフラを構築する方法を基礎から説明していきます。最終的には、本格的なWebサーバーとして運用するのに不可欠な、ドメイン名でのアクセスや暗号化通信までを解説します。本書を読めば、一通りのWebサーバーを構築できるようになるはずです。

AWSの世界は壮大です。そして、年々、AWSが提供するサービスも増えてきます。

しかし本書の内容は、AWSの基本となるもので、大きく変わることはないでしょう。

実際、初版から5年が経過しましたが、UIの変更（名称変更、設定場所の変更）、細かい機能の変更・追加（OSのバージョンの変更、AWSサービスの追加オプション、一部機能の有料化）などがあったものの、考え方となる大筋の流れは変わりませんでした。5年が経過した今だからわかりますが、どれも確立された方法であり、今後も、操作の方法は変われども、大筋が大きく変わることはないと思います。

本書が、AWSの使い方を習得するのに役立つのはもちろん、AWSらしい考え方を習得する手助けにもなれば幸いです。

2024年4月　大澤文孝

目次

本書では練習問題とその解答・解説をダウンロードで提供しています。章ごとに習熟度を確認できます。

URL：https://gihyo.jp/book/2024/978-4-297-14089-2

CHAPTER

1

Amazon Web Services とは何か

Amazon Web Servicesは、Amazon Web Services, Inc.（日本国内ではアマゾン ウェブ サービス ジャパン合同会社）が提供するクラウドサービスです。
この章では、クラウドサービスとは、そもそも何なのかをまず説明します。
続いて、AWSは、どのような特徴を持つクラウドサービスで、どのようなメリット・デメリットがあるのかを説明します。
最後に、本書では、どのような流れでAWSを学んでいくのか、目的と道筋を示します。

1-1 クラウドサービスとは

Amazon Web Services (AWS) は、クラウドサービスの一種です。
そこでまず、クラウドサービスとは、どのようなものであるのかを簡単に説明します。

1-1-1 オンプレミスとクラウドサービス

クラウドサービスは、情報システムを提供するときに必要となるサーバーやネットワークなどのインフラを提供するサービスです。

● 全部自分で用意するオンプレミス

サーバーやネットワークなどのインフラを提供する施設が、データセンターです。

クラウドサービスを使わずに情報システムを運用する場合、サーバーやネットワーク機器などを、こうしたデータセンターに持ち込んで、自前で構築します。このような運用方法を「オンプレミス」と言います (**図1-1**)。

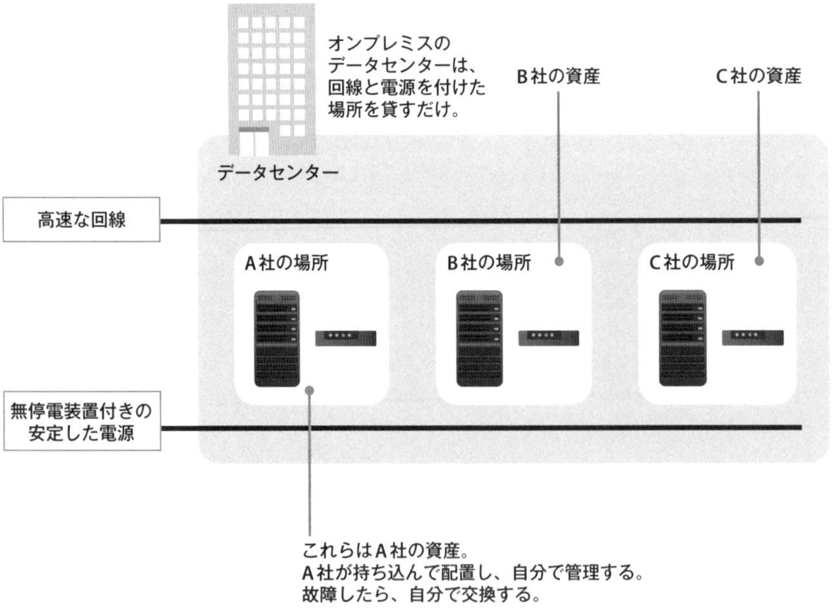
オンプレミスの
データセンターは、
回線と電源を付けた
場所を貸すだけ。
B社の資産
C社の資産
データセンター
高速な回線
A社の場所
B社の場所
C社の場所
無停電装置付きの
安定した電源
これらはA社の資産。
A社が持ち込んで配置し、自分で管理する。
故障したら、自分で交換する。

●**図1-1　オンプレミスでの運用**

TIPS
インフラ Infrastructure。サーバーやネットワーク機器など、サービスを提供するための基盤となるもの

TIPS
データセンター data center。インターネットなどにサービスを提供するためのサーバーやネットワーク機器などを置いて運用するための施設。耐震性の高いビルに高速な通信回線が引き込まれており、停電の際にも停止しないようなバックアップ電源装置も備え付けられている。部外者が入れないよう入室の際の身分チェックもあるし、データセンターによっては、その場所自体が秘密事項のこともある

TIPS
オンプレミス on-premises。on-premisesとは敷地とか構内という意味。つまり、自分の設備で運用するという意味

オンプレミスでの運用は、次の点が課題になりがちです。

・サーバーの設置やネットワークの敷設に日数が必要

機材の調達や配置が必要なので、追加や変更には日数が必要です。入念な下準備が必要なので、「明日からサーバーの台数を増やしたい」ということは困難です。

・保守が必要

サーバーやネットワーク機器などは自社で保有します。初期コストがかかるのはもちろん、故障のときは交換が必要です。古くなると最新の技術に対応しなくなったり、セキュリティの不具合を修正するための更新プログラムが提供されなくなったりするため、サポート期間が切れる数年単位で、機材自体を一新する必要もあります。

そして、サーバーやネットワーク機器に異常がないかを日々監視する運用業務も、必要となります。

TIPS
会社の経営の視点から見ると、保有するため、固定資産税の対象になる厄介さもある

・障害対策にコストがかかりすぎる

サーバーやネットワークが壊れたときは、それを交換する必要があります。そのためには予備の設備を用意しておく必要があります。たとえば、サーバーが壊れたときのために2台以上用意しておく、回線も二重化しておくなどの方法があります。

しかしこうした予備設備を所有することは、それなりのコストがかかります。

● 設備をレンタルするクラウドサービス

クラウドサービスは、こうしたオンプレミスの不便さを解決したインフラサービスです。

クラウドサービスでは、データセンターにサーバーやネットワークを各自が設置しません。代わりにデータセンターには、あらかじめ十分な数のサーバーやネットワーク設備が用意されていて、必要に応じて、それらをすぐに借りて使うことができます。つまりクラウドサービスは、サーバーやネットワークのレンタルサービスです（**図1-2**）。

TIPS
クラウドサービス　cloud service。インターネット上に構成され、どこからでも利用できるサービスの総称

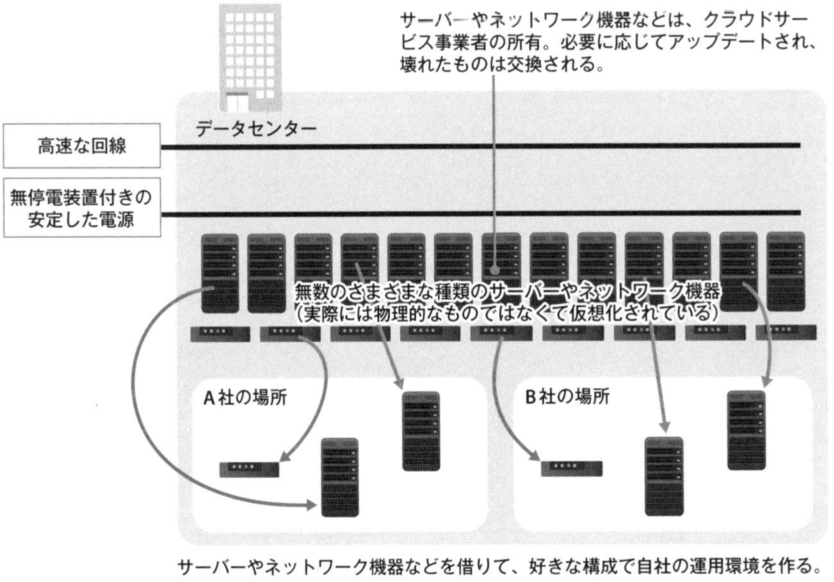
サーバーやネットワーク機器などは、クラウドサービス事業者の所有。必要に応じてアップデートされ、壊れたものは交換される。
データセンター
高速な回線
無停電装置付きの安定した電源
無数のさまざまな種類のサーバーやネットワーク機器（実際には物理的なものではなくて仮想化されている）
A社の場所
B社の場所
サーバーやネットワーク機器などを借りて、好きな構成で自社の運用環境を作る。

●図1-2　クラウドサービスでの運用

クラウドサービスは、オンプレミスにおける課題を、次のように解決します。

・サーバーの設置やネットワークの敷設は即時

クラウドサービスでは、仮想化技術を使ってサーバーやネットワークを構成しています。そのため物理的な配置が必要ないので、クラウドサービスの管理画面から操作すると、ものの数分でサーバーやネットワークを作れます。

・保守は必要なし

サーバーやネットワーク機器などはクラウドサービス会社が保有し、管理しています。壊れたときの交換やアップデート、セキュリティ対策なども実施してくれます。そのため、保守の必要がありません。いつでも最新の設備を使うことができます。

・障害対策のコストを抑えられる

クラウドサービスでは、すぐにサーバーやネットワークの代替を作れるため、予備の設備をあらかじめ用意しておく必要がありません。

ほとんどのクラウドサービスは、回線を二重化（もしくはそれ以上）していますし、データセンターも複数の拠点、そして、世界各国で運用しています。このため各拠点間でのデータ同期などで、大規模災害が発生したときにも耐

TIPS

仮想化技術　virtualization。ソフトウェア的にハードウェアをエミュレートして、1台の物理的なサーバーやネットワーク機器を、あたかも複数台のサーバーやネットワークのように見せかける技術

TIPS

二重化　複数の設備を持つことで、片方が停止しても、もう片方で運用し続けられるようにする構成。ずっと稼働している構成と、ふだんは停止していて障害時に切り替える構成の2通りのやり方がある

TIPS

大規模災害　都市が機能しなくなる程度の広範囲における災害。地震や火災などでデータセンターが丸ごと焼失するような事態のこと。こうした大災害から復旧する対策はディザスタリカバリ（Disaster Recovery）、略してDRと言う。DR対策は、ある程度、距離がある2拠点（たとえば、東京と大阪、日本と米国など）にシステムを配置してデータを同期しておいて、片方の拠点が被害を受けたら、もう片方で運用し続けられるようにするのが基本

えられるような、分散して運用するシステムも作りやすくなっています。

そしてさらに、クラウドでは、サーバーやネットワークが仮想化されています。そのため、次のメリットがあります。

・サーバーのスペック変更が容易

サーバーは仮想化されていて、管理画面からの操作ひとつで、CPUの性能を上げたり、メモリを増やしたりできます。ですから、最初は価格が安く性能が低いサーバーで運用し、利用者が増えてきたところでスペックを上げるという使い方もできます。

COLUMN

性能勝負か数で勝負か

負荷が高くなってシステムを増強したい場合、その方法は2つあります。

ひとつは1台のサーバーの性能を上げる方法です。これを「スケールアップ」と言います。

もうひとつの方法は、サーバーの台数を増やす方法です。これを「スケールアウト」と言います。

クラウドサービスでは、どちらの方法も使えます。そしてもちろん逆に、性能を下げることもできます。性能を下げることは、それぞれ、スケールダウン、スケールインと言います（**図1-3**）。

なお、クラウドサービスによっては、サーバーの負荷を計測し、負荷が高まったときに、自動的にスケールアウト・スケールインできる機構を持つものもあります。たとえばAWSでは「Auto Scaling」という機能を有効にすると、自動制御が可能となります。

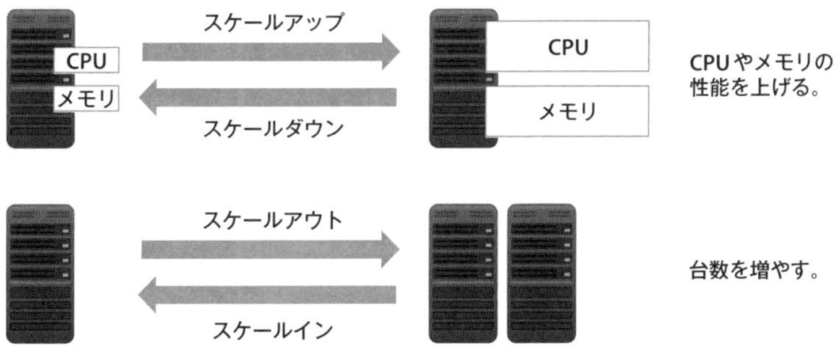

●**図1-3　スケールアップとスケールアウト**

TIPS
スケールアップ　scale up。マシンの性能を上げること

TIPS
スケールアウト　scale out。サーバーの台数を増やすこと

TIPS
スケールダウン　scale down。サーバーの性能を下げること

TIPS
スケールイン　scale in。サーバーの台数を減らすこと

TIPS
Auto Scaling　CPU負荷や応答速度、ネットワーク通信量などを監視し、あらかじめ指定しておいた閾値を超えたときに、サーバーの台数を変更したり、性能を向上したりする機能。閾値を下回ったときには、逆に、台数を減らしたり、性能を低下したりする機能もある

● 違いは「買う」か「借りる」か

ここまでの説明からわかるように、オンプレミスとクラウドとの違いは、たとえて言えば、車を購入するのか、それとも車をレンタルで使うのかという違いに似ています。メリットやデメリットも、ほぼ同じです（**図1-4**）。

車を買う	車を借りる
・自分のもの ・メンテナンスや車検は自分持ち ・最初にお金がかかる。税金（自動車税）もかかる ・買ったらしばらく同じ車に乗り続けなければならない	・自分のものではない ・メンテナンスや車検はやらなくていい ・使った分だけ払えばよい。税金もかからない ・たまにはスポーツカーなど別の車も借りられる
オンプレミス	**クラウドサービス**
・自分のもの ・保守や運用は自分の責任 ・最初にお金がかかる。税金（固定資産税）もかかる ・買ったらしばらくは同じ構成で使い続けなければならない	・自分のものではない ・保守や運用はしてくれる ・使った分だけ払えばよい。税金もかからない ・性能が必要なときは、そのときだけ高性能なサーバーを借りられる

●図1-4　オンプレミスとクラウドサービスとの違い

COLUMN

クラウドサービスとレンタルサーバーとの違い

クラウドサービスは、サーバーやネットワーク機器をレンタルするものであると言うと、「レンタルサーバー」との違いは何なのか？　と思う人もいるかも知れません。

わかりやすくまとめると、クラウドサービスとレンタルサーバーとの違いは、「サーバーを自分で作れるか」、それとも、「サーバー自体を借りるか」の違いです。

クラウドサービスでは、何台でも好きなだけサーバーを借りられますし、それをどのようにネットワークで構成するのかも自由です。簡単に言えば、「好きに作れるネットワーク環境とサーバー環境」が与えられます。

それに対してレンタルサーバーでは、1台のサーバーを借りるだけです。新しく別のサーバーを使いたいときは、別途、また新しい契約が必要です（**図1-5**）。

TIPS

レンタルサーバー　サーバーを借りることができるサービス。1台丸ごと借りることができる専有サーバーと、他の人と共有して1台のサーバーを借りる共有サーバーの2種類ある

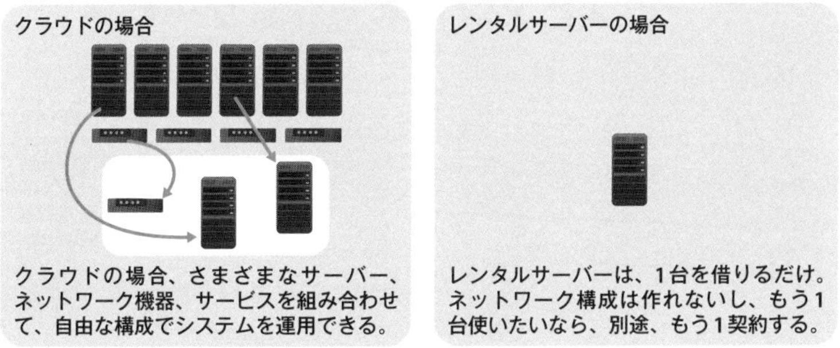
クラウドの場合
クラウドの場合、さまざまなサーバー、ネットワーク機器、サービスを組み合わせて、自由な構成でシステムを運用できる。
レンタルサーバーの場合
レンタルサーバーは、1台を借りるだけ。ネットワーク構成は作れないし、もう1台使いたいなら、別途、もう1契約する。

●図1-5　クラウドサービスとレンタルサーバーの違い

COLUMN

クラウドサービスは割高？

ある程度の規模のシステムを組むとき、クラウドサービスは、従来のオンプレミスサービスよりも割高になるかもしれません。

これは車を購入するよりもリースのほうが高いのと同じ理由で、保守・整備費用、そしてクラウドサービス側の利益を含んだ価格になるためです。

しかしオンプレミスでは、自分で保守・整備しなければならないので、多少割高でも、保守・整備費用も含めて考えれば全体として安くなることもあります。

結局、費用は、運用や保守を自分でやるかどうかという問題です。これはホテル住まいをするかどうかに似ているかもしれません。ホテル住まいなら衣食住全部揃って便利ですが、自宅で暮らすよりもお金がかかります。クラウドサービスは、そうした、全部面倒を見てくれる、少し贅沢な側面もあります。

AWSはちょっとした用途なら無料枠を利用して無料・格安で利用することもできます。また、一時期だけサーバーを増強する必要がある、一定時間だけ高性能なマシンで処理する必要があるといったケースでは機器購入や設置の必要がないクラウドサービスのほうが割安になるケースもあります。

1-1-2 マネージドサービスとアンマネージドサービス

クラウドサービスは、サーバーを貸し出すだけのサービスではありません。データベースサーバーやメールサーバーなど、特定の目的の設定が完了した状態のサービスも提供しています。

素のままのサーバーを貸し出すサービスを「アンマネージドサービス」、あらかじめ設定された状態で貸し出すサービスを「マネージドサービス」と言います（**図1-6**）。

TIPS
データベース　データを保存して、素早く目的のデータを検索したり集計したりできるシステム。たとえば、顧客情報、商品情報、ブログの記事などの保存場所として使われる

TIPS
メールサーバー　メールを送信または受信できる機能をもつサーバーのこと

TIPS
アンマネージドサービス　マネージド（managed）とは管理されているという意味。アンマネージドの「un」は、その逆なので、管理されていないサーバーという意味。素のままのサーバーのことを言う

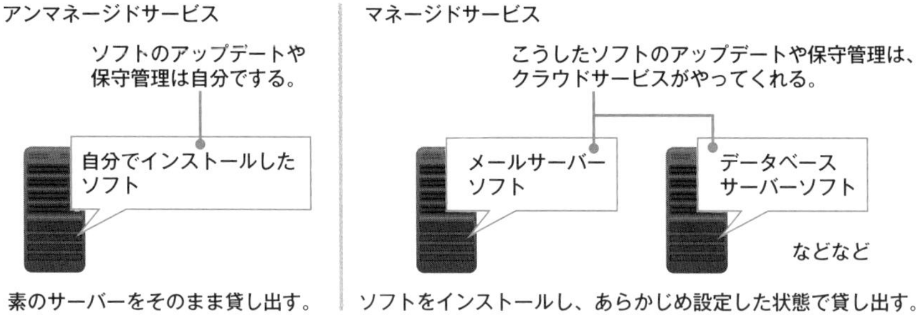

アンマネージドサービス
ソフトのアップデートや保守管理は自分でする。
自分でインストールしたソフト
素のサーバーをそのまま貸し出す。
マネージドサービス
こうしたソフトのアップデートや保守管理は、クラウドサービスがやってくれる。
メールサーバーソフト
データベースサーバーソフト
などなど
ソフトをインストールし、あらかじめ設定した状態で貸し出す。

●**図1-6　アンマネージドサービスとマネージドサービス**

TIPS
マネージドサービス　managedとは管理されているという意味。クラウドサービスによって保守管理が担当されているものを言う

マネージドサービスを使う利点は、自分でソフトウェアをインストールしたり設定したりしなくてよく、また保守運用もクラウドサービスに任せられる点です。

たとえばデータベースサーバーを例にとれば、安全に運用するには、保存先のストレージの二重化やバックアップなど考えることがたくさんあります。こうしたことを全部自分でやるのは大変ですし、操作を間違えるとデータを消失するなどの大事故につながります。その点、マネージドサービスを使えば、バックアップや二重化などのデータ保全策を任せられます。必要に応じてソフトウェアのバージョンアップやセキュリティ対策もされるので、安全に運用できます。

TIPS
ストレージ　storage。データの保存場所のこと

● 責任分界点

マネージドサービスとアンマネージドサービスでは、「どこまでを自分が担当するか」「どこまでクラウドサービスが担当してくれるか」の違いもあります。

この担当の分岐点のことを「責任分界点」と言います。責任分界点がクラウドサービス側に寄っているものほど保守管理を任せられるため、運用の手間を軽減できます（**図1-7**）。

TIPS
責任分界点　どこまでを利用者が責任を持ち、どこまでをクラウドサービス側が責任を持つかの分岐点のこと

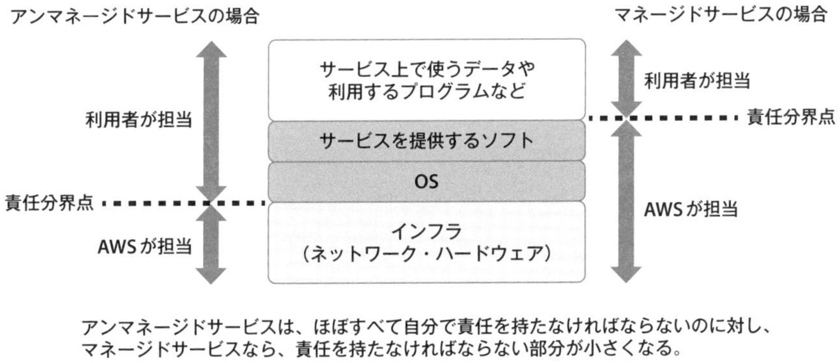

●図1-7　責任分界点

COLUMN

SaaS、PaaS、IaaS

クラウドを語るときには、「どこまでの機能が提供されるのか」を分ける用語として、「SaaS」「PaaS」「IaaS」という3つの言葉が、よく使われます（**図1-8**）。

・SaaS（Software as a Service：サース）

ソフトウェアの機能がサービスとして提供されるもの。メールサーバー、データベースサーバーなど、多くのマネージドサービスが、これに相当します。利用者は、保守・運用の一切を任せることができます。

・PaaS（Platform as a Service：パース）

アプリケーションを実行するためのプラットフォームを提供するもの。簡単に言うと、「作ったアプリケーションを配置するだけで実行できる環境」です。

利用者は、「自分で配置したアプリケーション」だけを運用・保守すればよく、それが実行される環境については考える必要がありません。

たとえば、AWSのLambdaなどのプログラム実行環境機能が、このPaaSサービスに相当します。

・IaaS（Infrastructure as a Service：イアース）

ネットワークや仮想的なサーバーなど、インフラ部分を提供するもの。アンマネージドサービスが、これに相当します。利用者は、全体の保守・管理をする必要があります。

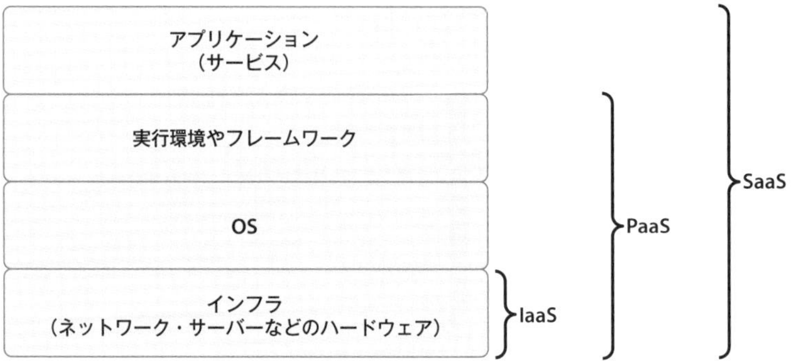

●図1-8　SaaS、PaaS、IaaSが提供する範囲

COLUMN

マネージドサービスは手出しできないサービスでもある

　マネージドサービスは、運用管理をクラウドサービスに任せられるということは、自分ではコントロールできないということでもあります。

　たとえば、ソフトウェアの新しいバージョンが登場したとき、新しいバージョンを取り入れる、あるいは古いバージョンを残すのはサービス側が決定します。そのため、機能が豊富な最新版を使いたい、システムの保守負担軽減のために古い物を使い続けたいといった要望があっても実現しないケースがあります。

　とくに後者の場合は問題になりやすいかもしれません。

　オンプレミスにおける運用では、「システムは作ったら終わり。OSやソフトウェアは当時のまま」というところも多いでしょう。しかしクラウドサービスを使う運用――とくにマネージドサービスを使う運用――では、そうはいきません。クラウドサービスでは、システムが最新の環境に変わることを前提としなければなりません。アップデートしたときに動くかどうかを確認したり、動かないならシステムを改修したりするなど、システム自体の保守が不可欠です。

1-1-3 クラウドサービスの可用性

クラウドサービスを使う場合、どの程度、信頼性がおけるのかを検討することも大事です。信頼性を図る基準はいくつかありますが、よく使われるのはサービスの可用性です。

可用性とは、稼働時間のうち、システムが使える時間の割合です。システムが無停止であれば、可用性は100%です。サービスに対して、どの程度の可用性を保証するのかは、SLAという契約に示されています。

メンテナンスなどを考えると100%の可用性を保証することは困難であるため、99%や99.9%、99.99%などが妥当な保証値であり、サービスによって異なります（なかには、可用性の保証がないサービスもあります）。

99%や99.9%、99.99%というのは、とても高い品質に見えますが、実際に計算すると、意外と許される停止時間は長いので注意してください。

AWSでは、月間使用時間をベースにSLAを規定しています。仮に1ヶ月を30日とすれば、1ヶ月は、24時間×60分×30日=43,200分です。この99.9%、99.99%を計算すると、それぞれ次のようになります。

43,200×（100 - 99.9） = 432分 = 7.2時間
43,200×（100 - 99.99） = 43.2分

もし、これだけの時間、停止したとしても、サービスとしては正常の範囲内です。実際に、こんなに長く停止することはありませんが、99.9%と99.99%とで、だいぶ違ってくる点は、意識する必要があります。

クラウドサービスは、よく、無停止で使えるかのように勘違いされますが、そんなことはありません。

システムトラブルによって使えなくなるような想定外の停止だけでなく、アップデートなどのため、計画的に一時的に数分の停止が生じることもあります。

もし提供するサービスを無停止で運用しなければならないのであれば、システムを冗長化するなどの仕組みが必要です。

TIPS

可用性　システムが利用できる割合。英語で言うと、availability

TIPS

SLA　Service Level Agreement。日本語で言うと、サービス水準合意。サービスの提供者とサービスの利用者との間で合意したサービス水準の契約のこと。SLAには、どの程度の可用性を保証するか、それを満たさなかった場合の保証（その多くは返金）など、サービスを提供するに当たっての、さまざまな契約内容が記載されている

TIPS

冗長化　構成を二重化するなどして、片方が停止しても、もう片方で運用を続けられるようにすること

1-2 巨大クラウドプラットフォーム Amazon Web Services

クラウドサービスについて分かったところで、本書の主題であるAmazon Web Services、AWSについて説明していきます。

1-2-1 世界32ヵ所で提供されるクラウドサービス

Amazon Web Services（アマゾンウェブサービス、AWS）は、Amazon Web Services, Inc.（日本国内ではアマゾン ウェブ サービス ジャパン合同会社）が提供するクラウドサービスです。日本を含む、全世界32カ所で展開されています。展開されている地域のことを「リージョン」と言います。リージョンには、リージョンコードと呼ばれる、英語の名称が付けられています（**表1-1**）。

AWSの利用者は、これらの好きなリージョンに、仮想サーバーや仮想ネットワークなどを構築して運用できます。

居住国とリージョンとは関係ありません。日本国内に住んでいても、バージニア北部などの米国のリージョンを使うこともできます。とはいえ地理的に近いリージョンほどネットワークのレスポンスが速いため、日本国内から利用する場合には、「東京リージョン（ap-northeast-1）」もしくは「大阪リージョン（ap-northeast-3）」を使うことがほとんどです。

TIPS
リージョン　AWSのサービスを提供する国・地域のこと。英語ではregion

TIPS
リージョンコード　region code。リージョンに付けられている英語の名称。コマンド操作で対象のリージョンを切り替えるときの名称として使われる

TIPS
仮想サーバー　仮想化技術を用いて作られたサーバーのこと

TIPS
仮想ネットワーク　仮想化技術を用いて作られたネットワークのこと

●表1-1　主なAWSのリージョン一覧

コード	名前
us-east-1	米国東部（バージニア北部）
us-east-2	米国東部（オハイオ）
us-west-1	米国西部（北カリフォルニア）
us-west-2	米国西部（オレゴン）
ca-central-1	カナダ（中部）
eu-west-1	欧州（アイルランド）
eu-west-2	欧州（ロンドン）
eu-west-3	欧州（パリ）
eu-north-1	欧州（ストックホルム）
eu-central-1	欧州（フランクフルト）
ap-northeast-1	アジアパシフィック（東京）

ap-northeast-2	アジアパシフィック（ソウル）
ap-northeast-3	アジアパシフィック（大阪）
ap-south-1	アジアパシフィック（ムンバイ）
ap-southeast-1	アジアパシフィック（シンガポール）
ap-southeast-2	アジアパシフィック（シドニー）
sa-east-1	南米（サンパウロ）

COLUMN

東京以外のリージョンを使う理由

東京以外のリージョンを使う場合、主に次の理由が挙げられます。

・東京リージョンでは、まだ提供されていないサービスを使いたい
・東京リージョンよりも、安く運用したい
・東京リージョンが万一異常を起こしたときのバックアップとして、別のリージョンに設置したい

1-2-2 オンラインサインアップで、すぐに使える

AWSを利用するのは簡単です。詳しくは第2章で説明しますが、ユーザー登録してクレジットカードを登録すれば、すぐに利用できます。

AWSでは「AWSマネジメントコンソール」というWebブラウザでアクセスできる管理ツールを使ってクラウドサービスを管理します。

つまりAWSマネジメントコンソールから、好きなようにサーバーやサービス、ネットワークなどを構築して、それをすぐに使いはじめることができるということです（**図1-9**）。

利用料金は、使った時間や保存しているデータ量、ネットワーク転送量などに対する従量課金です。使わないときには停止しておくことで、コスト削減を図れます。いくつかのサービスを無料で使える無料利用枠（無期限のものと12カ月だけのもの）もあります。

TIPS

AWSマネジメントコンソール　Webブラウザから AWSを操作する管理ツール。第2章で詳しく説明する

TIPS

無料利用枠　仮想サーバーサービスであるEC2やデータベースのRDSなどが、一部、無料で利用できる。https://aws.amazon.com/jp/free/を参照

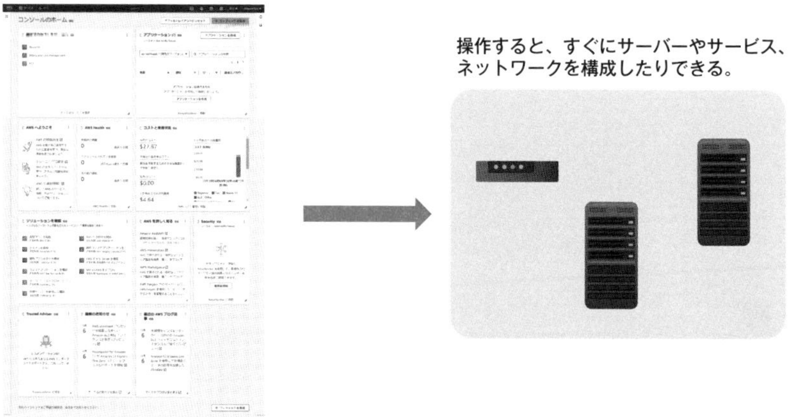
操作すると、すぐにサーバーやサービス、ネットワークを構成したりできる。
AWSマネジメントコンソール（Webブラウザから操作）

●図1-9　AWSはWeb画面から操作して、すぐに使い始められる

1-2-3 AWSでは100以上のサービスが提供されている

クラウドサービスには、アンマネージドサービスとマネージドサービスがあるとすでに説明しました。AWSでは、とくにマネージドサービスが充実しています。

本書の執筆時点では、AWSでは100以上のサービスが提供されています。

たくさんのサービスがあるということは、それだけ、さまざまな目的に利用できるということです。こうしたサービスの充実もあり、世界で数百万のユーザー、日本だけでも数十万人以上のユーザーが、利用しています。

100以上のサービスがあると言うと、それを理解するだけでも大変と思うかも知れませんが、そのような心配をする必要はありません。

なぜなら、全部を使う必要はないからです。100以上あるサービスのほとんどは、特定の目的に特化したものです。たとえば、ビッグデータの集計目的で使うもの、機械学習するためのもの、IoT機器を制御するときに使うものなどもあり、そういう分野の情報システムを使わない人には関係ないものです。

AWSを使う場合、よく使うサービスは、多くても10個程度です。本書では、そうしたなかから**表1-2**に示す代表的なサービスを扱います。

基本的に、これだけ理解すれば、オンプレミスで実現していたのと同じ、ほとんどの業務システムを構築できるはずです。

TIPS

ビッグデータ　数百万単位の顧客の購買履歴や全国各地の刻々と変化する温度などのセンサーデータなど、膨大な数のデータのこと

TIPS

機械学習　入力データと得たい結果を入れ込むことで覚え込ませ、別の入力データを入れたときに期待通りの結果が得られるようにするシステムのこと。データ分類の自動化、画像認識、音声認識、障害検知など、幅広い分野で実用化されている

TIPS

IoT　Internet Of Things。すべてのモノをインターネットに接続する取り組み。家電をはじめ、各種センサーや制御機器などをインターネットに接続し、パソコンやスマホなどから情報を取得したり制御したりできるようにすること

●表1-2　AWSでよく使われるサービス（略称）

サービス	アンマネージド マネージド	概要
IAM	—	ユーザーやグループの管理、認証をする仕組み
VPC	アンマネージド	仮想ネットワーク
Elastic IP	アンマネージド	固定IPアドレスを割り当てる
EC2	アンマネージド	仮想サーバー
EBS	アンマネージド	仮想サーバーなどで使うストレージ（ディスク）
S3	マネージド	Webサーバーとしても使えるストレージサービス。汎用的なファイル置き場として、さまざまな場面で使われる
RDS	マネージド	データベースサービス
Route 53	マネージド	DNSサービス
CloudFront	マネージド	Webコンテンツなどのキャッシュ機能を提供する。HTTPSで暗号化通信する機能もある
ELB	マネージド	複数台の仮想サーバー（EC2など）に負荷分散する。HTTPSで暗号化する機能もある

COLUMN

データはリージョン間を勝手に移動しない

AWSで仮想サーバーなどを構築するときには、「どのリージョンに作成するのか」を初めに決めます。リージョンを一度決めると、そのサーバーが、他のリージョンに勝手に移動することはありません。ですから、国外に持ち出してはいけないデータを運用する場合も、東京や大阪リージョン上のサーバーで運用すれば問題ありません。

1-2-4　AWSのサービスを図示したアイコン

AWSには、たくさんのサービスがあるので、システム構成図を描くとき、どのサービスなのかをアイコンで示すと分かりやすくなります。

そこでAWSでは、公式のAWS アーキテクチャアイコンを提供しており、AWSの図を描くときは、このAWS アーキテクチャアイコンを使うことがほとんどです。

たとえば、AWSにおける仮想サーバーはEC2という機能で提供されるのですが（詳しくは第3章で説明します）、これはゲジゲジの四角形で描くなどの決まりがあります。

TIPS
AWS アーキテクチャアイコン
AWSを示すアイコン集。PowerPointやVisio、EPS形式のアイコンなどのほか、Cacooやdraw.ioなどの図描画サービスなどでも提供されている。無償でダウンロードして利用できる。https://aws.amazon.com/jp/architecture/icons/
本書では紙面の都合上、色が一部異なる（モノクロ）もので記載知っておくと、さまざまな参考文献を読むときに役立ちます。そこで本書でも、この決まりに従って、さまざまな構成図を描いていきます（図1-10）。

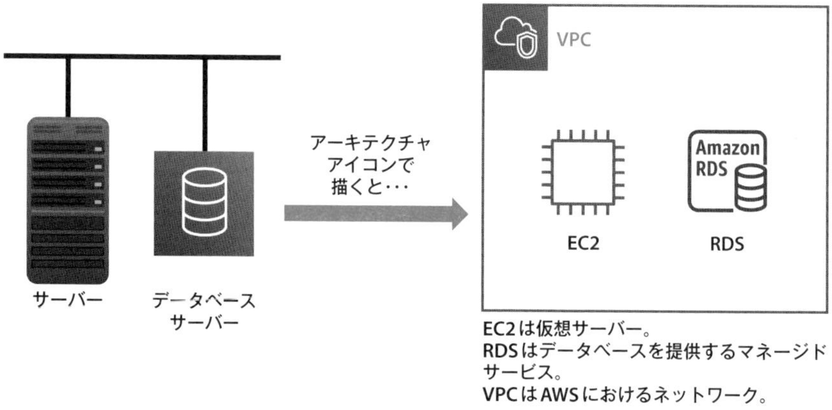

●図1-10　AWS アーキテクチャアイコンで描いた構成図の例

1-2-5 AWSのデメリット

これまでクラウドサービスやAWSの良いところばかりを挙げてきましたが、もちろん、デメリットもあります。

クラウドサービスを検討しているのなら、デメリットも理解しておかなければならないでしょう。

主なデメリットは、次の2つですが、これらは運用の工夫で解決できます。

①定額での運用ができない

AWSは従量課金であるため、定額での運用ができない点が運用上のデメリットとしてよく挙げられます。情報システムでは予算を確保して運用することも多いため、AWSを使いたいと思っても、「いくらかかるかわからない」のでは、社内決裁が降りない、取引先の理解が得られないことも多いでしょう。

しかしAWSにはAWS Pricing Calculatorというコスト計算ツールが提供されており、高い精度で、どのぐらいの金額がかかるのかを予測できます。

予測しにくいのが、「ネットワークトラフィック」ですが、「1ユーザー当たり、平均でどのぐらいのデータを送受信するか」を実測し、それに想定されるユーザー数をかけ算すれば、想定から大きくかけ離れた値になることはありません。

> **TIPS**
> **AWS Pricing Calculator**
> AWSマネジメントコンソールから起動できる。どのようなサービスをどのような組み合わせで構成するのかを入力すると、おおよその費用を計算できる

②自分ですべてをコントロールできなくなる

そして次によくある問題が、AWSに運用管理を任せるので、完全には自分

でコントロールできなくなってしまうという点です。

これは、主に次の3つの問題（不安）に分けることができます。

・データの流出の問題

まず、AWSにデータを預けることになるので、データの消失や流出が起きないかが心配になります。しかし、AWSは各種プライバシー認証・コンプライアンス認証をとった環境で運営されており、設定のミスや各種攻撃などに注意すれば、AWSを使っただけでデータが筒抜けということはまず起こりえません。もちろん、オンプレミス同様にアクセス情報を秘匿するといった対策は必須です。

・AWSの大規模障害

次に危惧されるのが、AWS自体の大規模障害です。社内の基幹システムをAWSで運用する場合、万一、AWSが停止したときは、社内業務が停止する恐れがあります。オンプレミスでの運用ならエンジニアを派遣して、ひとまず暫定復旧を始めるなどもできますが、AWSの場合は、AWSに任せて復旧を待つよりほか方法がありません。

もし本当に、停止すると業務を打撃するようなシステムの場合は、AWSを利用しない、もしくは、AWSとオンプレミスとを併用して、AWSが止まったときにはオンプレミスに切り替えられるようにするなど対策が必要です。

可用性や、今までの障害情報などを適切に収集し、AWSを過信しない体制を構築しておくことは必要です。

TIPS

業務を打撃するようなシステムというのは、インターネット向けのサービスというよりも、基幹業務で使っているもののほうが多い。たとえば流通業において在庫管理システムの運用にAWSを使う場合、AWSが止まってしまうと、その間は在庫情報が見ることができず、業務が混乱する恐れがある

・サービスがいつまで提供されるか

最後に、いつまで（個別の、あるいは全体の）サービスが提供されるのかという問題があります。もし、サービスが終わってしまうと、別のシステムに作り替えなければなりません。

こうした懸念を避けるには、多数のユーザーが使っているサービスだけで構成する、あまりAWS独自のマネージドサービスに依存した作りにしないといった設計上の考慮が大事です。

1-3 本書の流れ

**本書は、AWSの基本を説明し、実際に使えるようになることを目指します。
実際に手を動かしてAWSを操作しながら、Webシステムを作るところまでを説明します。**

1-3-1 本書で作るもの

本書では、AWSのサービスを使って、次の2つのシステムを構築することを目指します。

①単純なWebサーバー

HTMLファイルや画像ファイルなどのコンテンツファイルを置き、それを配信するWebサーバー相当のシステムです。端的に言えば、Webサイトを作ります（**図1-11**）。

②ブログサーバー

WordPressというブログソフトをインストールし、ブログが使えるようにします。（**図1-12**）。記事データは、データベースに保存します。

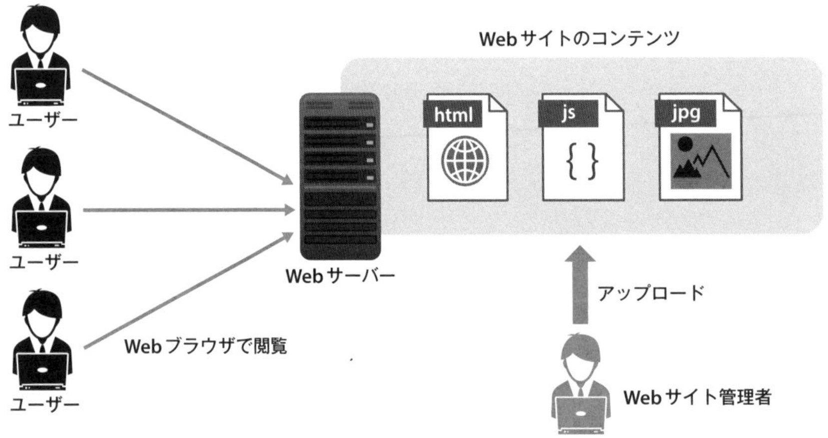

構築したWebサーバーにコンテンツを置いて、自社ホームページを作れるようになる。

●図1-11　単純なWebサーバー

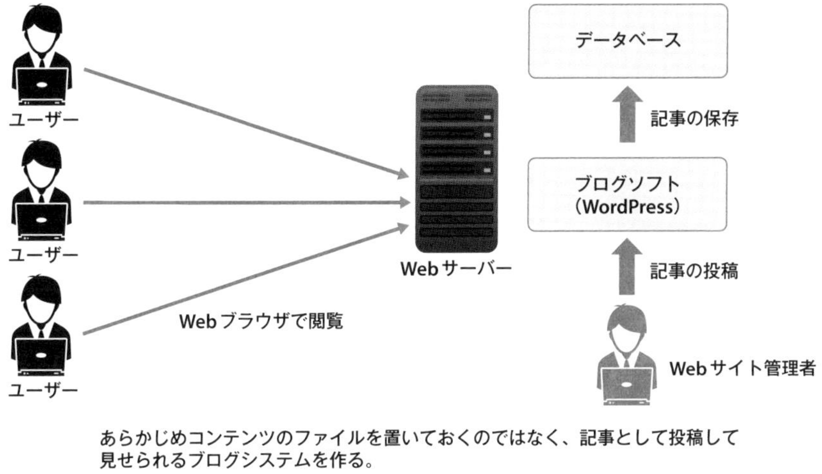

●図1-12　ブログサーバー

1-3-2 本書の解説で操作の流れ

本書の流れは、次の通りです。これらを理解すれば、AWSを使った小規模なWebを中心としたシステムの運用・管理ができるようになるはずです。

①AWSを使えるようにする

第2章では、ユーザー登録してAWSを使えるようにするまでの流れを説明します。「AWSマネジメントコンソール」を使います。

②Webサーバーを作る

第3章では、マネージドサービスのS3を使って、**図1-11**に示したWebサーバーを作ります。ファイルのアップロード方法についても説明します。

AWSを使ってWebサイトが作れるようになります。

TIPS
Amazon S3　ファイルを保存できるストレージサービス。Webサーバー機能をオンにすると、配置したコンテンツをWebブラウザで見ることができるようになる

③ブログサーバーを作る

第4章では、**図1-12**に示したブログサーバーを作ります。そのためにはサーバーを構築する必要があります。

アンマネージドサービスのEC2を使ってサーバーを作り、そこにWordPressをインストールします。

AWSを使って、従来のオンプレミスと同じようなサーバーを運用できるようになります。

④データベースを利用する

第5章は、第4章で作成したブログシステムの改良です。

ブログのデータはデータベースに保存されるのですが、それをサーバーではなくて、マネージドサービスのRDSに置き換えます。

つまり、プログラムを実行するサーバーと、データベースとを分離します。そうすることで、サーバーが壊れてしまっても、データだけは残るように構成できます。

RDSの使い方を習得することで、データベースを使った情報システムを、AWS上で堅牢に運用できるようになります。

> **TIPS**
> **Amazon RDS**　データベースサーバー機能を提供するマネージドサービス。詳細は第5章で解説

⑤ドメイン名でアクセスできるようにする

第6章では、第3章で作成したWebサーバーに、http://www.example.co.jp/のようなドメイン名を使ってアクセスできるようにします。

そのためには、Elastic IPというサービスを使ってサーバーに固定のIPアドレスを割り当てます。そしてRoute 53サービスを使ってwww.example.co.jpのようなドメイン名を設定します。

> **TIPS**
> **Elastic IP**　サーバーを停止して起動しなおしても、IPアドレスと呼ばれるサーバー固有の番号（アクセス先）が変わらないようにする機能

> **TIPS**
> **Amazon Route 53**　ドメイン名とIPアドレスとを変換するDNSサーバーの機能を提供するマネージドサービス。ドメインの新規取得の機能もある。詳細は第6章で説明

⑥暗号化と高負荷に耐えられる構成

最後の第7章は応用です。CloudFrontとELBという2つのマネージドサービスを使って、通信を暗号化します。暗号化には、HTTPSという仕組みを使います。

CloudFrontはデータをキャッシュする仕組み（CDN）、ELBは複数台のサーバーに処理を振り分ける負荷分散（ロードバランシング、ロードバランサー）の仕組みを提供するサービスです。そのため、これらのサービスを利用することで、暗号化した安全な通信ができるだけでなく、高負荷に耐えられる構成になります。

> **TIPS**
> **HTTPS**　Webの通信を暗号化する手法。SSL／TLSという方式を使って暗号化する。暗号化には証明書が必要だが、AWSで運用する場合、無料で証明書を作ることができる

COLUMN

AWSを過信しない

AWSは管理運用コストを減らせる、サービスを迅速に増強できるなど、数多くのメリットがあります。これらの面ではオンプレミスのサービスの利便性を完全に上回ります。

可用性やセキュリティについての懸念もありますが、AWSではこれらはかなり高水準で保たれています。利用企業、団体のリストを見れば信頼性の高さがうかがえます。

コスト面でも、いくつかのケースではオンプレミスよりも優れているでしょう。初期費用をかけられないようなケースでは、設備投資不要で必要なときだけ費用が発生するAWSは強い味方となります。

これだけ書くとAWSは万能に思えます。しかし、過信は禁物です。

クラウドサービスだからサービスが安定する、安全になる、安価になるわけではありません。本書でここまでも述べてきたようにクラウドサービスにすれば何でも解決するわけではなく一長一短です。

クラウドを忌避するのも考えものですが、同様にクラウドサービスを過信するのも危険です。

COLUMN

Microsoft AzureやGoogle Cloud

クラウドサービスはAWSだけではありません。その他の有名なクラウドサービスに、Microsoft AzureやGoogle Cloudがあります。

・Microsoft Azure

米マイクロソフト社が提供するクラウドサービスです。日本語の情報も増えてきており、最近、利用者数を大きく伸ばしています。機能としては、AWSで提供されているようなサービスは、一通り揃っています。

マイクロソフト社が提供しているものですが、環境はWindowsとは限らず、Linux環境などもしっかりとサポートされています。もちろんWindows Serverのサポートは充実しているので、Windows環境をそのまま移行したい場合は、AWSよりもやりやすい側面があります。

また日本国内に、AWSのリージョンに相当するものが東日本と西日本の2つがあり、この2つのリージョンを組み合わせることで、日本国内だけで大規模災害対策できるという特徴もあります。

・Google Cloud

米Google社が提供するクラウドサービスです。マネージドサービスの数は、AWSやAzureに比べて少なめで、すぐに使える汎用的なサービスよりも、プログラマやシステムとして使うと便利な機能のほうが、むしろ充実しています。また日本国内では比較的情報が少ないこともあり、AWSやAzureほど幅広くは使われていません。

ビッグデータを簡単・高速に集計できるBigQueryというサービスが人気で、各種データの集計や分析に多く使われています。

要点整理

【クラウドサービスについて】

- ✔ クラウドサービスは、サーバーやネットワークなどのインフラを借りるサービスです。
- ✔ 素のサーバーを貸し出す「アンマネージドサービス」と、データベースサーバーやメールサーバーなど、あらかじめ特定の用途に作られた「マネージドサービス」があります。
- ✔ クラウドサービスで保証される可用性は、SLAで示されます。

要点整理

【AWSについて】

- ✔ AWSは全世界32カ所で提供されるクラウドサービスです。それぞれの国のことをリージョンと言います。
- ✔ サービスを使うときは、どのリージョン上のサービスを使うのかを指定します。
- ✔ AWSマネジメントコンソールと呼ばれるWebブラウザからアクセスできる管理ツールを使って操作します。
- ✔ サーバー、ストレージ容量、ネットワーク帯域などを使っただけ支払う従量課金のサービスです。
- ✔ 100種以上のサービスがありますが、すべて理解する必要はありません。ふだん使うサービスは10個もありません。
- ✔ AWSの図は公式のAWS アーキテクチャアイコンを使って描くことが多いです。

CHAPTER

2

AWSをはじめよう

AWSを利用するには、AWSアカウントが必要です。
この章ではAWSを使う流れを説明し、それから、実際にAWSアカウントを作成します。
そしてAWSを操作する際に使う、管理者ユーザーを作成します。
AWSは従量課金なので、どのようなサービスをどのぐらい使っているのかを把握することも大事です。そこでこの章の最後では、請求情報を確認したり、一定以上の課金が発生したときにメールが届くように設定したりする方法も説明します。

2-1 AWSを使うには

AWSは、利用した分だけ支払う、従量課金型のクラウドサービスです。利用するには、氏名や連絡先、支払い方法などを決めたアカウントを作成します。そのアカウントで、WebブラウザからAWSの各種操作をします。

2-1-1 AWSアカウント

AWSを利用するためのアカウントのことを「AWSアカウント」と言います。メールアドレスとログインに用いるパスワード、そして、連絡先住所、電話番号、さらに、決済に用いるクレジットカードを登録することで、AWSアカウントを作れます(**図2-1**)。

AWSアカウントを作ると、すべての操作ができる管理者権限をもつユーザーである「ルートユーザー」が作られます。

TIPS
AWSアカウント　AWSを利用するためのアカウント。メールアドレス、パスワード、クレジットカードを登録することで作成できる

TIPS
管理者権限　すべての操作ができる権限のこと

TIPS
ルートユーザー　システムの管理をするユーザーの総称。AWS以外でも使われる用語で、英語で記述するとroot user

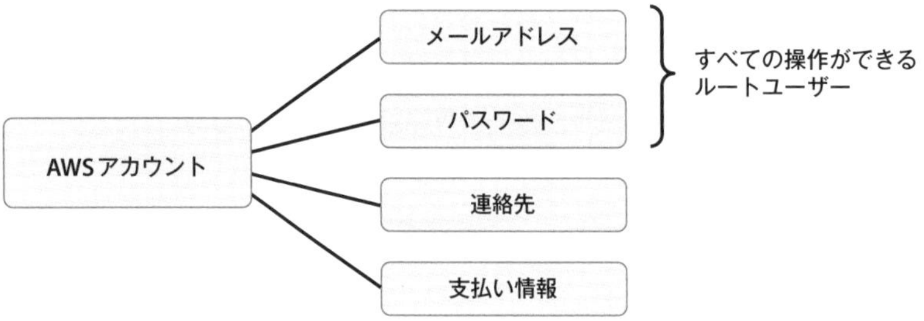

●図2-1　AWSアカウント

2-1-2 AWSマネジメントコンソール

AWSは、ブラウザから操作します。ブラウザを使って操作する画面のことを「AWSマネジメントコンソール」と言います。

AWSマネジメントコンソールを利用するには、ユーザー名やパスワードを提示してサインインします(**図2-2**)。サインインすると、ブラウザに表示される画面から、サーバーを作成したり、設定変更したりする各種操作ができます(**図2-3**)。つまりAWSを操作するにはブラウザさえあればよく、他に何かソフトウェアやツールなどを用意する必要はありません。

TIPS
AWSマネジメントコンソール　AWSを操作する画面。Webブラウザで操作する

TIPS
サインイン　sign in。ユーザー名やパスワードなど、身分情報を提示して、そのシステムの利用を始めること。ログインと同じ意味

●図2-2　AWSマネジメントコンソールへのサインイン

●図2-3　AWSマネジメントコンソールからAWSを操作する

COLUMN

AWSアカウント作成から１年間のAWS無料利用枠

AWSアカウントを作成してから１年間は、いくつかのサービスを無料で利用できます。たとえば、仮想サーバーのEC2やデータベースのRDSは毎月750時間分の無償枠があります（750÷31日=24.19時間なので、それぞれ１台分を丸一日使える計算になります）。またストレージのS3も5GBまで、無料で利用できます。無料利用枠の詳細については、下記のページを参照してください。

https://aws.amazon.com/jp/free/

COLUMN

コマンドから操作するAWS CLI

AWSマネジメントコンソールを使わずに、コマンド入力で、AWSを操作することもできます。そのためのツールが、AWS CLI（AWS Command Line Interface）です。自分のPCにインストールして使います。

たとえば、AWSのサーバーを増減したり、ストレージサービス（S3など。詳細は第３章）にファイルをアップロードしたり、ダウンロードしたりする操作などが、ブラウザからでなくてもコマンドで実現できます。

AWSマネジメントコンソールからの操作は視覚的でわかりやすいですが、複雑なことをすると、画面の操作手順が多くて煩雑だったり、操作を間違えてしまったりすることもあります。一方で、AWS CLIはコマンド操作なので、実行するコマンドをあらかじめ用意しておきコピペで実行できますから、実行前の確認がしやすいです。同じ操作を何度か繰り返したいときや、設定手順をドキュメントとして残したいときなどにも使い勝手が良いです。本書では主に、マネジメントコンソールで操作していきますが、用途によって、使い分けるのがよいでしょう。なお、「AWS CloudShell」という機能を使うと、マネジメントコンソールのなかで、文字入力できるコンソールを開いて、そこからAWS CLIのコマンド入力で操作することもできます。

2-2 AWSアカウントの作成

それでは実際にAWSアカウントを作成し、AWSを使い始めていきましょう。

2-2-1 AWSアカウントの作成に必要な情報

AWSアカウントを作成するには、次の情報が必要です。事前に準備しておいてください。

①メールアドレス

有効なメールアドレス（受信可能なメールアドレス）が必要です。

②コールバック用の電話番号

すぐあとに説明しますが、AWSアカウントの登録手順の途中で、本人確認のため、AWSのシステムからのショートメッセージまたは音声メッセージを受けて、認証コードを入力しなければならない場面があります。そのため、スマホまたはプッシュボタンがある電話機が必要です。

③決済用のクレジットカード

利用料金を支払う決済用のクレジットカードが必要です。

無料利用の範囲内であっても、AWSアカウント登録の時点で、何かしらのクレジットカードの登録が必要です。クレジットカードの登録をせずに、AWSアカウントを作成することはできません。

TIPS

未成年などクレジットカードを持っていない場合は、Visaデビットカードなどを使う

COLUMN

クレジットカード以外で支払うには

AWSアカウントの作成にはクレジットカードが必要ですが、AWSアカウントを作成した後は、クレジットカード以外の方法で支払うこともできます。それには、2通りの方法があります。

①請求書払い

クレジットカードの与信枠を超えるほどの利用料が多い場合は、請求書払いを使えます。

②AWSパートナーの決済代行サービス

AWSパートナーと呼ばれる協力企業が、決済代行サービスを提供しています。こうした代行サービスを使えば請求書払いなどを支払い方法として選択できます（何が利用できるのかは、AWSパートナー企業によって異なります）。

2-2-2 AWSアカウントを作成する

準備ができたら、実際にAWSアカウントを作成していきましょう。

手順 AWSマネジメントコンソールからAWSアカウントを作成する

Step1 AWSマネジメントコンソールを開く

ブラウザを起動し、AWSのWebサイトを開いてください。

上部のメニューから［アカウント］—［AWSマネジメントコンソール］を開きます（図2-4）。

TIPS

画面に表示されている［今すぐ無料サインアップ］などのリンクをクリックすることでも、AWSアカウントの作成を始められる

【AWSのWebサイト】

https://aws.amazon.com/

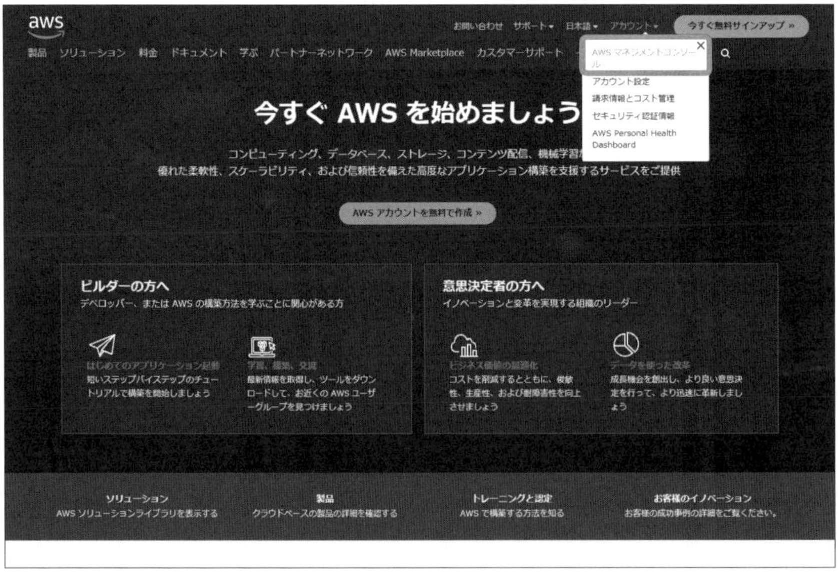

●図2-4 AWSマネジメントコンソールを開く

Step2 新規アカウントを作成する

サインインの画面が表示されます。

［新しいAWSアカウントの作成］をクリックして、AWSアカウントの作成を始めます（**図2-5**）。

aws
サインイン
ルートユーザー
無制限アクセスを必要とするタスクを実行するアカウント所有者。詳細はこちら
IAM ユーザー
日常的なタスクを実行するアカウント内のユーザー。詳細はこちら
ルートユーザーの E メールアドレス
username@example.com
次へ
お客様は、続行することにより、AWS カスタマーアグリーメントまたは AWS のサービスに関するその他の契約、およびプライバシー通知に同意することになります。このサイトは必須の Cookie を使用します。詳細については、Cookie に関する通知をご参照ください。
AWS のご利用は初めてですか?
新しい AWS アカウントの作成
aws INNOVATE
MODERN APPLICATIONS EDITION
【登録開始】
クラウドネイティブアプリ
実践で役立つ手法を 4
10/26(木) 開催 | 今すぐ登録 »

●**図2-5　新しいAWSアカウントの作成**

Step3 認証コードを受け取る

ルートユーザーのEメールアドレスとAWSアカウント名を入力し、［認証コードをEメールアドレスに送信］をクリックします（**図2-6**）。

TIPS
AWSアカウント名　この名前は、サインアップ後に、あとからアカウント設定画面で変更できる

①ルートユーザーのEメールアドレス

ルートユーザーのメールアドレスを入力します。AWSマネジメントコンソールにサインインするときに入力するメールアドレスです。

②AWSアカウント名

任意の名称です。AWSマネジメントコンソールの右上に表示されます。自分の氏名や会社名などを入力するとよいでしょう。

すると、①のメールアドレスに、認証コードが送信されてきます。

aws
AWS にサインアップ
新しい AWS アカウントで無料利用枠の製品をご覧ください。
詳細については、aws.amazon.com/free をご覧ください。
ルートユーザーの E メールアドレス
AWS コンソールへのログインおよびアカウント管理に使用するメールアドレスです。
myname@example.co.jp
AWS アカウント名
アカウントの名前を選択します。この名前は、サインアップ後にアカウント設定で変更できます。
Amazon Taro
認証コードを E メールアドレスに送信
または
既存の AWS アカウントにサインインする

●図2-6　AWSアカウントを作成する

Step4 認証コードを入力する

届いたメールを確認し、「検証コード」を入力します（**図2-7**、**図2-8**）。

aws
メールアドレスの検証
AWS アカウントの新規作成プロセスを開始していただき、誠にありがとうございます。お客様がご本人であることを確認させていただくため、プロンプトが表示されたら、次の検証コードをご入力ください。アカウントを作成しない場合は、このメッセージを無視してください。
検証コード
859036
(このコードは 10 分間有効です)
アマゾン ウェブ サービスでは、お客様に E メールを送信し、パスワード、クレジットカード、または銀行の口座番号を開示または検証するよう依頼することはありません。
このメッセージは、Amazon Web Services, Inc. (所在地: 410 Terry Ave. North, Seattle, WA 98109) によって作成および配信されています。© 2022, Amazon Web Services, Inc.. All rights reserved. AWS は Amazon.com, Inc. の登録商標です。当社のプライバシーポリシーをご覧ください。

●図2-7　AWSから届いたメールの例

AWS にサインアップ
新しい AWS アカウントで無料利用枠の製品をご覧ください。
詳細については、aws.amazon.com/free をご覧ください。
E メールアドレス認証による本人確認
安全性の確保 - 当社が対応します。
認証コードを記載した E メールを myname@example.co.jp に送信しました。
(ご本人ではありませんか?)
認証コードを入力して、E メールの本人確認を完了ください。
確認コード
859036
認証を完了して次へ
コードを再送信

●図2-8　検証コードを入力する

Step5 パスワードを入力する

ルートユーザーのパスワードを設定します。「ルートユーザーパスワード」と「ルートユーザーパスワードの確認」の両方に、設定したいパスワードを入力して、[次へ(ステップ 1/5)]をクリックします(図2-9)。

TIPS
パスワードは8文字以上で、「英大文字」「英小文字」「数字」「記号」のうち、3種類以上を含まなければならない。またEメールアドレスやAWSアカウント名と同じものは設定できない

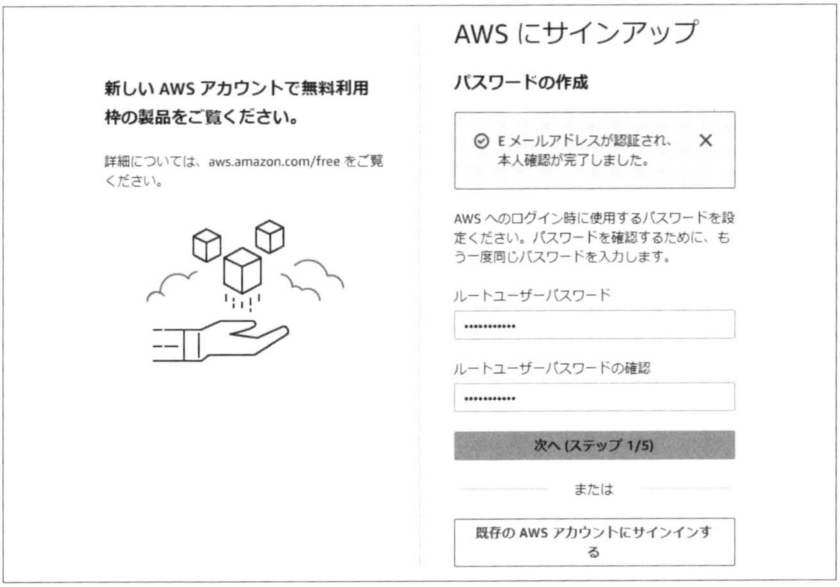
AWS にサインアップ
新しい AWS アカウントで無料利用枠の製品をご覧ください。
詳細については、aws.amazon.com/free をご覧ください。
パスワードの作成
E メールアドレスが認証され、本人確認が完了しました。
AWS へのログイン時に使用するパスワードを設定ください。パスワードを確認するために、もう一度同じパスワードを入力します。
ルートユーザーパスワード
ルートユーザーパスワードの確認
次へ (ステップ 1/5)
または
既存の AWS アカウントにサインインする

●図2-9　パスワードを入力する

Step6 セキュリティチェックする

操作しているのか人間かどうかを確認されます。セキュリティチェックの部分に表示されたテキストと同じものを入力し、[次へ (ステップ 1/5)] をクリックします (図2-10)。

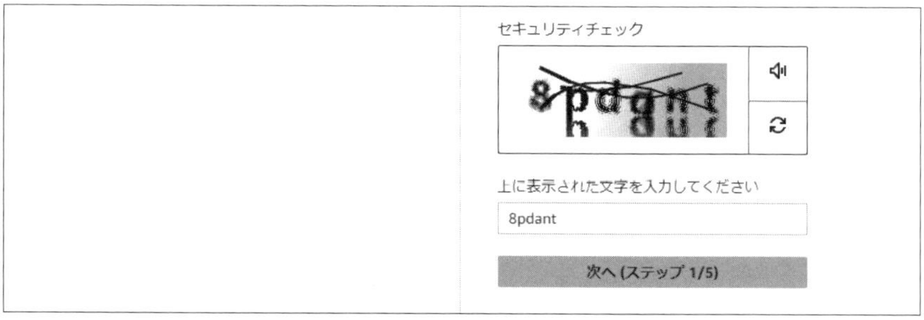

●図2-10　セキュリティチェックの入力

Step7 連絡先情報を入力する

電話番号や住所などの連絡先情報を入力し、[次へ (ステップ 2/5)] をクリックします (図2-11)。それぞれの入力内容は、下記の通りです。

①AWSの利用用途

[ビジネス] か [個人] かを選びます。法人か個人かの別です。[ビジネス] を選ぶと会社名の入力欄がありますが、[個人] を選んだときはありません。本書では個人用途を想定し、[個人] を選択します。

②フルネーム

自分のフルネームを入力します。

③電話番号

電話番号を入力します。

④国または地域

国や地域情報です。日本で利用するのなら、[日本] を選択します。

⑤住所

住所の番地以降を入力します。マンションなどのように建物名や部屋番号があるときは、それらも記載します。

⑥市区町村

市区町村を入力します。

⑦州／都道府県または地域

都道府県名を入力します。

⑧郵便番号

郵便番号を入力します。

⑨AWSカスタマーアグリーメントへの同意

AWSカスタマーアグリーメントと呼ばれる利用規約に同意するかどうかの設定です。同意しないとAWSを利用できないので、チェックを付けてください。

TIPS

AWSカスタマーアグリーメント： AWSとの契約内容のこと。https://aws.amazon.com/jp/agreement/ 参照

●図2-11　連絡先情報を入力する

Step8 クレジットカード情報を入力する

決済に使うクレジットカード情報を入力し、[確認して次へ -（ステップ3/5)］ボタンをクリックしてください（**図2-12**）。

●図2-12　クレジットカード情報の入力

Step9 SMSや電話による本人確認

AWSからSMS（ショートメッセージ）を受け取る、もしくは、音声通話による番号認証をすることで、本人確認します。

［認証コードの受け取り方法］の部分で、［テキストメッセージ（SMS)］か［音声通話］かを選びます。

そして［国または地域コード］で、国を選び（［日本（+ 81)］)、携帯電話番号の欄に、スマホの電話番号を入力します。　そしてセキュリティチェックのところに画像として表示された文字を入力して、［SMSを送信する（ステップ4/5)］をクリックすると、スマホに、ショートメッセージが送信されます（**図2-13**）。

すると画面が切り替わるので、ショートメッセージに記載された番号を入力し、［次へ（ステップ 4/5)］をクリックします（**図2-14**）。

●図2-13　本人確認する

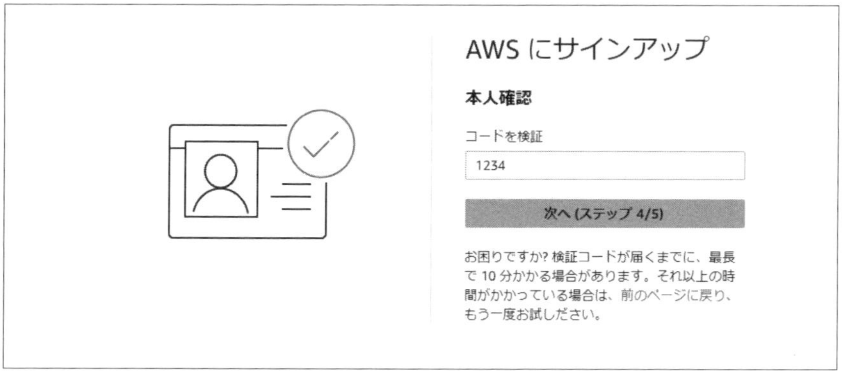

●図2-14　届いたコードを入力する

Step10 サポートプランの選択

サポートプランを選択します。無料のベーシックサポートプラン、開発者向けのサポートをするデベロッパーサポートプラン、商用利用を目的としたサポートをするビジネスサポートプランから選べます。

ここでは無料の「ベーシックサポートプラン」を選択し、[サインアップを完了]をクリックします(図2-15)。

TIPS

電話での確認の場合は、その電話番号に自動音声で電話がかかってくる。それと同時に画面に4桁の数字が表示されるので、電話機のプッシュボタンで、その4桁の番号を入力すると、本人確認が完了する

TIPS

有償のサポートを選ぶと、技術サポートを受けられたり、障害が発生した場合の急ぎの問い合わせができるようになる。詳しくは、https://aws.amazon.com/jp/premiumsupport/signup/を参照

AWS にサインアップ
サポートプランを選択
ビジネスアカウントまたは個人アカウントのサポートプランを選択します。プランと料金の例を比較しします。プランは、AWS マネジメントコンソールでいつでも変更できます。
ベーシックサポート - 無料
AWS の使用を開始したばかりの新規ユーザーにお勧め
AWS リソースへの 24 時間 365 日対応のセルフサービスアクセス
アカウントと請求の問題のみ
Personal Health Dashboard と Trusted Advisor へのアクセス
デベロッパーサポート - 29 USD/月から
AWS を試用するデベロッパーにお勧め
営業時間中の AWS サポートへの E メールでのアクセス
12 (営業) 時間の応答時間
ビジネスサポート - 100 USD/月から
AWS での実稼働のワークロードの実行にお勧め
E メール、電話、チャットによる 24 時間年中無休のテクニカルサポート
1 時間の応答時間
Trusted Advisor のベストプラクティスに関するすべての推奨事項
エンタープライズレベルのサポートが必要ですか?
1 か月あたり 15,000 USD から、担当のテクニカルアカウントマネージャーが 15 分間応対し、コンシェルジュ形式のサービスをご利用いただけます。詳細はこちら
サインアップを完了

●図2-15　サポートプランを選択する

Step11　アカウントの作成の完了

アカウントの作成が完了しました。

引き続き、AWSマネジメントコンソールにサインインして、AWSに関する、いくつかの基本操作をするので、[AWSマネジメントコンソールへ進む]をクリックしてください(**図2-16**)。

おめでとうございます
AWS にサインアップしていただき、ありがとうございます。
数分程度でアカウントが有効になります。完了すると E メールが届きます。
AWS マネジメントコンソールへ進む
別のアカウントにサインアップするかorお問い合わせください。

●図2-16　AWSアカウントの作成が完了した

2-3 AWSマネジメントコンソールの基本

これでAWSアカウントが作成されました。作成したAWSアカウントで、AWSマネジメントコンソールにサインインして、AWSを使い始めましょう。

2-3-1 AWSマネジメントコンソールにサインインする

AWSマネジメントコンソールのURLは、下記の通りです。このURLにブラウザでアクセスしてください。

https://console.aws.amazon.com/

そして、次の手順でサインインします。

手順 AWSにサインインする

Step1 メールアドレスを入力する

AWSアカウントを作るときに設定したルートユーザーのEメールアドレスを入力し、[次へ]をクリックします(図2-17)。

●図2-17 メールアドレスを入力する

Step2 パスワードを入力してサインインする

パスワードを入力して[サインイン]ボタンをクリックして、サインインします(図2-18)。

●図2-18　パスワードを入力してサインインする

COLUMN

パスワードを忘れたときは

パスワードを忘れたときは、**図2-18**の画面で［パスワードをお忘れですか？］のリンクをクリックします。メールアドレスを入力すると、パスワードを再設定するリンクが届きます。ブラウザでリンク先を開くと、パスワードを変更できます。

COLUMN

多要素認証で安全に運用する

AWSマネジメントコンソールの認証は、デフォルトでは、「ユーザー名」と「パスワード」の組み合わせです。これらの情報が漏洩してしまうと、第三者が勝手に利用してしまう可能性があるのは、言うまでもありません。

ですから複雑なパスワードを付けるべきなのは当然ですが、より安全に運用する方法として、MFAという認証方法を使うこともできます。

MFAは定期的にランダムな数値が表示されるデバイスを使い、認証時に、パスワードとともに、その数値を入力することで認証する方法です。つまり、ランダムな数値が表示されるデバイスを持っていない人は、パスワードがわかってもサインインできません。

MFA対応のデバイスは、キーホルダー型のものなどをAmazonから購入することもできますが、スマホアプリとしても提供されているので、スマホを持っているのなら、アプリをインストールするだけですぐに使えます。

業務としてAWSを使う場合などには、安全のため、MFAを有効にしておいたほうがよいでしょう。

TIPS

MFA　Multi-Factor Authentication。日本語で言うと、多要素認証。ユーザー名とパスワードに加え、MFAデバイスと呼ばれる機器が一定時間ごとに表示するランダムな数値を入力することで認証する。詳細は、https://aws.amazon.com/jp/iam/features/mfa/を参照

TIPS

対応しているスマホアプリは「Google 認証システム」や「Authy 2 段階認証」など

2-3-2 AWSマネジメントコンソール画面の基本

サインインすると、AWSマネジメントコンソールの操作画面が表示されます。サインインした直後の、この画面のことを「ホーム画面」と言います(**図2-19**)。

●図2-19　ホーム画面

①[ホーム]ボタン

このボタンをクリックすると、いつでもホーム画面に戻れます。

②[サービス]メニュー

クリックすると、AWSのサービス一覧が表示され、操作する、それぞれのサービスのメイン画面(ダッシュボードと言います)に移動できます。

③[検索]メニュー

AWSのサービスやドキュメント、自分で名付けたサーバーやネットワークなどを検索できます。

④CloudShell

AWSのさまざまな機能をコマンド入力で操作できる「CloudShell」という機能を開きます。

⑤アラート

何か通知メッセージがあるときには、ここをクリックすると確認できます。

⑥サポート

サポートセンターやフォーラム、ドキュメントなどへのリンクです。

⑦表示の設定

色合いやアイコンサイズ、デフォルトで選択するリージョンなどの表示方法を設定します。

⑧リージョン切り替え

操作対象としているリージョンを切り替えます。

⑨アカウント

アカウント名(ここでは氏名)が表示されている部分は、アカウントメニューです。連絡先や請求先、氏名などの情報を変更したり、請求金額を確認したり、サインアウトしたりするメニューがあります。

⑩AWSサービス

最近使ったAWSサービスの一覧が表示されます。この一覧からクリックして、サービスのメイン操作画面に遷移できます。

COLUMN

スマホから操作する

スマホからAWSを操作したいときは、AWS Consoleモバイルアプリを使うとよいでしょう。Apple StoreやGoogle Playストアで配布されています。https://aws.amazon.com/jp/console/mobile/

2-3-3 リージョンの切り替え

第1章で説明したように、AWSはリージョン単位に分けて運営されており、ほとんどすべてのサービスをリージョン単位で管理します。どのリージョンのサービスを操作するのかは、AWSマネジメントコンソールの右上のメニューから切り替えます。各種操作をするときは、ここを確認して、どのリージョンに対する操作なのかを間違えないように注意してください。

AWSアカウントを作成した直後は、「オハイオ」になっています。日本国内で利用する場合は「東京」がよいので、切り替えておきましょう。

COLUMN

東京を選ぶ理由

東京を選ぶ理由は、日本国内からアクセスする場合の距離が一番近く、通信の遅延が少なくて済むため、利用者への応答速度が良くなるからです。

コスト面では、他のリージョンのほうが安いこともあるので、必ずしも、東京リージョンがよいというわけでもありません。また一部のサービスは、東京リージョンではサポートされていないこともあります。そうしたサービスを利用したいときは、他のリージョン（良く使われるのはバージニア北部です）を使います。

TIPS

大阪リージョンも日本国内のリージョンです。これを使う選択肢もありますが、東京リージョンに比べて、いくつか利用できないAWSサービスがあります。どのリージョンで、どのサービスを利用できるのかは、「リージョン別に利用可能なAWSサービスのリスト（https://aws.amazon.com/jp/about-aws/global-infrastructure/regional-product-services/）」で確認できます

手順 操作リージョンを東京に切り替える

Step1 リージョンメニューをクリックする

リージョンメニュー（[オハイオ]の部分）をクリックします（図2-20）。

●図2-20 リージョン部分をクリックする

Step2 東京に切り替える

リージョン一覧の[アジアパシフィック（東京）]を選択します（図2-21）。

●図2-21 ［東京］に切り替える

Step3 リージョンが切り替わった

操作対象が東京リージョンに切り替わりました（図2-22）。

●図2-22 操作の対象を東京リージョンに変更したところ

2-4 各種サービスのダッシュボード

AWSでは、サービスごとに操作メニューが分かれています。ホーム画面などから該当サービスを検索して、そのサービスの操作メニューを開きます。

AWSには、仮想サーバーのEC2、ストレージサービスのS3、認証管理のIAMなど、さまざまなサービスがあります。これらのサービスを操作するメニューは独立しており、AWSマネジメントコンソールから切り替えて利用します。それぞれのサービスのトップメニューのことを「ダッシュボード」と言います。EC2なら「EC2ダッシュボード」、S3なら「S3ダッシュボード」、IAMなら「IAMダッシュボード」と呼びます。

それぞれのダッシュボードに移動するには、AWSマネジメントコンソールで、操作したいサービスを探し、そのリンクをクリックします（**図2-23**）。

TIPS
EC2　Amazon Elastic Compute Cloud。仮想サーバーを提供するサービス。第4章で説明

TIPS
S3　Amazon Simple Storage Service。ストレージサービス。ファイルとしてデータを保存できる。Webサーバー機能もある。第3章で説明

TIPS
IAM　Identity and Access Management。AWSの管理下のモノに対して、どのような操作ができるのかを制御する仕組み。「2-5 ユーザーを追加する」で説明

TIPS
ダッシュボード　それぞれのサービスのトップ画面のこと

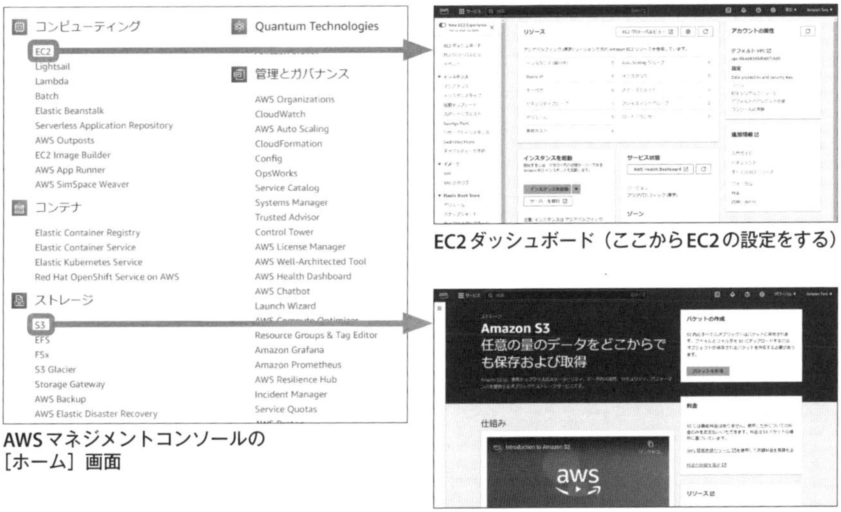

AWSマネジメントコンソールの［ホーム］画面

EC2ダッシュボード（ここからEC2の設定をする）

S3ダッシュボード（ここからS3の設定をする）

●**図2-23　各サービスのダッシュボードに切り替える**

2-4-1 サービスを探す

サービスを探すには、主に、2つの方法があります。どちらの方法でも、まったく同じです。AWSでは、このような操作をして各サービスのダッシュボードを開き、そこから、そのサービスの操作をしていきます。

①分野から探す

［サービス］メニューをクリックすると、AWSのサービスを分野ごとに選択できます。たとえば［コンピューティング］をクリックしたときは、コンピューティングに関する「EC2」などの項目が表示され、そこからクリックすることで、各サービスのダッシュボードに遷移できます（**図2-24**）。

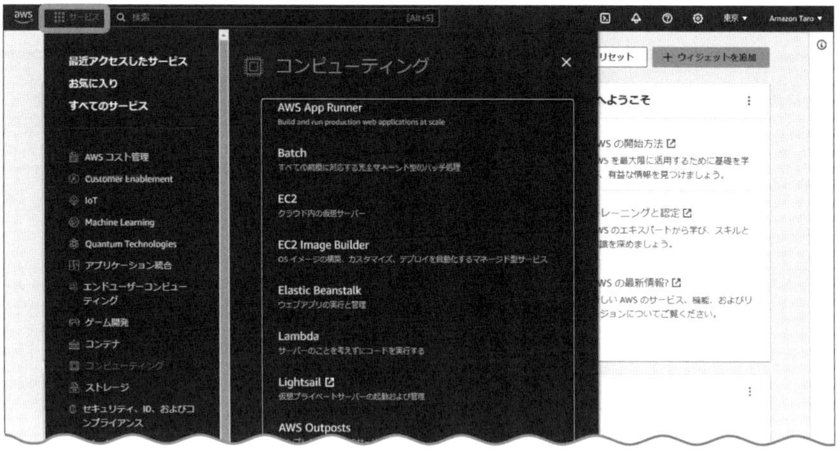

●**図2-24　分野から探す**

②名前から探す方法

サービスの名称を知っているときは、［検索］メニューに、そのサービス名を入力して見つけることができます（**図2-25**）。

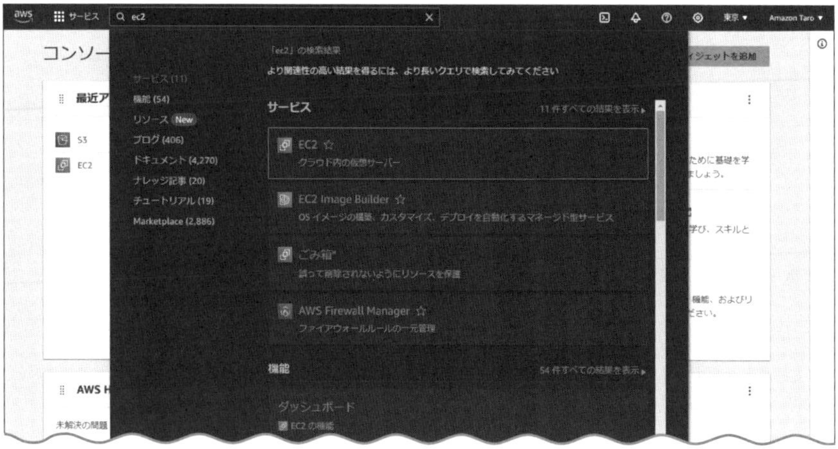

●**図2-25　名前から探す**

2-5 ユーザーを追加する

ルートユーザー以外のアカウントは、IAMユーザーとして登録します。IAMユーザーには、任意の権限を設定できます。

次にすべきことは、ユーザーの作成です。

サインインしているルートユーザーは、AWSに対するすべての操作のほか、支払方法の変更や解約など、契約に関する操作もできる、強力なアカウントです。万一、漏洩すると被害が大きくなります。

そこでルートユーザーは、そうした特殊な操作が必要なときだけにしか使わないようにし、ふだんのAWS操作には、別のアカウントを作成して、そのユーザーを使って操作するようにします。

2-5-1 IAMユーザー

AWSを操作できるユーザーのことを「IAMユーザー」と言います。

それぞれのIAMユーザーには、何に対して、どのような操作ができるのか、その権限を設定します。

TIPS

IAMユーザー AWSにおけるユーザーのこと。アイアムユーザーと読む

2-5-2 リソース

「何に対して」というのは、AWSの仮想サーバーだったり、ストレージだったり、ネットワークだったりします。こうした、AWS上で扱うモノの総称を「リソース」と言います。

TIPS

リソース resource。資源の意味。AWSで扱う、さまざまなモノの総称

2-5-3 アクションとポリシー

「どのような操作ができるのか」については、「アクション」と呼ばれる概念で構成します。たとえば、「仮想サーバーを作成できるアクション」「仮想サーバーを起動できるアクション」「ストレージを読み込みできるアクション」「ストレージを読み書きできるアクション」などのように、どのリソースに対して、何ができるのかをアクションとして設定します。

しかしこうしたアクションをひとつひとつ設定するのは煩雑なばかりか、設定漏れも生じやすくなります。そこでAWSでは、ひとつひとつ権限をアク

TIPS

アクション action。リソースに対する操作の可否を定める設定項目のこと

ションとして設定するのではなく、あらかじめ目的ごとにアクションをグループ化した「ポリシー」と呼ばれるものをIAMユーザーに適用することで、ユーザーが操作可能な権限をまとめて付与するのが慣例です。

ポリシーはアクションをまとめたものですから自分で作ることもできますが、AWSにはあらかじめ、よく使われる多数のポリシーが用意されています。たとえば、「仮想サーバーに関するすべての操作ができるポリシー」「仮想サーバーの新規作成や削除、設定変更などはできないが、起動や停止はできるポリシー」「ストレージに関するすべての操作ができるポリシー」「ストレージに関する読み込みができるポリシー」「ストレージに関する読み書きができるポリシー」などです。

IAMユーザーに対して、こうしたポリシーを必要なだけ適用することで、それらのポリシーで許可されているアクションが許可（もしくは禁止）されます（図2-26）。

TIPS

ポリシー　policy。どのような一連の操作ができるのかを示すもの。関連するアクションを束ねたもの

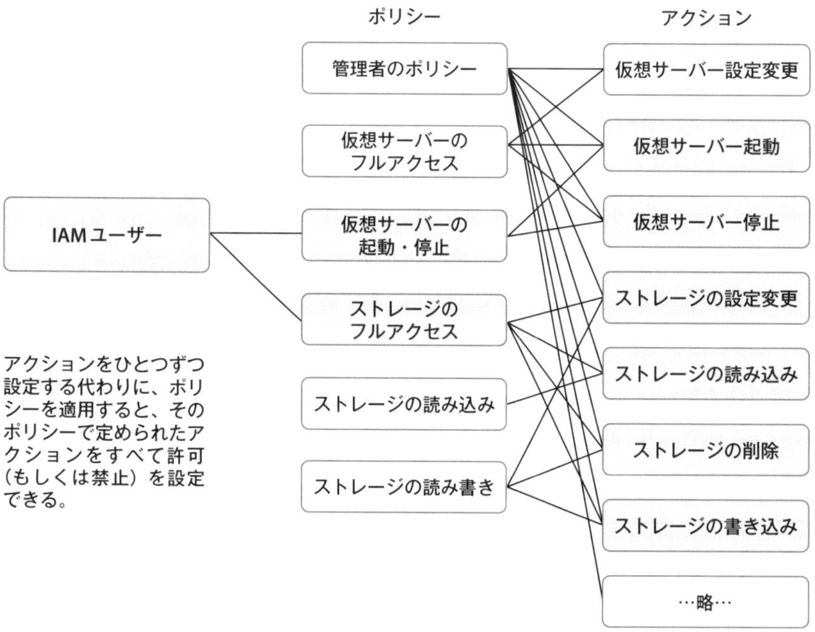

●図2-26　IAMユーザーとポリシー、アクションとの関係

COLUMN

IAMユーザー、IAMグループ、IAMロール

IAMグループとIAMロールという概念もあります。本書ではこれらは用いません。

・IAMグループ

IAMグループは、IAMユーザーをグループ化して権限設定する概念です。複数のユーザーに対して、同じ権限設定をしたいときに使います。

・IAMロール

IAMユーザーがユーザー（人間）に対するアカウントなのに対し、IAMロールはAWSのリソースに対するアカウントです（**図2-27**）。

たとえば仮想サーバー（EC2）から、ストレージサービス（S3）にアクセスする場合、IAMユーザーで管理しようとすると、EC2のプログラムに、S3にアクセスするためのユーザー名やパスワード（より正確に言うとIAMの設定で作成できるアクセスキーやシークレットアクセスキー）を使って認証する必要があります。

しかしAWSでは、そうする代わりに、「S3にアクセスできるIAMロール」を作成しておき、そのIAMロールをEC2に適用すると、それだけでアクセスできるようになります。

このように、あるサービスから、別のサービスにアクセスしたいとき、アクセス元のサービスに対して設定して使うのが、IAMロールです。

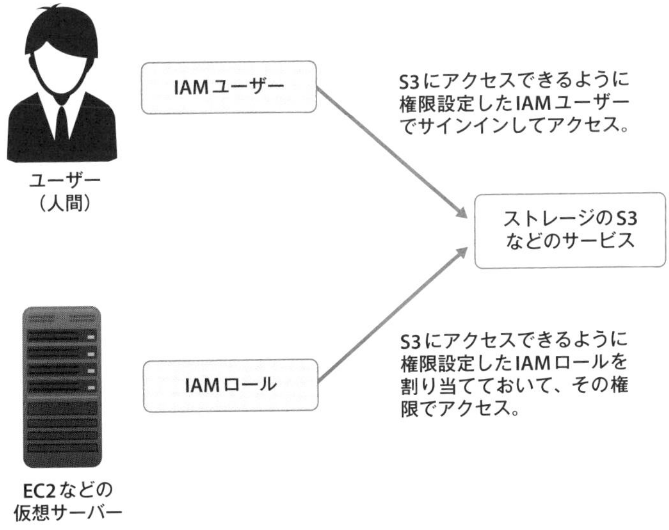
ユーザー
（人間）
IAMユーザー
S3にアクセスできるように
権限設定したIAMユーザー
でサインインしてアクセス。
ストレージのS3
などのサービス
EC2などの
仮想サーバー
IAMロール
S3にアクセスできるように
権限設定したIAMロールを
割り当てておいて、その権
限でアクセス。

●図2-27　IAMユーザーとIAMロールの違い

TIPS

AWSでは、ユーザーがひとりしかいないときでも、そのひとりのユーザーが所属するグループを作り、そのグループに対して権限設定することを推奨している。そうすれば、権限の設定をグループだけでまとめて管理できるため、管理しやすく、あとからのユーザーの追加にも対応しやすいからである。しかし本書では、簡便のため、IAMグループは使わない

2-5-4 管理者ユーザーを作成する

ほとんどの場合、最初に作成するユーザーは、管理者となるはずです。そこで最初に作成するIAMユーザーには、全権限を持つようなポリシー（後述するように、AdministratorAccessという名前のポリシーです）を設定します。

すると、ルートユーザーを使わなくても、AWSのほぼすべての操作（契約情報等ごく一部除く）ができるようになります。

TIPS

ルートユーザーと管理者ユーザーとの違いは、請求方法や住所などの連絡先の変更、解約などの操作ができるかどうか。管理者ユーザーを含め、IAMアカウントには、こうした操作ができる権限がない

2-5-5 IAMダッシュボード

まずは、IAMの操作をするため、IAMダッシュボードを開きます。

手順 IAMダッシュボードを開く

Step1 IAMサービスのリンクを開く

ホーム画面で「IAM」を検索し、見つかったIAMサービスをクリックします（図2-28）。

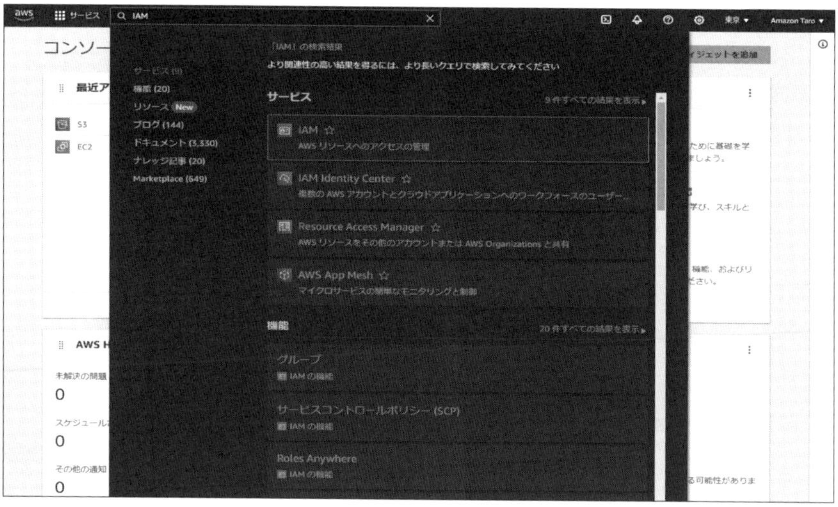

●図2-28　IAMサービスを開く

Step2 IAMダッシュボードが開いた

IAMダッシュボードが開きます（図2-29）。

IAMは、すべてのリージョンに共通のサービスであるため、右上のリージョン選択の部分は、東京ではなくグローバルと表示されますが、これは正常です。

●図2-29　IAMダッシュボード

COLUMN

セキュリティに関するレコメンデーション

　セキュリティに関するレコメンデーションの枠には、セキュリティ上、注意すべき事項が記載されています。

　AWSアカウントの作成直後は、ルートユーザーに対して多要素認証（MFA）が設定されていないので、「rootユーザーのMFAを追加する」と表示されています。ほかにもセキュリティ上、懸念事項があるときは、この枠内に表示されます。

2-5-6　IAMユーザーを作成する

　IAMダッシュボードから、IAMユーザーを作成します。AWSの運用では、操作する個人に対して、それぞれIAMユーザーを作成するのが基本です。

　たとえば、鈴木さんと田中さんがいる場合、管理者権限を持つadminユーザーなどのユーザーを作って、それを二人で共有するのは好ましくない運用です。そうではなく、suzukiユーザーとtanakaユーザーを、それぞれ作り、それぞれのユーザーに管理者権限を与えるようにします。

　以下の操作では、管理者権限を持つsuzukiユーザーを作成します。

手順 管理者権限を持つsuzukiユーザーを作成する

Step1 ユーザーメニューを開く

［ユーザー］をクリックして、ユーザーメニューを開きます（**図2-30**）。

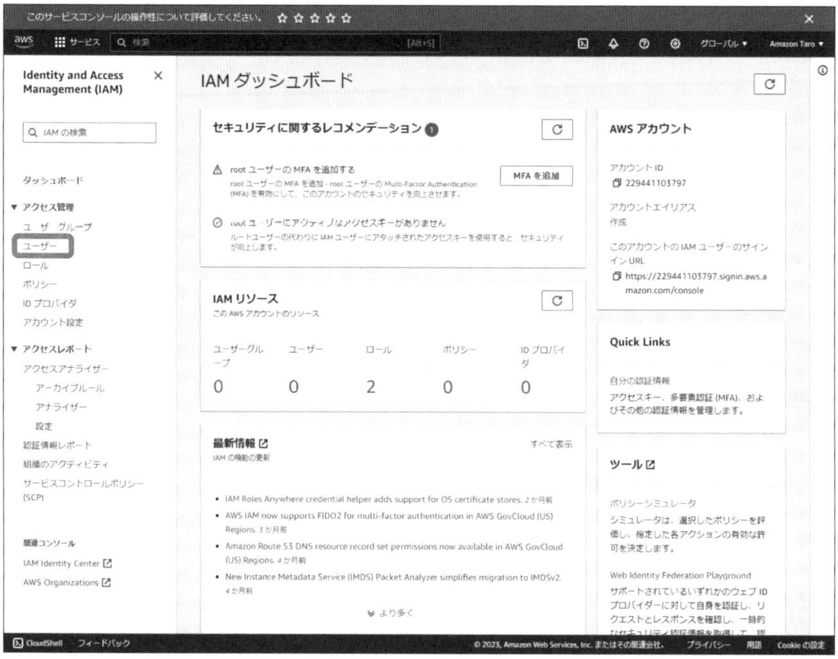

●**図2-30　ユーザーメニューを開く**

Step2 IAMユーザーの作成を始める

IAMユーザーの一覧が表示されます。まだ作成していないので、この段階では、IAMユーザーはいません。

［ユーザーの作成］ボタンをクリックして、ユーザーを作成します（**図2-31**）。

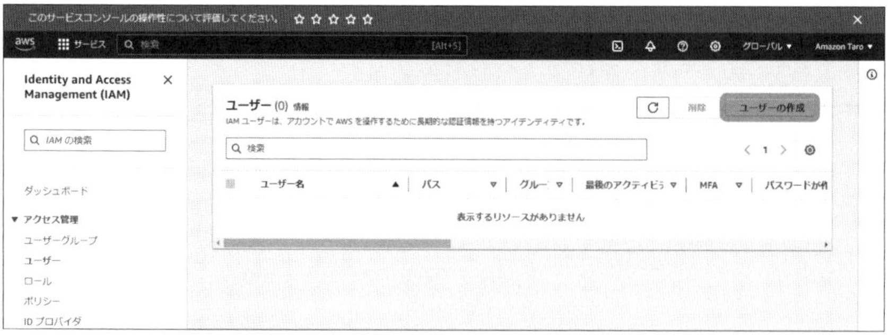

●**図2-31　ユーザーを作成する**

Step3 ユーザー名とアクセスの種類を選択する

ユーザー名を入力します。ここでは「suzuki」とします。

・AWSマネジメントコンソールへのユーザーアクセスを提供する

このユーザーは、AWSマネジメントコンソールからサインインできるようにしたいのでチェックを付けます。

チェックを付けると、ユーザータイプとして［Identity Centerでユーザーを指定する］と［IAMユーザーを作成する］の選択肢が表示されます。ここでは［IAMユーザーを作成します］を選択します。

TIPS

Identity Center さまざまなクラウドのアカウントを一カ所で統括管理する仕組み。企業などで全社的にアカウントを管理するには適するが、話が複雑になるので、本書では扱わない

COLUMN

AWSマネジメントコンソールにアクセスしないユーザー

［AWSマネジメントコンソールへのユーザーアクセスを提供する］にチェックを付けない場合、そのユーザーは、AWSマネジメントコンソールでサインインできません。サインインできないユーザーは、何に使うのかというと、アクセスキーを用いた認証に使います。

AWSでは、プログラムや各種ツールからAWSにリソースにアクセスできます。たとえば、AWSのストレージ上のファイルを読み書きするような操作です。そうした場面では、ユーザーに対して「アクセスキー」と「シークレットアクセスキー」と呼ばれるものを設定し、それらをツールに設定します。

こうした使い方をする場合、AWSマネジメントコンソールを使う必要がありません。その場合は、［AWSマネジメントコンソールへのユーザーアクセスを提供する］にチェックを外すと、より安全に使えます。

「アクセスキー」と「シークレットアクセスキー」については、「3-8　ツールを使ってアップロードする」で説明します。

・コンソールパスワード

パスワードを自動生成するか、それとも、ここで手入力するかを選択します。ここでは［自動生成されたパスワード］を選択し、AWSにパスワードを作成してもらいます。

また［ユーザーは次回のサインイン時に新しいパスワードを作成する必要があります］にチェックを付けておくと、初回にサインインしたときに、パス

ワードの変更が求められるようになります。ここではチェックを付けておくことにします。

すべての入力が終わったら、[次へ]をクリックします(**図2-32**)。

●**図2-32　ユーザー名とユーザータイプ、パスワードの設定**

Step4 アクセス権限を設定する

アクセス権限を設定します。次の3つの方法があります(**図2-33**)。

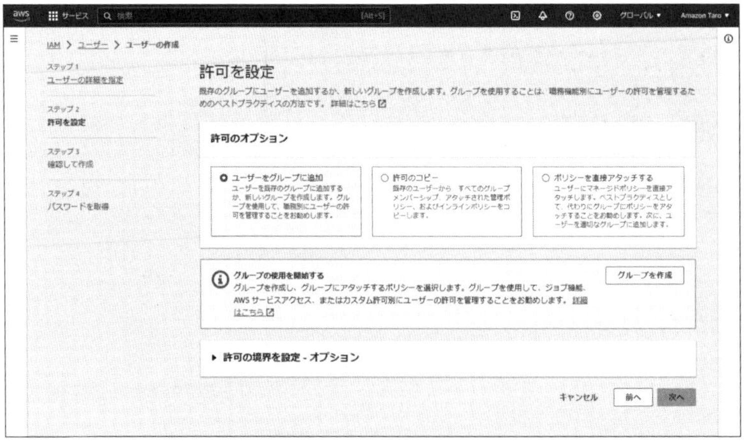

●**図2-33　アクセス権限を設定する**

①ユーザーをグループに追加

あらかじめ必要な権限を設定しているIAMグループにIAMユーザーを属させることで、そのIAMユーザーの権限を間接的に設定します（p.59のコラムを参照）。

②許可のコピー

既存のユーザーを選択し、それと同じアクセス権限を設定します。IAMユーザーがいて、それと同じでよいときは、この方法が簡単です。

③ポリシーを直接アタッチする

IAMユーザーに対しポリシーを適用することで、アクセス権限を設定します。

ここでは管理者の権限が設定されているポリシーを、このIAMユーザーに適用することで、管理者としての機能が使えるようにしていきます。③の［ポリシーを直接アタッチする］をクリックしてください。

Step5 ポリシーを選ぶ

ポリシーの一覧が表示されます。ポリシーは300以上あります。「AdministratorAccess」が、AWSサービスに関する全権限（ただし契約内容に関するものは除く）を有するポリシーで、管理者に相当するものです。

このポリシーにチェックを付けてから、［次へ］クリックしてください（図2-34）。

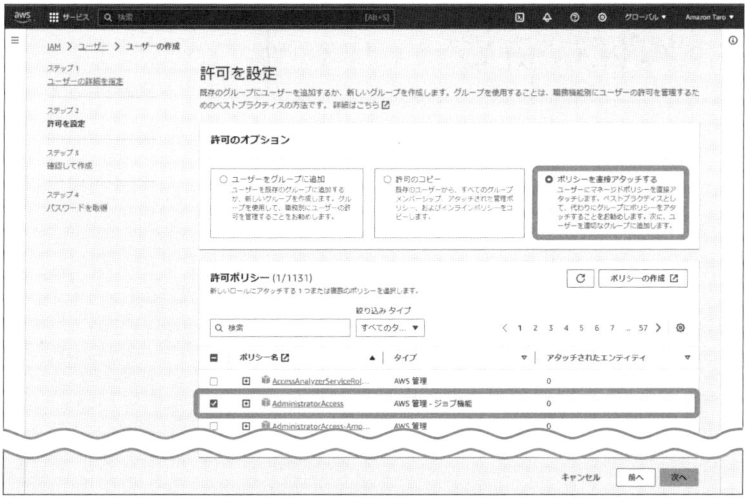

●図2-34　AdministratorAccessポリシーを選択する

TIPS

ポリシー　policy。許可するかしないかの設定項目のこと。AWSのポリシーについての詳細は、https://docs.aws.amazon.com/ja_jp/IAM/latest/UserGuide/introduction_access-management.htmlを参照

TIPS

ポリシーの内容の確認　ポリシーをクリックすると、そのポリシーを適用すると、どのような権限が与えられるのか、その詳細を確認できる

COLUMN

特定の権限だけを与える

本書では、AdministratorAccessポリシーを適用しますが、もちろん、もっと狭い操作権限しか与えないようにもできます。

たとえば、仮想サーバーであるEC2の全操作権限と、ストレージサービスのS3の読み取り権限だけを与えたいときは、「AmazonEC2FullAccess」と「AmazonS3ReadOnlyAccess」だけを適用するなどします（**図2-35**）。

ポリシーはたくさんありますが、［ポリシーのフィルタ］に入力すると、表示を絞り込むことができ、探しやすくなります。

●**図2-35　本当に必要な権限のポリシーだけを適用する**

Step6 作成の確認

ユーザー作成の確認画面が表示されます。［ユーザーの作成］をクリックしてください（**図2-36**）。すると、ユーザーが作成されます。

●図2-36　ユーザー作成の確認

TIPS

IAMUserChangePasswordポリシーは、そのユーザーがパスワードを変更できるようにするための権限。[ユーザーは次回サインインの時に新しいパスワードを作成する必要があります] にチェックを付けたときは、自動で設定される

COLUMN

タグ

［新しいタグを追加する］をクリックすると、ユーザーに対して、メールアドレスや氏名、社員番号など、任意の情報を付けて、あとで検索しやすくできます。

TIPS

タグ　tag。リソースに対して設定できる、任意の値のこと。検索して絞り込んだり、グループ化したりする目的で使う

Step7 パスワードとサインインのURLの確認

パスワードの確認画面が表示されます。［表示］をクリックするとパスワードが表示されるので、それを控えてください（**図2-37**）。この画面を閉じると、パスワードを再確認することはできないので注意してください。

また、このとき画面にサインインのURLが表示されているので、確認しておきましょう。IAMユーザーでサインインするときは、このURLを使います。

TIPS

パスワードを忘れた場合は、ルートユーザーやIAM操作権限のあるユーザー（ここで作成しているようなAdministratorAccessポリシーを適用したユーザーなど）でパスワードの再設定操作をする。セキュリティを高めるため、現在設定されているパスワードが何かを知ることはできない

TIPS

サインインのURLがわからなくなったときは、IAMダッシュボード（前掲の図2-29の「IAMユーザーのサインインリンク」）で確認できる

●図2-37　パスワードの確認

2-5-7 作成したIAMユーザーでサインインする

それでは、作成したIAMユーザーでサインインしましょう。

AWSマネジメントコンソールの[自分の名前]をクリックして、表示されたメニューから[サインアウト]をクリックしてサインアウトします(図2-38)。

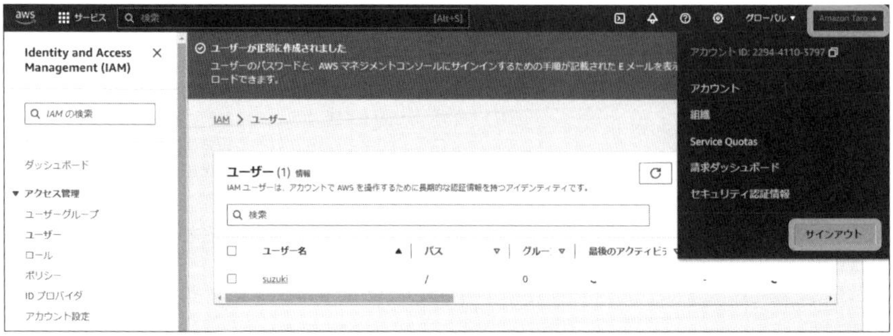

●図2-38　サインアウトする

図2-37（もしくはIAMダッシュボード、前掲の図2-29）で確認したサインインリンクにアクセスします。次のような書式のURLです。

https://アカウント番号.signin.aws.amazon.com/console

このURLを開くと、図2-39のように、「アカウントID」に数字が入力された状態で、ユーザー名とパスワードの入力欄が表示されます。

これらの入力欄に、作成したIAMユーザーのユーザー名とパスワードを入力し、[サインイン]をクリックするとサインインできます。

デフォルトの設定だと、初回サインインしたときに、パスワードの変更が促されます。新しいパスワードを設定しなおしてください（図2-40）。

すると、先にAWSアカウントを使ってサインインしたときと同じAWSマネジメントコンソールの画面が表示されるので、ここからAWSの各種操作をしていくことができます（図2-41）。

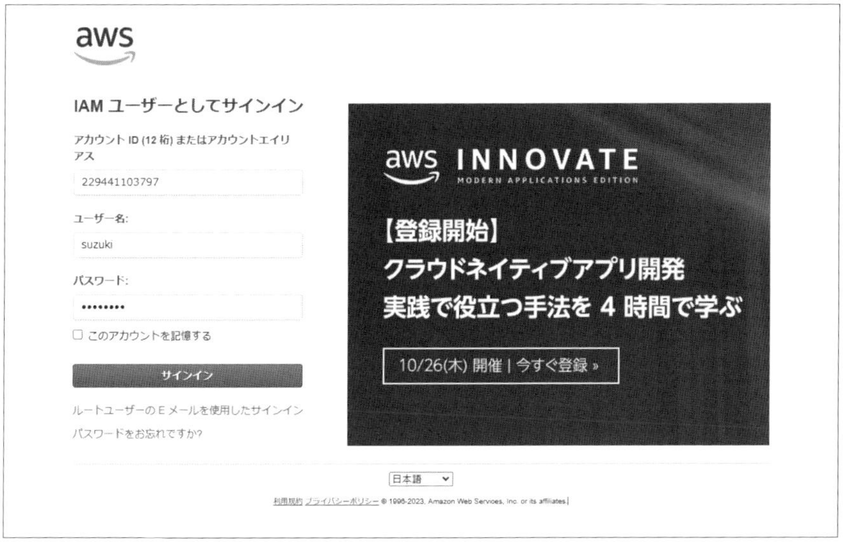

●図2-39　IAMユーザーでサインインする

●図2-40　パスワードの変更

●図2-41　IAMユーザーでサインインしたところ

2-6 請求情報を管理する

AWSの利用料金は、AWSマネジメントコンソールから確認できます。一定額を超えたときにメールで通知するアラート機能もあるので、設定しておきましょう。

ユーザー作成など、AWSを利用する準備が整いました。利用前の最後の操作として、AWSの料金について説明します。AWSは、使っただけ支払う従量課金です。コストを気にせずに、どんどんサーバーなどを作成すると、とてつもない金額になることがあります。そこで使いすぎないように、定期的に課金を確認したり、一定料金を超えたらアラートを受け取るように設定したりしましょう。

TIPS

デフォルトでは、IAMユーザーは請求情報にアクセスできない。ただし、ルートユーザーで[Billing and Cost Management]ページへのアクセスをアクティベート(許可)したのち、IAMユーザーに適切なポリシーを適用すると、請求情報にアクセスできる。詳細は下記URL参照
https://docs.aws.amazon.com/ja_jp/awsaccountbilling/latest/aboutv2/grantaccess.html

2-6-1 ルートユーザーでサインインし直す

デフォルトでは、課金情報の操作ができるのは、ルートユーザーに限られます(管理者権限をもつIAMアカウントも請求に関する操作は不可)。そこでいったんサインアウトし、ルートユーザーでサインインし直します。

手順 ルートユーザーでサインインする

Step1 サインアウトする

アカウントメニュー→[サインアウト]をクリックします(図2-42)。

●図2-42 サインアウトする

Step2 ルートユーザーでサインインする

次のURLにアクセスして、ルートユーザーでサインインし直します。

https://console.aws.amazon.com/

2-6-2 AWSアカウントの情報を変更する

AWSアカウントの操作は、[アカウント]メニューから行います(**図2-43**)。[アカウント]メニューをクリックすると、アカウント情報が表示され、パスワードや連絡先などを変更できます(**図2-44**)。

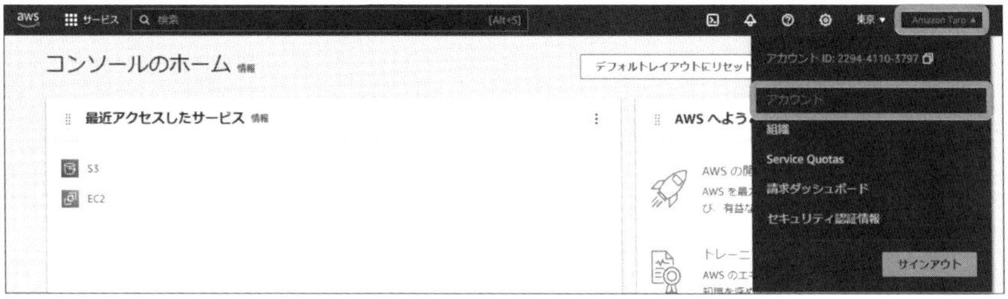

●図2-43 AWSアカウントに関する操作メニュー

●図2-44 アカウントの設定画面

TIPS

支払うクレジットカードを変更したいときは、[設定]—[お支払いの詳細設定]から変更できる

2-6-3 現在の請求情報を確認する

［請求書］メニューをクリックすると、月ごとの請求書を確認できます。CSV形式でダウンロードしたり、印刷したりすることもできます（図2-45）。

●図2-45　請求書の確認

これは料金が確定したレポートです。実際は確定情報よりも、どのサービスに、どのぐらいの金額がかかっているのか、「いまの状態」を調べたいはずです。そうしたいときは、コストエクスプローラーを使います。

手順 コストエクスプローラーでコストを調べる

Step1 コストエクスプローラーを開く

［Cost Explorer新規］メニューをクリックします（図2-46）。

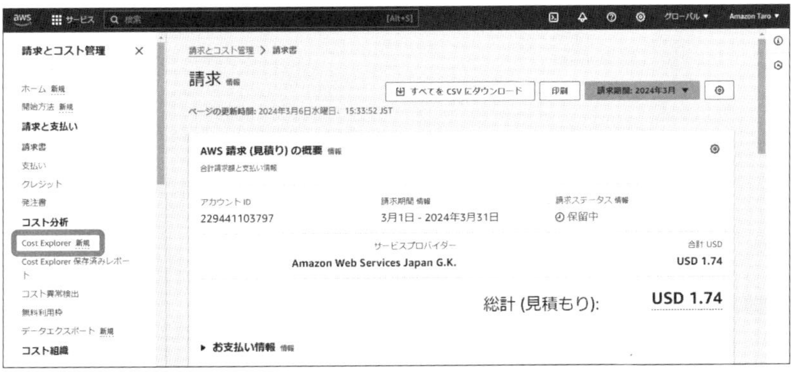

●図2-46　コストエクスプローラを開く

すると、「AWSコスト管理」の画面が開きます。初回は、**図2-47**のように、「24時間後にもう一度ご確認ください。」と表示されます。

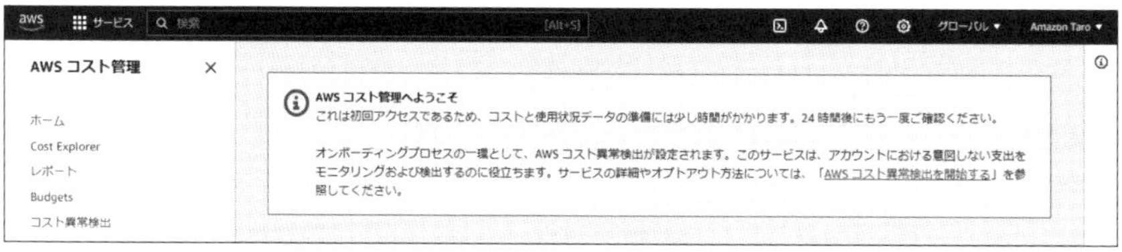

●**図2-47　準備がはじまる**

Step2 コストを確認する

24時間程度経過してから、再度、アクセスすると、各サービスのコストが表示されるようになります(**図2-48**)。この画面からサービスのコストがわかります(**図2-48**)。

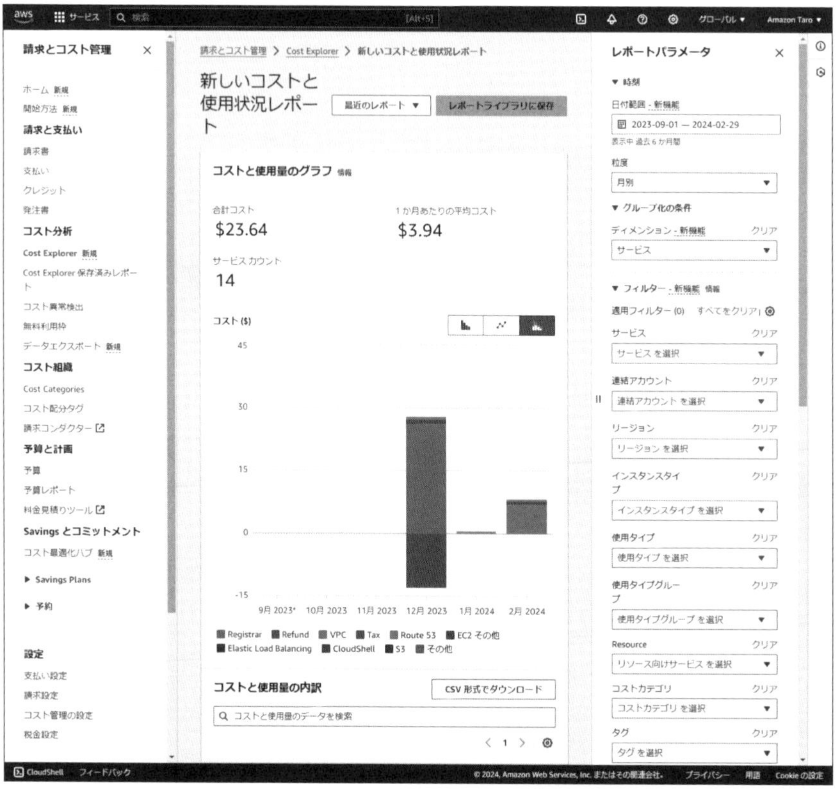

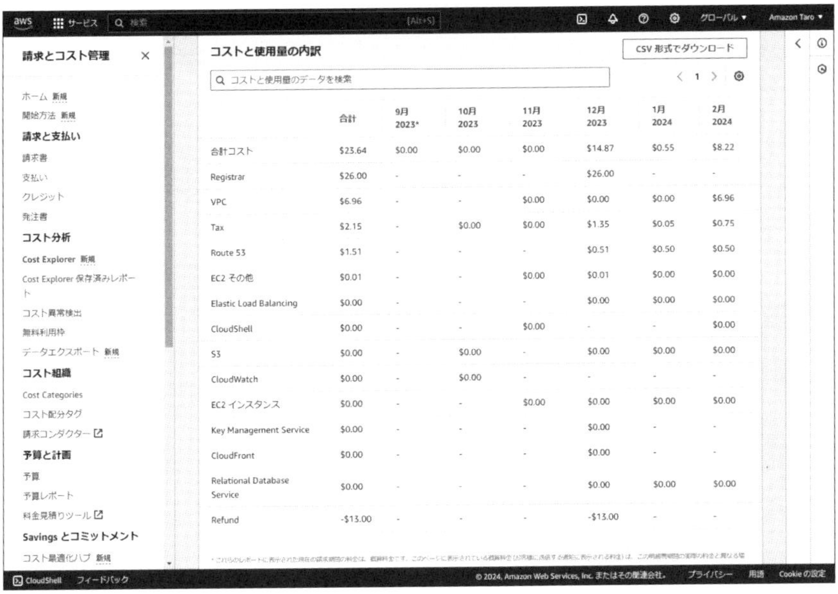

●図2-48 それぞれのサービスのコストが表示される

2-6-4 無料枠を超えたらアラートされるようにする

AWSでは、あらかじめ決めておいた予算を超える、もしくは超えそうになったときに、アラートを受けとれます。予算（AWS Budgets）という機能で設定します。ここでは、AWSの無料枠（無料利用枠）を超えたときに、メールで通知されるように構成します。

手順 予算とアラートを設定する

Step1 予算を開く

アカウントのページ（**図2-44**）の［予算と計画］メニューの［予算］をクリック、もしくは検索で「Budgets」を選択する（**図2-49**）などして、予算（AWS Budgets）のダッシュボードを開きます。

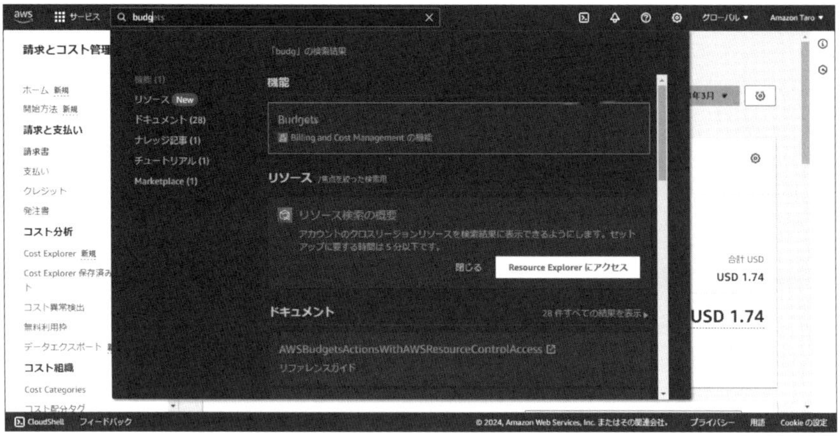

●**図2-49　予算（AWS Budgets）を開く**

Step2 予算を作成する

［予算の作成］をクリックして、予算の作成を開始します（**図2-50**）。

●**図2-50　予算を作成する**

> **TIPS**
> **AWS Budgets**　あらかじめ予算を設定して、それを超えるもしくは超えそうになったときにアラートを出す機能

Step3 無料枠を超えたときの通知を設定する

どのような予算を設定するのか選択します。いくつかの設定方法がありますが、AWSの無料枠を超えたときにメールで通知を受けとるには、下記のように設定します(図2-51)。

・予算の設定

テンプレートを使うか、細かく自分で設定するかを選択します。AWS無料枠を超えたときの通知はテンプレートにあるので、[テンプレートを使用(シンプル)]を選択します。

・テンプレート

テンプレートを選びます。[ゼロ支出予算]を選択すると、AWS無料利用枠の制限を超えたときに通知されるようになります。

TIPS

「月次コスト予算」を選択すると、予算額の入力欄が表示され、その金額を超えたときに通知を受け取るように設定できる

・予算名

この予算に付ける名前を入力します。どのような名前でもかまいませんが、ここでは「AWS無料枠」としておきます。

・Eメールの受信者

メールの受信者です。カンマで区切って、複数のメールアドレスを設定することもできます。

●図2-51　AWSの無料枠を超えたときに通知を受け取る設定

Step4 予算が作成された

予算が作成されました。一覧画面では、予算に対して何パーセント消費しているのかなどが一覧で表示されます。クリックすれば、予算額や通知メールアドレスなどを変更できます（図2-52）。

●図2-52　通知が設定された

要点整理

- ✔ AWSを使うには、メールアドレスや連絡先、そして、クレジットカードを登録してAWSアカウントを作成します。AWSアカウントには、管理者としてすべての操作ができるルートユーザーが紐付きます。
- ✔ ルートユーザーでAWSマネジメントコンソールにサインインすると、AWSを使い始められます。
- ✔ サインインしたら、画面右上のリージョンを確認し、[東京] など自分が使うリージョンに切り替えます。
- ✔ ルートユーザーは、できるだけ使わないようにします。代わりに、管理者となるユーザーを別に作成します。
- ✔ AWSにおけるユーザーは、IAMユーザーと言います。IAMダッシュボードから作ることができます。
- ✔ IAMユーザーの権限は、既存のポリシーを適用することで決めます。
- ✔ コストエクスプローラを開くと、どのサービスで、どの程度の料金がかかっているのかわかります。
- ✔ AWS Budgetsを設定しておくと、予算が超過した、もしくは超過しそうになったときにアラートメールを受け取れます。

COLUMN

AWSサポートを利用する

AWSでは顧客向けに問い合わせ窓口、AWSサポートを提供しています。アカウントや請求に関する問い合わせ（無料）や、技術サポートの依頼（有償）が行えます。

AWSサポートは現在、日本語にも対応しています。

支払いやアカウントに関する問い合わせはAWSサポートから行います。支払い額に不明な点があったとき、不正利用が疑われるときなどもここから連絡しましょう。

AWSサポートにはAWSマネジメントコンソールからアクセスできます。「サポート」で検索し、AWSサポート（AWSサポートセンター）を開きます。[ケースを作成] から、問い合わせを作成できます（**図2-23**）。

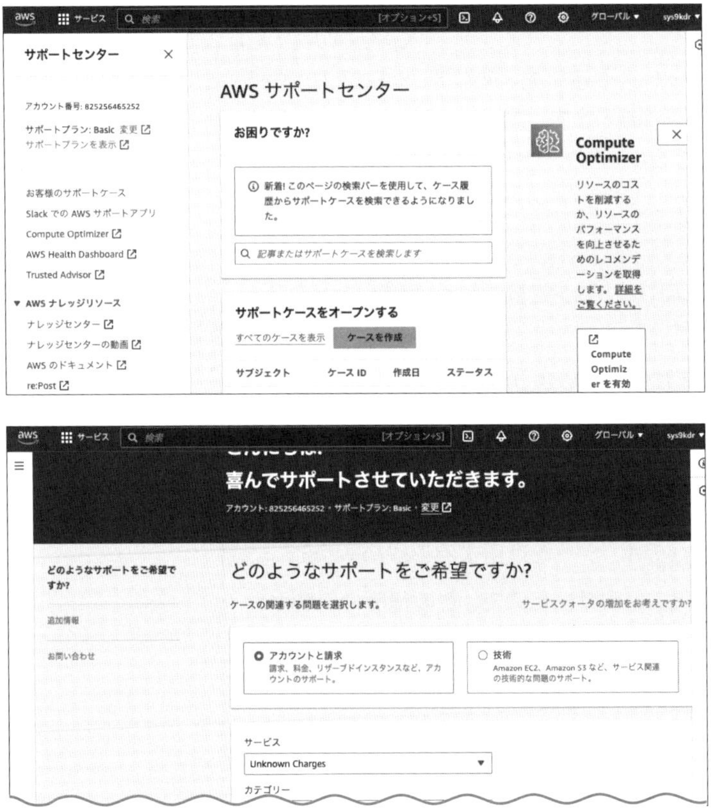

●図2-23 AWSサポートの画面

本格的にAWSでの開発を考えている人は、有償のAWSサポートの契約を検討してもいいでしょう。

CHAPTER

3

Webサイトを公開しよう

この章では、AWSでWebサーバーを作り、自社のホームページなどを公開できるようにします。AWSでWebサーバーを作る方法は、いくつかありますが、この章では、マネージドサービスのS3を使います。
まずはS3とは何か、その概要と使い方を説明し、S3バケットと呼ばれるファイルの保存場所を作ります。それから誰でもアクセスできるようにセキュリティ設定を緩和したり、Webサーバー機能を有効にしたりして、Webサーバー化します。
ホームページなどのコンテンツをアップロードするには、AWSマネジメントコンソールを使うほか、S3を扱える各種ツールを使う方法もあります。

3-1 Webサーバーの仕組みと作り方

Webサーバーは、ホームページなどのWebのコンテンツを返すサーバーです。ユーザーがWebブラウザから接続してきたときに、あらかじめ保存されているコンテンツを返す機能があります。まずは、Webサーバーの仕組みと、それをAWSで実現するための方法を説明します。

3-1-1 Webサーバーの仕組み

Webサーバーは、Webブラウザからの接続を待ち受けて、接続があったら、その要求に従ってコンテンツを返すサーバーです。

Webサーバーを構成するには、いくつかのやりかたがありますが、シンプルで代表的な構成は、サーバー上に、そうした機能を持つWebサーバーソフトを実行しておき、要求に応じて、サーバーに置かれているファイルを返すというものです。具体的なWebサーバーソフトとしては、Apacheやnginxなどがあります。

たとえば、Webサーバーに「www.example.co.jp」という名前を付けてインターネット上に配置し、そこに「abcdef.html」というファイルを置いたとします。このときユーザーが、ブラウザのアドレス欄に「http://www.example.co.jp/abcdef.html」と入力してアクセスすると、このWebサーバーに置かれているabcdef.htmlの内容が返され、ブラウザに表示されます。これがWebの基本です（図3-1）。

TIPS

Webサーバー　Webブラウザからの待ち受けをしてコンテンツを返すサーバー。ホームページサイトの構築に使われる

TIPS

Apache　アパッチ。正式名称は「Apache httpd（もしくはApache HTTP Server）」。Apache Software Foundationという非営利団体が開発しているWebサーバーソフト。最も多く使われている。https://httpd.apache.org/

TIPS

nginx　エンジンエックス。コンパクトで高速なWebサーバーソフトウェア。軽量で多数のアクセスにも耐えられるため、人気が高まっている。https://nginx.org/

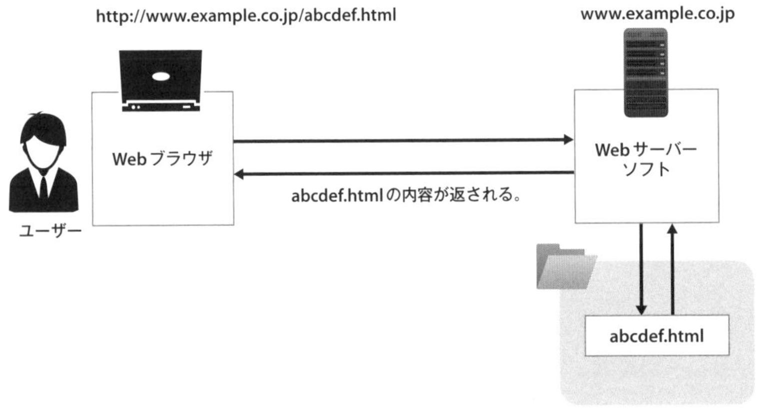

●図3-1　シンプルなWebサーバーの構成

Webページは、HTMLで記述します。基本的に1ページが1ファイルに相当します。画像を含むときはHTMLとは別に画像ファイルを置き、HTMLから参照するように、<img>というタグを記述して、その画像ファイルを参照するようにします。するとブラウザが、HTMLのなかに画像を差し込むように表示します。複数枚の画像がある場合や動画、音楽が含まれている場合も、これと同じ仕組みです（**図3-2**）。

TIPS

HTML HyperText Markup Language。Webページを記述するときに使われる言語。タグと呼ばれる「<」と「>」で囲んだ表記で、そのテキストの意味を示す。たとえば、「<h1>」と「</h1>」で囲まれた部分は大見出しとするなどの意味づけをする

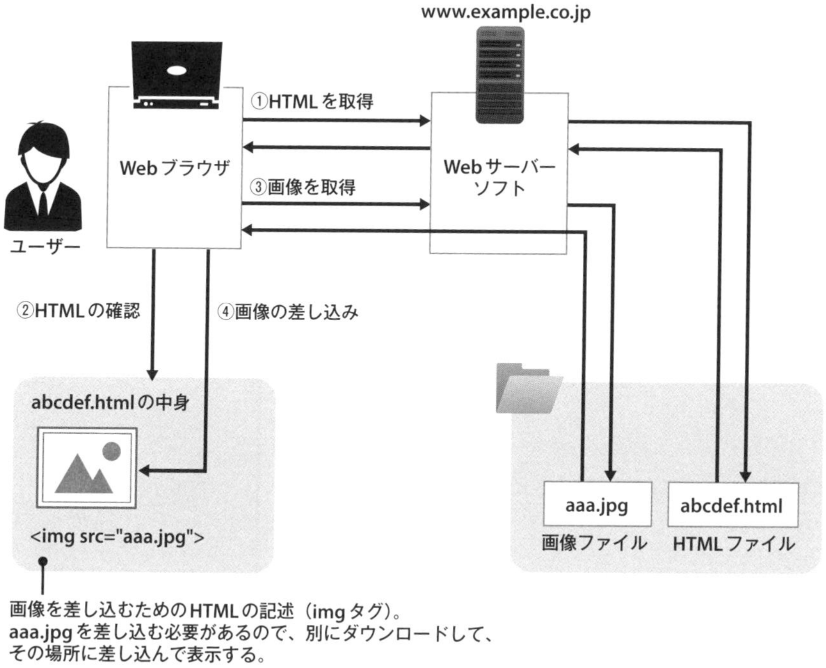

●**図3-2　画像や動画、音楽などを含む場合の構成**

3-1-2 AWSを使ってWebサーバーを構成する

AWSを使ってWebサーバーを構築する方法は、主に2通りあります。「EC2を使う方法」と「S3を使う方法」です（コラム参照）。

前者はアンマネージドサービス、後者はマネージドサービスです。第1章で説明したように、AWSではマネージドサービスを使ったほうが設定や管理が簡単です。そこで、この章では、マネージドサービスであるS3の使い方を説明します。

TIPS

本章ではS3を活用して静的Webサイトを公開する。Apacheやnginxを導入したサーバー構築は行わない。このため厳密にはWebサーバーの構築とは言い切れない部分もあるが、本書では静的Webサーバーの構築として解説する。nginxの導入については第4章で解説

COLUMN

AWSを使ってWebサーバーを構築する2つの方法

Webサーバーを構築する代表的な方法には、「EC2を使う方法」と「S3を使う方法」があります（**図3-3**）。

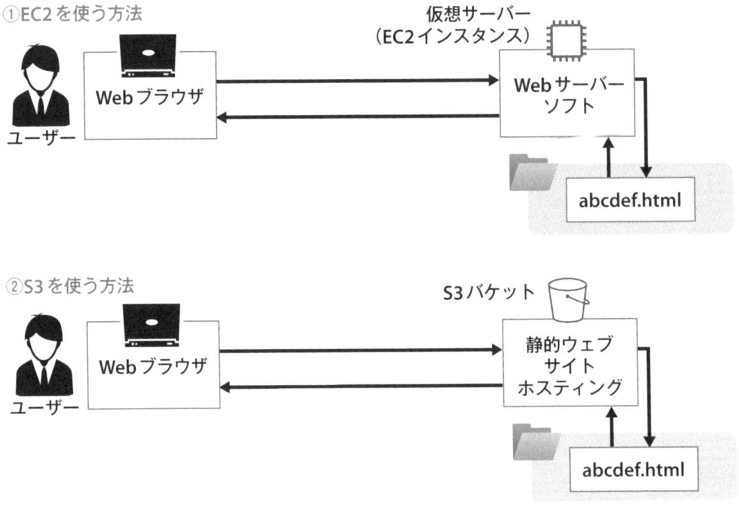

●図3-3　Webサーバーを構築する2つの方法

①EC2を使う方法

EC2は、仮想サーバーを提供するサービスです。この方法では、仮想サーバーを構築して、そこにApacheやnginxなどのソフトウェアをインストールすることでWebサーバーとして機能させます。

この方法は、AWSではないオンプレミス環境での構成と同じ手法です。詳細については、第4章で説明します。

②S3バケットを使う方法

S3で「静的ウェブサイトホスティング」という機能を有効にすると、Webサーバーとして使えるようになります。この章で説明する方法です。

それぞれの特徴を、簡単に**表3-1**にまとめます。

大きな違いは、Webサーバー上でプログラムを動かすことができるかどうかです。

あらかじめアップロードしたコンテンツを見せるだけの場合は、S3を使うほうが有利です。なぜならマネージドサービスなので、管理の手間がありませんし、何より、アクセスが殺到したときにも、AWSがうまく処理してくれます。

TIPS

EC2と似たものとして、Fargeteと呼ばれるサービスを使うこともできる。これはコンテナと呼ばれるパッケージ化されたプログラムを実行する仕組み。ECSやEKSというコンテナを管理するサービスと組み合わせて利用する

TIPS

近年では、もうひとつ「サーバーレス」と呼ばれる構成でWebサーバーを構成することもできる。API GatewayとLambdaを組み合わせて構成する。どちらもマネージドサービス。
EC2を使った構成と同じくプログラムの実行ができるが、その実行サーバーは、AWSによって、都度、必要な台数が、適切に自動で用意されるので、サーバー管理する必要がない（管理するサーバーがない（レス）のが、サーバレスと言われるゆえんである）。
実行された回数での課金であるため、参照回数が少ない場合は、EC2よりコストを下げられる可能性もある。
ただしLambdaは専用の構成でプログラミングする必要があり、EC2上で動作するプログラムが、そのまま動作するわけではない

しかしプログラムの実行が必要な場合はS3では対応できないため、EC2を使った構成が必要となります。たとえば第4章で例として取り上げるブログシステムを構築する場合、Webサーバー上でブログ投稿などを受け付けるためにプログラムの実行が必要なので、EC2を使って構成しなければなりません。

●表3-1　EC2を使う場合とS3を使う場合との違い

項目	EC2を使う場合	S3を使う場合
パフォーマンス	利用するEC2の仮想サーバー（詳しくは第4章で説明しますが、EC2インスタンスと言います）の性能次第（高速なCPU、多量なメモリを持つものを選べば高速だが、高価）	高い（パフォーマンスは、いつも適切に保たれる）
信頼性	構成次第。複数台で負荷分散するなどすれば向上する	可用性99.99%、耐久性99.999999999%（イレブンナイン）
プログラムの実行	できる	できない
管理の必要性	サーバーの構築からApacheやnginxのインストール、設定など、すべて自分で管理する	マネージドサービスなので、しなくてよい。静的ウェブサイトホスティング機能を有効にするだけ

● S3バケットにコンテンツファイルを置く

S3は、ストレージサービスを提供するマネージドサービスです。ストレージサービスというのは、簡単に言うと、「ファイル置き場」のことです。アップロードしたファイルを永続的に保存し、好きなときに取り出すことができます。もちろん、特定のユーザーにしかアクセスできないようにする認証機能もあります。

S3において、ファイルの置き場は、「S3バケット」と呼ばれます。

S3を使ってファイルを管理するには、AWSマネジメントコンソールなどから操作して、まず、その置き場となるS3バケットを作ります。簡単に言えば、S3バケットは、パソコンに接続されているディスクやUSBメモリなどの「ドライブ」に相当するものだと考えるとわかりやすいでしょう。

AWSシンプルアイコンでは、バケツのようなアイコン（**図3-4**）で示します。

TIPS

オブジェクトストレージ　データをファイルとしてではなく、1つの「オブジェクト」と呼ばれる単位で出し入れするストレージを「オブジェクトストレージ」という。オブジェクトストレージは、データを固まりとして扱うAPIを経由してアクセスする。従来のファイルの読み書きの方法ではアクセスできない。S3は、こうしたオブジェクトストレージのひとつ

TIPS

S3バケット　S3が提供するファイル置き場のこと。AWSマネジメントコンソールから作成する。バケットとは英語でBucket。日本語で言うバケツのこと。S3バケットは略してバケットとだけ呼ばれることもある

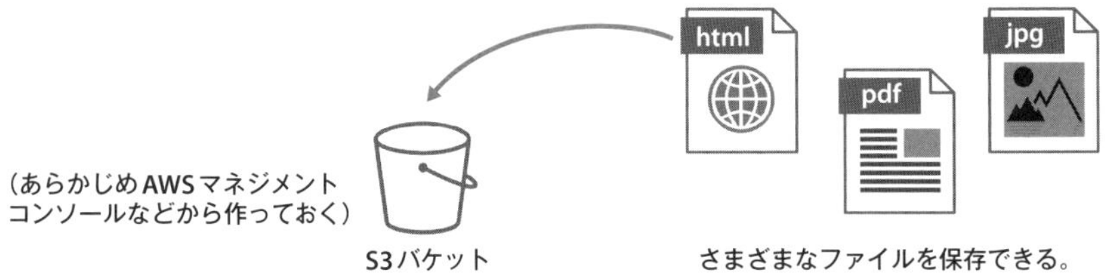

●図3-4　S3のアイコン

● S3を使ったWebサーバーの構成

S3でWebサーバーを作る場合、全体を図3-5のように構成します。

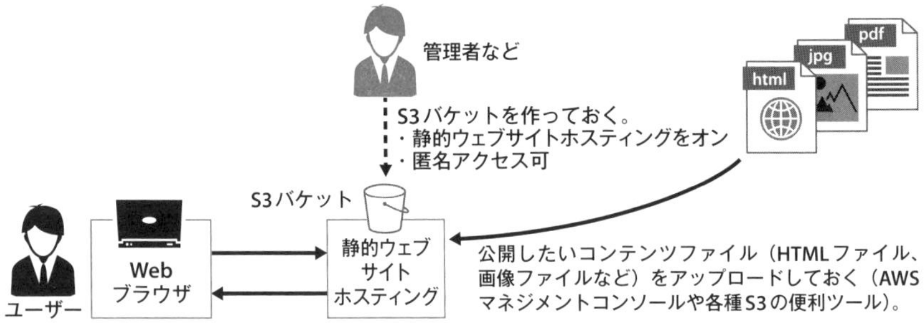

●図3-5　S3を使ったWebサーバーの構成図

まず、AWSマネジメントコンソールなどを操作して、S3バケットを作ります。このときS3バケットには、次の2つの設定をします。

①Webサーバー機能をオンにする

S3バケットは、ただのファイル置き場なので、最初の状態ではWebサーバーとして機能しません。S3バケットの設定画面から、「静的ウェブサイトホスティング機能」を有効にすることで、Webサーバーとして機能するようになります。

②匿名アクセスできるようにする

初期状態では、S3バケットを作ったときに許可したユーザーしかアクセスできません。そこで誰でもアクセスできるよう、匿名アクセスを有効にします。

上記の2つの設定をすると、そのS3バケットはWebサーバーとして機能します。あとは、HTMLファイルや画像ファイルなど、公開したいコンテンツをアップロードすれば、ユーザーは、それらのコンテンツを見ることができるようになります。

ファイルのアップロードには、AWSマネジメントコンソールを使うほか、ドラッグ＆ドロップでファイル操作できる便利ツールを使うこともできます。

●独自ドメイン名でのアクセスや暗号化通信も見据えたWebサーバーの構成図

以上が、S3を使ったWebサーバーの基本です。ただ、この構成だと、AWSによって付けられた「http://任意名.s3-website- ap-northeast-1.amazonaws.com」（東京リージョン：ap-northeast-1に作る場合）のようなAWSのドメイン名でしかアクセスできません。

実際にWebサーバーを構築するときは、「http://www.example.co.jp/」のような、企業やサービスなどの独自のドメイン名でアクセスしたいことが多いでしょう。

また、最近では「https://」のURLを用いて、通信を暗号化したいことがあります。そのようなときには、次のように構成します。

TIPS
独自ドメイン名　example.co.jpやexample.jpなど、自ら取得したドメイン名のこと

①独自ドメイン名でアクセスしたいとき

http://www.example.co.jp/のような独自のドメイン名でアクセスできるようにしたいときは、S3バケットの名前として、「www.example.co.jp」というように、アクセスしたいドメイン名を命名します。そのうえで、DNSサーバーの設定をします。もし独自ドメインでアクセスする予定なら、S3バケットを作成する段階で、そのようなバケット名にしておく必要があります（第6章参照）。なぜなら、S3バケットの名前は、あとから変更できないためです。

TIPS
DNSサーバー　ドメイン名とIPアドレスや別名との関連を設定するサーバ。第6章で解説

COLUMN

S3バケットの名前を変えたいときは

S3バケットの名前は、一度決めると、あとから変更できませんが、どうしても変更したいことはあります。しかし変更はできないので、もし変更したいときは、変更後の名前のS3バケットを新規に作成し、古いバケットからコピーするしかありません。

全ファイルのコピーをAWSマネジメントコンソールから操作するのは時間もかかって面倒なので、そうしたときには、AWS CLIと呼ばれるコマンドラインツールを使うのがよいでしょう。

Googleなどの検索エンジンで、「S3バケット 名前変更」などで検索すると、AWS CLIを使って、新規にS3バケットを作って、そこにいまのファイルをコピーするというやり方を簡便に行う方法が、いくつか見つかるはずです。

②通信を暗号化したいとき

S3バケットのWeb機能は暗号化（https）に対応していません。もし暗号化したいときは、その前段に「CloudFront」というサービスを設置する方法をとります。

CloudFrontは、AWSにおいて、コンテンツのキャッシュ機能を提供するサービスです。このサービスには暗号化の機能があるので通信を暗号化できます。具体的には、CloudFrontを適切な設定をしてS3の前段に置くと、「http://」でなく「https://」でアクセスすることによって、通信の暗号化ができるようになります（**図3-6**）。

CloudFrontを使った通信の暗号化については、第7章で説明します。

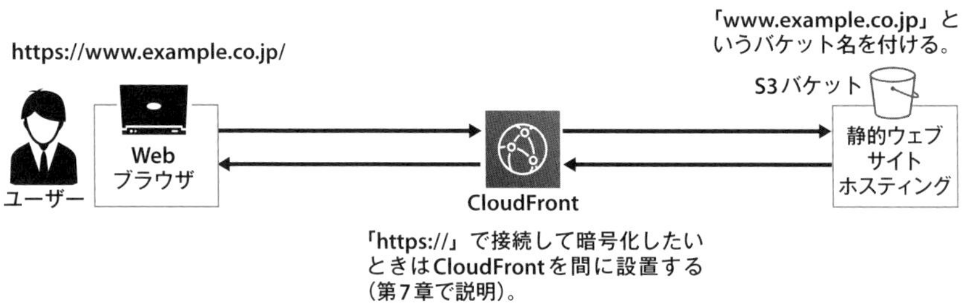

●図3-6　CloudFrontを使った通信の暗号化

COLUMN

CloudFrontの役割

ClondFrontは、CDN（Contents Delivery Network）と呼ばれるサービスです。ユーザーから近い場所に、キャッシュサーバーを配置して、サーバーが配信するコンテンツ（HTMLや画像など一式）を一時的に保存することで、レスポンスを高めるのが目的です。

ユーザーは、コンテンツを配信するサーバー（これはオリジンサーバー（オリジン=origin。起点となるという意味）と呼ばれます）にアクセスするのではなく、CloudFrontが提供するキャッシュサーバーにアクセスするようになるため、コンテンツを配信するサーバーの負荷を抑える効果もあります。

暗号化（https）は主目的ではなく、どちらかというと、副次的な効果です。

3-2 S3の特徴と料金

この章では、これまで説明したように、S3を使ってWebサーバー機能を構築していきます。それに先立ち、S3の特徴や料金について説明します。

3-2-1 S3バケットのリージョン

S3バケットを作成するときは、どのリージョンに作成するのかを指定します。

本書では、東京リージョンに作成しますが、どのリージョンにでも作れます。

3-2-2 S3バケットの命名規則

http://www.example.co.jp/のような独自ドメインでアクセスできるようにするには名前の設定を正しく行う必要があります。S3バケットに、www.example.co.jpで、アクセスできるようにするのと同名の名前を付けます。

そうでなければ任意の名称を付けられます。ただし、この名称は（自分の利用分だけでなく）AWSサービスを利用している、すべての人と重複しない唯一無二のものでなければなりません。たとえば、他のAWS利用者が「mybucket」という名前のS3バケットを使っていたら、同名の「mybucket」は作れません。

重複した場合は、エラーメッセージが表示されるので、後ろに番号を付けるなど工夫して、重複しないような名前を付けるのがよいでしょう。

また、バケット名は3～63文字で、小文字、数字、ピリオド、ハイフンのみで構成します（マイナスは含めることができません）。また独自ドメイン名でアクセスできるようにするS3バケット以外は、ピリオドを含めた名前を付けることは推奨されていません。

TIPS

バケットの名前付け　https://docs.aws.amazon.com/ja_jp/AmazonS3/latest/userguide/bucketnamingrules.html

COLUMN

AWSのさまざまなデータ保存に使われるS3バケット

この章では、S3バケットをWebサーバーとして使いますが、S3バケットは、AWSにおける汎用的なストレージサービスであるため、データの保存先として、さまざまな場面で使われます。たとえば、各種AWSサービスのログの出力先や、データベースのバックアップ先、各種設定ファイルの保存先などが挙げられます。

3-2-3 S3の料金

S3の料金は、「保存している容量」と「転送量」に基づいた従量課金です（**図3-7**）。単価はリージョンによって異なります。参考までに、本書の執筆時点における東京リージョンの費用を**表3-2**に示します。

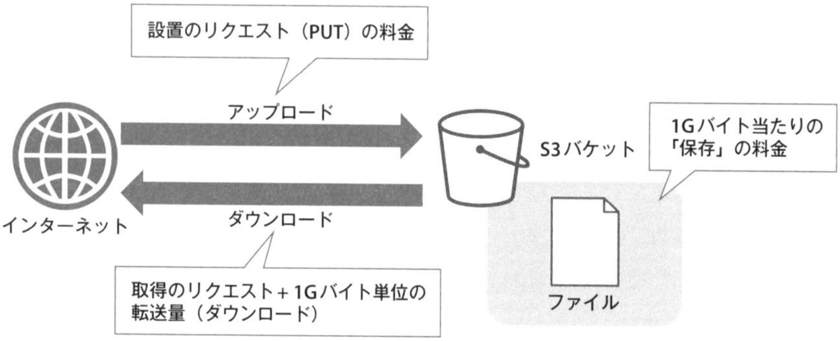

●図3-7　S3の料金

●表3-2　東京リージョンの場合のS3の料金の目安

項目	料金
保存	1Gバイト当たり月に0.025ドル
取得のリクエスト（GET）	リクエスト1000件当たり0.00037ドル
設置のリクエスト（PUT）	リクエスト1000件当たり0.0047ドル
削除のリクエスト（DELETE）	無料
転送量（アップロード）	無料
転送量（ダウンロード）	月間100Gバイトまで無料。それを超えると1Gバイト当たり0.114ドル

S3バケットをWebサーバーとして使う場合の費用を考えるときは、アクセス数と比例する変動費と、定額である固定費に分けるのがよいでしょう。

変動費はファイルをダウンロードするのにかかる費用です。「取得のリクエスト+1GB単位の転送量（ダウンロード）」です。月間数百万ビューのサイトやファイルサイズが大きなコンテンツを提供する場合には、それなりの費用がかかります。固定費は、S3に置いたファイルサイズに対する課金です。これは単純に、大きい、たくさんのファイルを置くほど費用がかかります。

TIPS

S3には加入から1年間のAWS無料利用枠がある。本書の執筆時点では、毎月あたり、5GB、2万の取得リクエスト、2千PUTリクエストが無料利用枠として提供されている。個人で、ちょっとした実験をする場面では、この範囲に十分収まる

実際に、どのぐらいの費用がかかるのかは、AWS料金見積りツール（https://calculator.aws/）を使って計算できます。AWSの課金は従量課金ですから、本番環境で多くのアクセスが見込まれるWebサイトを構築する場合には、あらかじめ、費用を計算しておきましょう。

COLUMN

ストレージクラス

S3バケットには品質を示すストレージクラスという概念があります。「S3標準」「S3 Intelligent-Tiering」「Amazon S3 Express One Zone」「S3標準 - 低頻度アクセス」「S3 1ゾーン - 低頻度アクセス」「S3 Glacier Instant Retrieval」「S3 Glacier Flexible Retrieval」「S3 Glacier Deep Archive」の8種類あり、高品質なほど高価です（**表3-3**）。

デフォルトの「S3標準」のストレージクラスは、複数のアベイラビリティゾーンで運用するため、冗長性があります。それに対して、「S3標準 - 低頻度アクセス」と「S3 1ゾーン - 低頻度アクセス」は、可用性や信頼性を少し犠牲にし低コストを実現したものです。バックアップがあるような最悪失われても問題ないようなデータの保存には、こうしたストレージクラスを使うことで、コストを抑えられます。

また、保存したらほとんど参照しない用途――バックアップデータの保存やログデータの保存など――では、Glacierが使えます。Glacierとして保存したデータは、取り出すのに時間がかかりますが、とても安いコストでデータを保存できます。

【Amazon S3 ストレージクラス】
https://aws.amazon.com/jp/s3/storage-classes/

TIPS

アベイラビリティゾーン AWSにおいてグループ化したデータセンターの単位のこと。第4章で解説

TIPS

単一アベイラビリティゾーンだと安く済むが、大規模災害などでデータセンターが被害を受けデータが消失したときに復旧できない可能性がある

●表3-3　S3のストレージクラスと特徴

ストレージクラス	特徴	耐久性	可用性
S3 標準	デフォルト。一般的な利用に適する。SLA により可用性保証あり。複数のアベイラビリティゾーン（AZ）が失われてもデータを回復できる	99.999999999%（イレブンナイン）	99.99%
S3 Intelligent-Tiering	アクセスパターンをモニタリングし、使用頻度によって、「S3 標準」と「S3 標準 - 低頻度アクセス」を切り替える	99.999999999%（イレブンナイン）	99.9%
S3 Express One Zone	1 桁ミリ秒のリクエストレイテンシを実現するもっとも高速なストレージ	99.999999999%（イレブンナイン）	99.95%
S3 標準 - 低頻度アクセス	バックアップなどの利用に適する。S3 標準と同等だが可用性が少し低い	99.999999999%（イレブンナイン）	99.9%
S3 1 ゾーン - 低頻度アクセス	キャッシュデータやセカンダリバックアップの保存先など、データが失われても再構築できる場合に適する。単一 AZ でのみ構成。その AZ が失われるとデータが失われる可能性がある	99.999999999%（イレブンナイン）	99.5%
S3 Glacier Instant Retrieval	ほとんどアクセスされないが、アクセスするときは、S3 標準と同等の速度が必要な場面に適する。バイト単価が S3 標準よりも安価な反面、アクセス回数の課金は S3 標準よりも高い。また最低保存期間が 90 日（90 日以内に削除をしても料金が 90 日分かかる）	99.999999999%（イレブンナイン）	99.99%
S3 Glacier Flexible Retrieval（旧 S3 Glacier）	保存後、参照することがほとんどない各種ログファイルやバックアップデータなどを保存するのに適す。取り出しに操作が必要で数分～数時間かかる。バイト単位はその分かなり安い	99.999999999%（イレブンナイン）	99.99%
S3 Glacier Deep Archive	もっとも低コストのストレージクラス。最低保存期間は 180 日。数年以上の長期保存に向く。取り出し速度は遅く、最大 12 時間かかる	99.99%	—

3-3 この章での操作の流れ

この章ではS3を使って、Webサイトを公開する手順を解説していきます。

この章では、次の手順で、S3を使ってWebサーバー機能を構築していきます（**図3-8**）。

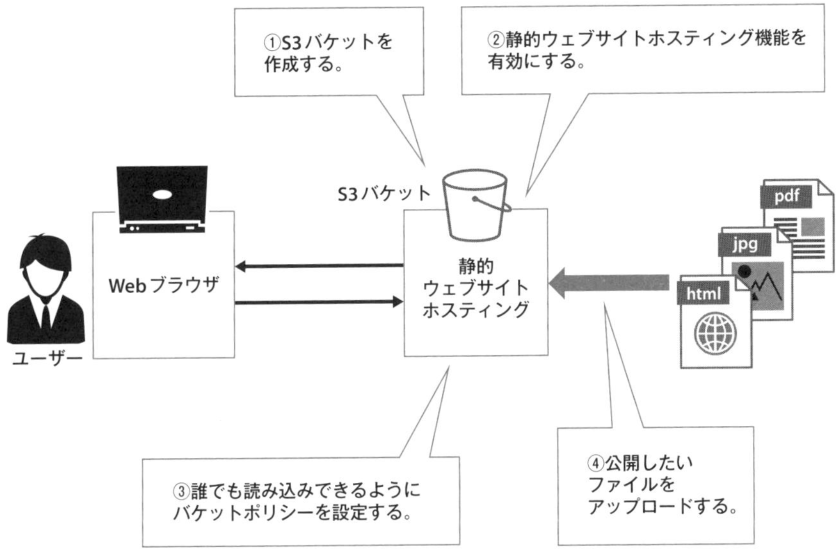

●図3-8　S3バケットをWebサーバーとして動かすための流れ

①S3バケットを作成する

まずは、S3バケットを作成します。すでに説明したように、独自ドメイン名でアクセスできるようにするには、それと同じ名前で作成しなければなりません。

本書では、第6章で「awsexample0123.com」というドメイン名を取得し、このS3バケットに対して、「http://www.awsexample0123.com」というURLでアクセスできるようにしていきます。この章では、こうした流れを踏まえて、S3バケットにawsexample0123.comという名前を付けることにします。

読者の皆さんは、もし、ドメイン名でアクセスできるようにする予定なら、その名前を、そうでないなら、「myexampleserver」や「mywebservertest」など、他のユーザーと重複しないような任意の名前を付けてください。本書で「www.awsexample0123.com」と書かれているところは、自分で付けた名前に置き換えて読み進めてください。

②静的ウェブサイトホスティング機能を有効にする

①のS3バケットに対して、静的ウェブサイトホスティングをオンにします。これでWebサーバー機能が有効になります。

このとき、ユーザーが、このS3バケットにアクセスするときのURL（http://任意名.s3-website-ap-northeast-1.amazonaws.comなど）が決まります。このURLのことをエンドポイントと言います。

TIPS

エンドポイント　endpoint。サービスを提供するURLなどの接続点の総称

③匿名アクセスできるようにする

このままだと、まだアクセス権がないため、Webブラウザで接続しても、S3バケットに保存したファイルを見ることができません。そこで①のS3バケットに対して匿名アクセスできるようにします。

具体的な手順としては、誰でも読み書きできるようにする「バケットポリシー」と呼ばれる設定を、S3バケットに対して適用します。

TIPS

S3は独自の通信方式を採用しているため、AWSマネジメントコンソールやS3に対応した各種専用ツールを使ってしかファイルをアップロード・ダウンロードできない。しかし2018年11月に発表されたAWS Transfer for SFTPというマネージドサービスを利用すると、Linuxなどでよくファイル転送のときに使う「SFTP（SSH File Transfer Protocol）」というプロトコルで転送できるようになった。オンプレミスのときに使っていた馴染みのあるツールが使えるようになる
https://aws.amazon.com/jp/sftp/

④公開したいファイルをアップロードする

以上の3つの設定で、Webサーバーとして機能するようになります。あとは、コンテンツをアップロードするだけです。

AWSマネジメントコンソールもしくは、もっと使いやすいS3対応のファイル転送ツールなどを使って、コンテンツを構成するファイルをアップロードします。そうすれば、そのファイルをWebブラウザで参照できるようになります。

COLUMN

S3を管理操作できるユーザー

S3を管理操作できるのは、「S3FullAccess」というポリシーが設定されたユーザーに限られます。第2章では、管理者権限を持つユーザー――AdministratorAccessポリシーを適用したユーザー――を作成しました。このポリシーにはS3FullAccessポリシーに設定されている権限が含まれているため、S3の操作ができます。

3-4 S3バケットの作成

ファイルをアップロードするためのS3バケットを作成します。S3バケットは、S3ダッシュボードから操作します。

それでは、実際に操作していきましょう。第2章で作成した管理者権限を持つユーザーで、AWSマネジメントコンソールにサインインします(**図3-9**)。

●図3-9　管理者権限を持つユーザーでサインインする

3-4-1 S3ダッシュボード

S3バケットを作成します。S3は、S3ダッシュボードから操作します。

手順 S3ダッシュボードを開く

Step1 S3のリンクを開く

ツールバーから「S3」を検索し、見つかったS3をクリックします(**図3-10**)。

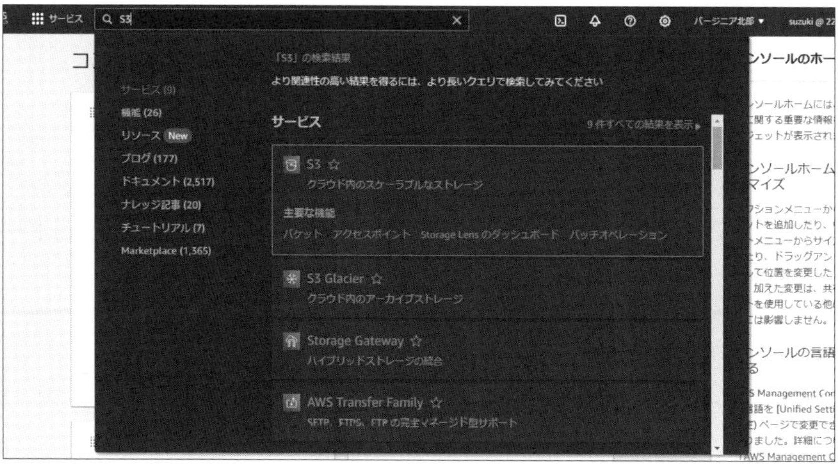

●図3-10　S3ダッシュボードを開く

Step2 S3ダッシュボードが開いた

S3ダッシュボードが開きます。S3は、リージョンごとに操作するサービスですが、S3バケット単位でどのリージョンなのかを選ぶので、右上のリージョン選択の部分は「グローバル」となりますが、正常です。すでに何かバケットを作っているときは、ここにバケットの一覧が表示されますが（後述の**図3-16**）、はじめてアクセスしたときには、**図3-11**のようにウェルカム画面が表示されます。

●図3-11　S3ダッシュボード（ウェルカム画面）

3-4-2 S3バケットを作成する

表3-4に示す内容のS3バケットを作成します。

●表3-4　作成するS3バケット

項目	値	意味
バケット名	www.awsexample0123.com	バケットの名称。自分が所有している（もしくはこれから取得しようとしている）ドメイン名でアクセスさせたいときは、そのドメイン名を設定する。他のAWS利用者と重複しない任意の名前でなければならない。本書では、第6章でwww.awsexample0123.comというドメイン名でアクセスできるようにするので、それに合わせて、この名称でS3バケットを作る
リージョン	東京リージョン	作成するリージョン。本書では、東京リージョンを指定する

すでに説明したように、S3バケットの名前は、他のAWSユーザーも含めて、唯一無二の名前でなければなりません。本書では例として、「www.awsexample0123.com」という名前としますが、これは他のAWSユーザーがすでに使っている場合は指定できません。重複しない任意の名前に読み替えて作成してください。

また今回は、東京リージョンに作成しますが、実際にはどのリージョンでも同じように機能します。東京リージョンを選ぶのは便宜的に分かりやすいのと、日本にあるのでレスポンスタイムが速いという理由だけです。もし望むなら、東京以外のリージョンを選択してもかまいません。

手順 S3ダッシュボードでS3バケットを作成する

Step1 バケットの作成を始める

［バケットを作成］ボタンをクリックします（図3-12）。

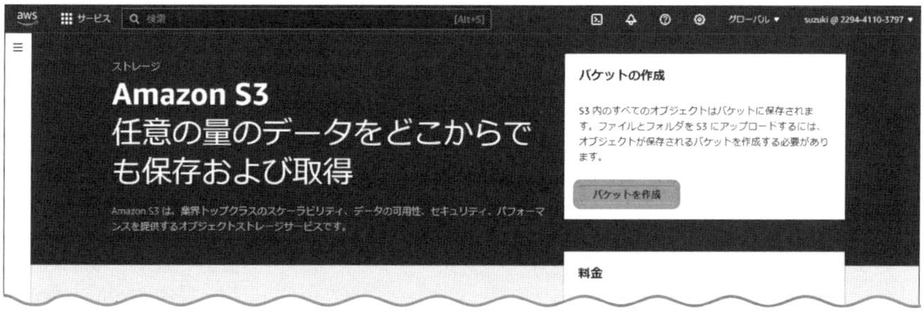
aws
サービス
検索
[Alt+S]
グローバル
suzuki @ 2294-4110-3797
ストレージ
Amazon S3
任意の量のデータをどこからでも保存および取得
Amazon S3 は、業界トップクラスのスケーラビリティ、データの可用性、セキュリティ、パフォーマンスを提供するオブジェクトストレージサービスです。
バケットの作成
S3 内のすべてのオブジェクトはバケットに保存されます。ファイルとフォルダを S3 にアップロードするには、オブジェクトが保存されるバケットを作成する必要があります。
バケットを作成
料金

●図3-12　バケットの作成を始める

Step2 バケット名とリージョンを設定する

バケット作成画面でバケット名とリージョンを設定します。以下のように操作し、［パケットを作成］ボタンをクリックします（図3-13）。

● 一般的な設定

「バケット名」と「AWSリージョン」を選択します。**表3-4**に示したように、バケット名は「www.awsexample0123.com」とし、AWSリージョンは、「東京リージョン」を選択します。

TIPS
バケットタイプ　S3 Express One oneストレージタイプが新たに提供されたことに伴い、バケットタイプの選択肢が追加された。ほとんどの場合、「汎用」を選択する

● オブジェクト所有者

作成するS3バケットを、いま操作しているAWSアカウントの所有とするか、ほかのAWSアカウントも所有者となれるかの設定です。本書では、他のAWSアカウントは利用しないので、[ACL無効(推奨)]を選択します。

TIPS
ACL　Access Control List。誰がどのような操作ができるのかの一覧表

TIPS
他のAWSアカウントとは、いま操作しているとは別に作成したAWSアカウント。自分でもうひとつ別の環境構築のために作ったAWSアカウントであったり、他のパートナー企業などのAWSアカウントなど

● このバケットのブロックパブリックアクセス設定

このS3バケットに誰でもアクセスできるようにするかの設定です。デフォルトでは、[パブリックアクセスをすべてブロック]にチェックが付けられていて、ユーザーアカウントを保有しない人は、アクセスできないように構成されます。

今回は、Webサーバーとして使いたいので、誰でもアクセスできるようにするため、すべてのチェックを外します。

チェックを外すと、誰もがアクセスできる可能性があり危険なので、「パブリックアクセスのブロックをすべてオフにすると、このバケットとバケット内のオブジェクトが公開される可能性があります。」という警告のメッセージが表示されます。これに同意するため、[現在の設定により、このバケットとバケット内のオブジェクトが公開される可能性があることを承認します。]にチェックを付けてください。

TIPS
パブリックアクセス　public access。アカウントを持たない人たちのアクセスのこと

TIPS
バージョニング　versioning。古い版(履歴)を残す機能のこと。上書きしたときに、以前に保存した内容に戻せるようになるが、保存した版すべてが残った状態になるので、容量をそのぶんだけ必要とする(=コストがかかる)

● バケットのバージョニング

同名のファイルを上書きするとき、版を残すかの設定です。ここでは[無効にする]を選択します。

● タグオプション

[タグの追加]をクリックすると、絞り込みや検索、グループ化するときのタグ(任意の名称)を設定できますが、ここでは何も設定しません。

● デフォルトの暗号化

格納するデータの暗号化方法を設定します。デフォルトでは[Amazon S3マネージドキーを使用したサーバー側の暗号化(SSE-S3)]が選択されているので、そのままにしておきます。[バケットキー]についても、デフォルトの[有効にする]にしておきます。

TIPS
暗号化は、S3マネージドキーを使う方法とAWS Key Management Serviceを用いた方法の2種類がある。前者はAWSが暗号化のキーを設定するもの、後者はAWS Key Management Serverを使って、自らキーを管理できるもの。後者はコストがかかるが、暗号・復号の記録が監査証跡(CloudTrail)として残るので、鍵やパスワード、個人情報など、秘匿性の高いデータを保存するバケットは、こちらも選択肢として考えるとよい

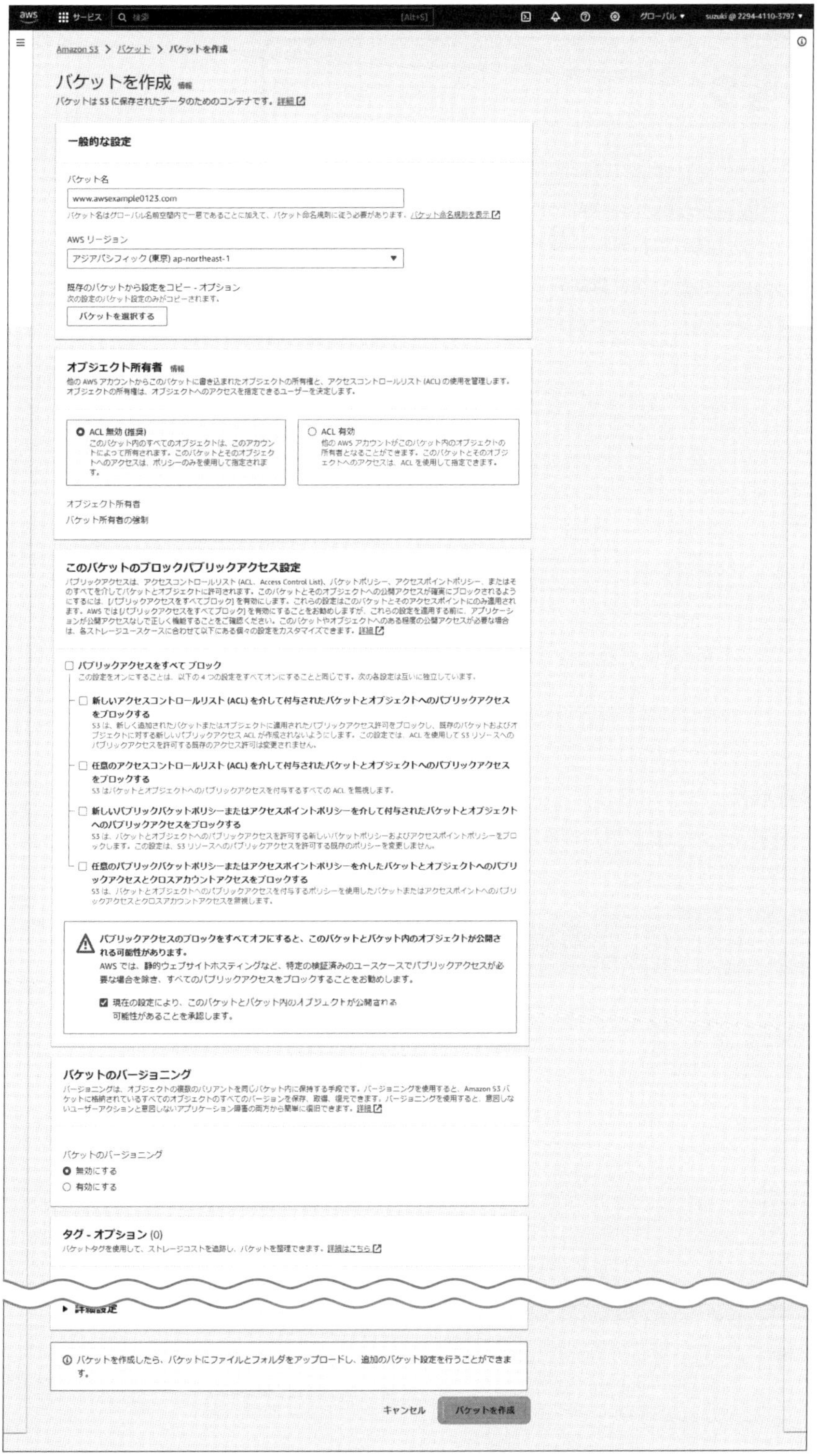
aws
サービス
検索
[Alt+S]
グローバル ▼
suzuki @ 2294-4110-3797 ▼
Amazon S3 > バケット > バケットを作成
バケットを作成 情報
バケットは S3 に保存されたデータのためのコンテナです。詳細
一般的な設定
バケット名
www.awsexample0123.com
バケット名はグローバル名前空間内で一意であることに加えて、バケット命名規則に従う必要があります。バケット命名規則を表示
AWS リージョン
アジアパシフィック (東京) ap-northeast-1
既存のバケットから設定をコピー - オプション
次の設定のバケット設定のみがコピーされます。
バケットを選択する
オブジェクト所有者 情報
他の AWS アカウントからこのバケットに書き込まれたオブジェクトの所有権と、アクセスコントロールリスト (ACL) の使用を管理します。オブジェクトの所有権は、オブジェクトへのアクセスを指定できるユーザーを決定します。
ACL 無効 (推奨)
このバケット内のすべてのオブジェクトは、このアカウントによって所有されます。このバケットとそのオブジェクトへのアクセスは、ポリシーのみを使用して指定されます。
ACL 有効
他の AWS アカウントがこのバケット内のオブジェクトの所有者となることができます。このバケットとそのオブジェクトへのアクセスは、ACL を使用して指定できます。
オブジェクト所有者
バケット所有者の強制
このバケットのブロックパブリックアクセス設定
パブリックアクセスは、アクセスコントロールリスト (ACL、Access Control List)、バケットポリシー、アクセスポイントポリシー、またはそのすべてを介してバケットとオブジェクトに許可されます。このバケットとそのオブジェクトへの公開アクセスが確実にブロックされるようにするには、[パブリックアクセスをすべてブロック] を有効にします。これらの設定はこのバケットとそのアクセスポイントにのみ適用されます。AWS では [パブリックアクセスをすべてブロック] を有効にすることをお勧めしますが、これらの設定を適用する前に、アプリケーションが公開アクセスなしで正しく機能することをご確認ください。このバケットやオブジェクトへのある程度の公開アクセスが必要な場合は、各ストレージユースケースに合わせて以下にある個々の設定をカスタマイズできます。詳細
パブリックアクセスをすべて ブロック
この設定をオンにすることは、以下の 4 つの設定をすべてオンにすることと同じです。次の各設定は互いに独立しています。
新しいアクセスコントロールリスト (ACL) を介して付与されたバケットとオブジェクトへのパブリックアクセスをブロックする
S3 は、新しく追加されたバケットまたはオブジェクトに適用されたパブリックアクセス許可をブロックし、既存のバケットおよびオブジェクトに対する新しいパブリックアクセス ACL が作成されないようにします。この設定では、ACL を使用して S3 リソースへのパブリックアクセスを許可する既存のアクセス許可は変更されません。
任意のアクセスコントロールリスト (ACL) を介して付与されたバケットとオブジェクトへのパブリックアクセスをブロックする
S3 はバケットとオブジェクトへのパブリックアクセスを付与するすべての ACL を無視します。
新しいパブリックバケットポリシーまたはアクセスポイントポリシーを介して付与されたバケットとオブジェクトへのパブリックアクセスをブロックする
S3 は、バケットとオブジェクトへのパブリックアクセスを許可する新しいバケットポリシーおよびアクセスポイントポリシーをブロックします。この設定は、S3 リソースへのパブリックアクセスを許可する既存のポリシーを変更しません。
任意のパブリックバケットポリシーまたはアクセスポイントポリシーを介したバケットとオブジェクトへのパブリックアクセスとクロスアカウントアクセスをブロックする
S3 は、バケットとオブジェクトへのパブリックアクセスを付与するポリシーを使用したバケットまたはアクセスポイントへのパブリックアクセスとクロスアカウントアクセスを無視します。
パブリックアクセスのブロックをすべてオフにすると、このバケットとバケット内のオブジェクトが公開される可能性があります。
AWS では、静的ウェブサイトホスティングなど、特定の検証済みのユースケースでパブリックアクセスが必要な場合を除き、すべてのパブリックアクセスをブロックすることをお勧めします。
現在の設定により、このバケットとバケット内のオブジェクトが公開される可能性があることを承認します。
バケットのバージョニング
バージョニングは、オブジェクトの複数のバリアントを同じバケット内に保持する手段です。バージョニングを使用すると、Amazon S3 バケットに格納されているすべてのオブジェクトのすべてのバージョンを保存、取得、復元できます。バージョニングを使用すると、意図しないユーザーアクションと意図しないアプリケーション障害の両方から簡単に復旧できます。詳細
バケットのバージョニング
無効にする
有効にする
タグ - オプション (0)
バケットタグを使用して、ストレージコストを追跡し、バケットを整理できます。詳細はこちら
バケットを作成したら、バケットにファイルとフォルダをアップロードし、追加のバケット設定を行うことができます。
キャンセル
バケットを作成

●図3-13　バケット名とリージョンを指定して、バケットを新規作成する

COLUMN

詳細設定オプション

［詳細設定］を開くと、オブジェクトロックの設定ができます。これは法律上の理由などで、特別な権限がないユーザーに上書きや削除ができないように制限することでデータの保全をしたいときに使うものです。デフォルトは［無効にする］に設定されており、ほとんどの場合、この設定で使います（**図3-14**）。

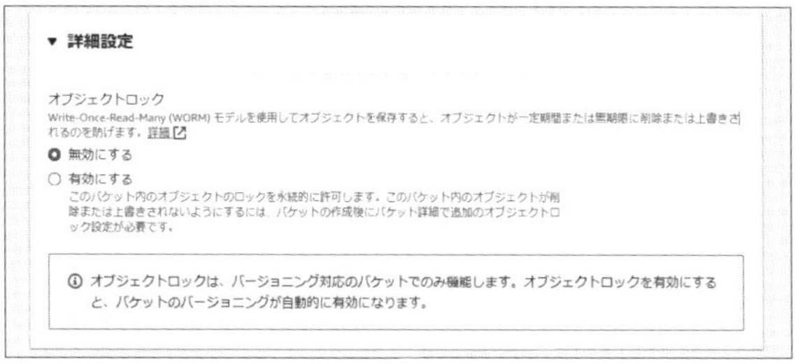
▼ 詳細設定
オブジェクトロック
Write-Once-Read-Many (WORM) モデルを使用してオブジェクトを保存すると、オブジェクトが一定期間または無期限に削除または上書きされるのを防げます。詳細
無効にする
有効にする
このバケット内のオブジェクトのロックを永続的に許可します。このバケット内のオブジェクトが削除または上書きされないようにするには、バケットの作成後にバケット詳細で追加のオブジェクトロック設定が必要です。
オブジェクトロックは、バージョニング対応のバケットでのみ機能します。オブジェクトロックを有効にすると、バケットのバージョニングが自動的に有効になります。

●図3-14　［詳細設定］をクリックしたときはオプションを選択できる

Step3 バケットが作成された

バケットが作成され、一覧に表示されました（**図3-15**）。

aws
サービス
検索
[Alt+S]
グローバル ▾
suzuki @ 2294-4110-3797 ▾
バケット「www.awsexample0123.com」が正常に作成されました
ファイルやフォルダをアップロードするか、追加のバケット設定を行うには、[詳細を表示] を選択します。
詳細の表示
Amazon S3 > バケット
▸ アカウントのスナップショット
ストレージレンズは、ストレージの使用状況とアクティビティの傾向を可視化します。詳細はこちら
Storage Lens ダッシュボードを表示
バケット (1) 情報
バケットは S3 に保存されたデータのためのコンテナです。詳細
ARN をコピー
空にする
削除
バケットを作成
バケットを名前で検索
名前
AWS リージョン
アクセス
作成日
www.awsexample0123.com
アジアパシフィック (東京) ap-northeast-1
オブジェクトは公開することができます
2023/10/04 07:51:29 PM JST
CloudShell
フィードバック
© 2023, Amazon Web Services, Inc. またはその関連会社。
プライバシー
用語
Cookie の設定

●図3-15　バケットが作成された

3-5 静的ウェブサイトホスティング機能

静的ウェブサイトホスティング機能を有効にすることで、S3バケットのWebサーバー機能をオンにします。

3-5-1 S3バケットのプロパティ

S3バケットの設定を変更するには、プロパティ画面を開きます。

手順 S3バケットのプロパティ画面を開く

Step1 S3バケットをクリックする

一覧に表示されているS3バケットのなかから、設定したいS3バケット（チェックを付けるのではなくS3バケット名の部分）をクリックします（図3-16）。

●図3-16　設定変更したいバケットをクリックする

Step2 プロパティ画面を開く

S3バケットの設定画面が開きます。設定画面は、［オブジェクト］［プロパティ］［アクセス許可］［メトリクス］［管理］［アクセスポイント］の6つのタブで構成されています。

それぞれの意味は、**表3-5**の通りです。ここではプロパティ画面を開くため、[プロパティ]タブをクリックしてください(図3-17)。

●表3-5　S3バケットのタブ

タブ名	説明
オブジェクト	S3 バケット自体の情報です。ここからファイルをアップロードしたりダウンロードしたりする操作ができます。「3-7-1 index.html ファイルをアップロードする」で説明します
プロパティ	S3 バケットの各種設定をするためのプロパティ画面です。「3-5-2 静的ウェブサイトホスティングの設定」で説明します
アクセス許可	S3 バケットに対する権限を設定するための画面です。「3-6　バケットポリシーの設定」で説明します
メトリクス	保存されているデータサイズやオブジェクト数（ファイル数）などの統計情報が表示されます。本書では説明しません
管理	保存から一定時間が経過したときに Glacier などの異なるストレージクラスに変更する機能（「コラム　ストレージクラス」（p.91）を参照）や、どの程度利用されているのかのレポートを分析したりする管理機能です。本書では説明しません
アクセスポイント	別のネットワークから接続する際の、アクセスポイント（接続点）を構成します。本書では説明しません

●図3-17　プロパティ画面を開く

Step3　プロパティ画面が開いた

プロパティ画面が開きました(図3-18)。

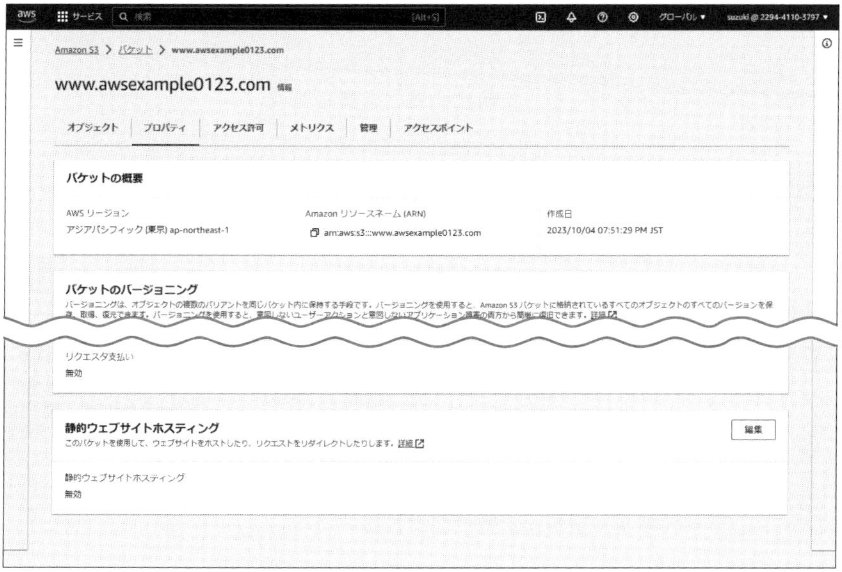

●図3-18　プロパティ画面が開いた

3-5-2 静的ウェブサイトホスティングの設定

プロパティ画面から静的ウェブサイトホスティング機能を有効にします。

手順 静的ウェブサイトホスティング機能を有効にする

Step1 静的ウェブサイトホスティングを選択する

プロパティ画面で、静的ウェブサイトホスティングの［編集］をクリックします（図3-19）。

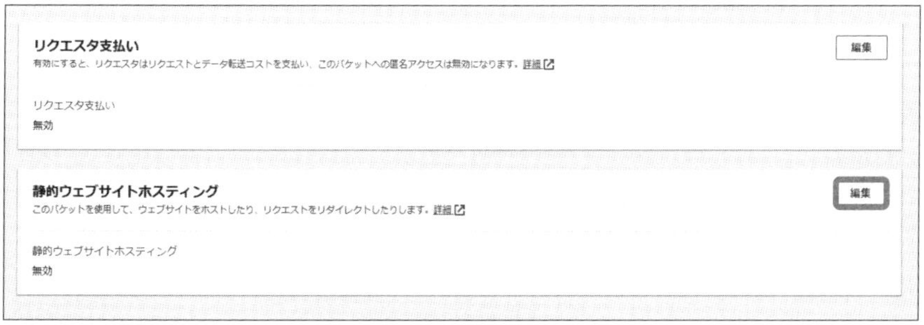

●図3-19　静的ウェブサイトホスティングを選択する

Step2 有効にする

設定画面が表示されます。

まず冒頭で、[静的ウェブサイトホスティング]を[有効にする]を選択します。

すると、下記の設定欄が表示されるので、それぞれ設定し、[変更の保存]をクリックします(**図3-20**)。

●ホスティングタイプ

どのような動作をするWebサーバーにするのかを設定します。今回は、このバケットに保存したファイルをアクセスしてきたユーザーに見せたいので、[静的ウェブサイトをホストする]を選択します。

TIPS
[オブジェクトのリクエストをリダイレクトする]を選択すると、アクセスされたとき、別のS3バケットやURLに転送する動作にできる

●インデックスドキュメント、エラードキュメント、リダイレクトルール

インデックスドキュメント、エラードキュメント、リダイレクトルールを設定します(**表3-6**)。

インデックスドキュメントとは、「http://S3バケット名/」や「http://S3バケット名/フォルダ名/」などのように、「/」で終わるURLを指定したときに返すファイルです。任意のファイル名を指定できます。ここではindex.htmlを指定します。

エラードキュメントは、指定したファイルが存在しないなど、何かしらのエラーが発生したときに返すページを構成するファイルです。同じく任意のファイル名を指定できます。エラードキュメントの機能を使わないときでも、この設定は必須です。ここではerror.htmlを指定します。

他にオプションとしてリダイレクトルールを設定できます。これは、特定のURLが指定されたときに、別のURLにリダイレクトするための設定です(「コラム　リダイレクトルール」を参照)。

TIPS
error.htmlファイルには、エラーメッセージなどを出力する内容を記述しておくことになる。ここでは割愛

●表3-6　インデックスドキュメントなどの各種設定

設定項目	ここでの設定値	意味
インデックスドキュメント	index.html	URLが「/」で終わるときにユーザーに返すコンテンツファイル
エラードキュメント	error.html	エラーが発生したときに表示するファイル
リダイレクトルール	空欄	特定のパスに合致したときに、他のURLにリダイレクトする設定

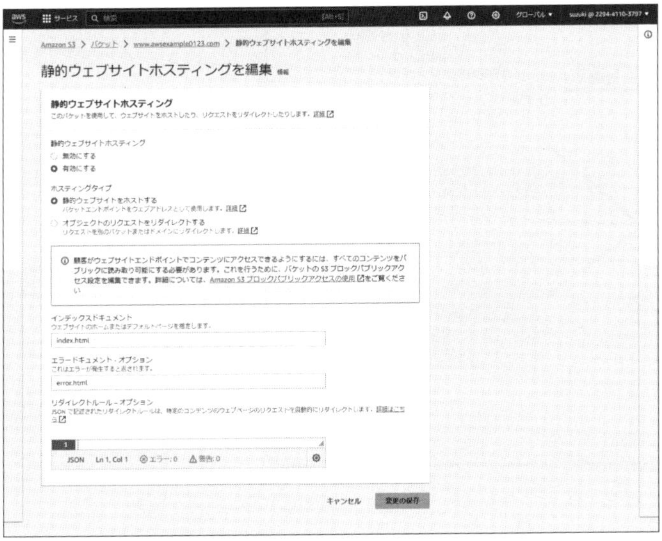
aws
サービス
検索
[Alt+S]
グローバル
suzuki @ 2294-4110-3797
Amazon S3 > バケット > www.awsexample0123.com > 静的ウェブサイトホスティングを編集
静的ウェブサイトホスティングを編集 情報
静的ウェブサイトホスティング
このバケットを使用して、ウェブサイトをホストしたり、リクエストをリダイレクトしたりします。詳細
静的ウェブサイトホスティング
無効にする
有効にする
ホスティングタイプ
静的ウェブサイトをホストする
バケットエンドポイントをウェブアドレスとして使用します。詳細
オブジェクトのリクエストをリダイレクトする
リクエストを別のバケットまたはドメインにリダイレクトします。詳細
顧客がウェブサイトエンドポイントでコンテンツにアクセスできるようにするには、すべてのコンテンツをパブリックに読み取り可能にする必要があります。これを行うために、バケットの S3 ブロックパブリックアクセス設定を編集できます。詳細については、Amazon S3 ブロックパブリックアクセスの使用 をご覧ください
インデックスドキュメント
ウェブサイトのホームまたはデフォルトページを指定します。
index.html
エラードキュメント - オプション
これはエラーが発生すると返されます。
error.html
リダイレクトルール - オプション
JSON で記述されたリダイレクトルールは、特定のコンテンツのウェブページのリクエストを自動的にリダイレクトします。詳細はこちら
1
JSON Ln 1, Col 1 エラー: 0 警告: 0
キャンセル
変更の保存

●図3-20　静的ウェブサイトホスティングの設定

COLUMN

リダイレクトルール

　リダイレクトルールは、コンテンツの一部が別のサーバーにあるときに使う設定です。代表的な使い方は、S3とは別にプログラムを実行可能なWebサーバー――たとえば、Apacheやnginxなどをインストールしたサーバー（EC2インスタンス）――を構築しておき、「/cgi-bin/」などのURLパスが入力されたときには、そちらにリダイレクトするという運用です。

　リダイレクトルールを設定することで、「ファイルの配信はS3」「プログラムの実行は別のサーバー」というような構成をとれます（**図3-21**）。またリダイレクトでは、HTTPのステータスコードによってリダイレクトすることもできるので、「ファイルが見つからないエラーが発生したときは、特定のページにリダイレクト」という設定にもできます。

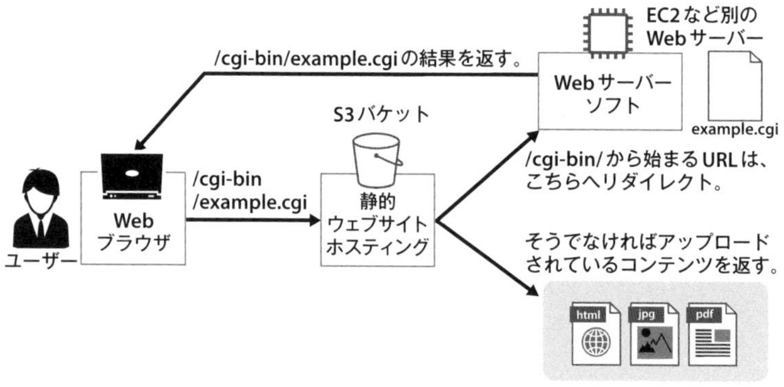

●図3-21　リダイレクションルールの利用例

Step3 **静的ウェブサイトホスティングが有効になった**

静的ウェブサイトホスティングが有効になりました（**図3-22**）。

●図3-22　静的ウェブサイトホスティングが有効になった

3-5-3 バケットに割り当てられたURLを確認する

以上で、S3バケットのWebサーバー機能が有効になりました。アクセスするときのURLは、次の書式です。このURLは、「エンドポイント」と呼ばれます。

```
http://バケット名.s3-website-ap-リージョンコード.amazonaws.com/
```

リージョンコードは、リージョンによって異なる文字列で、東京リージョンの場合は「ap-northeast-1」です（第1章の**表1-1**を参照）

たとえばバケット名が「www.awsexample0123.com」であるとき、そのエンドポイントは、次のようになります。

TIPS

リージョンコード　リージョンコードの一覧は、「AWSのリージョンとエンドポイント（https://docs.aws.amazon.com/general/latest/gr/rande.html）」というドキュメントに記載されている

```
http://www.awsexample0123.com.s3-website-ap-northeast1.↵
amazonaws.com/
```

この書式のURLは、静的ウェブサイトホスティングの枠に表示されています（図3-23）。

> **TIPS**
> 紙面の都合で1行の記述を複数行にしている場合、↵で示す

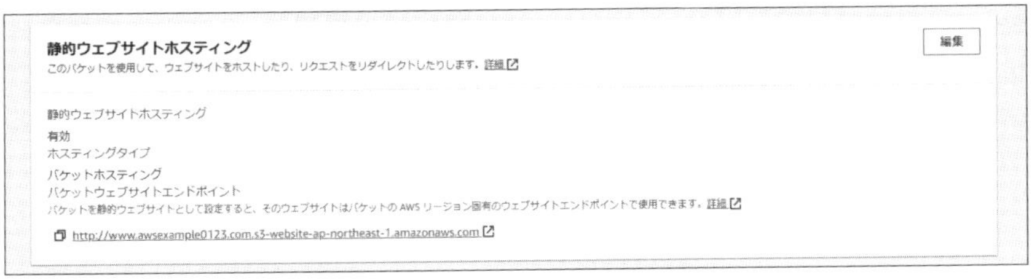

●図3-23　エンドポイントを確認する

COLUMN

独自ドメイン名でもエンドポイントでも、どちらでも接続できる

第6章では、DNSと呼ばれる設定を変更することで、この章で作成しているS3バケットに「http://www.awsexample0123.com/」というドメイン名でアクセスできるようにします（皆さんが実際に試すのであれば、自分で取得するドメイン名に置き換えてください）。

この設定をした場合、このS3バケットは、もとから付いているエンドポイントの「http://www.awsexample0123.com.s3-website-ap-northeast-1.amazonaws.com/」と、DNSサーバーを設定することで有効になる「http://www.awsexample0123.com/」の、どちらのURLを使ってもアクセスできます。

3-6 バケットポリシーの設定

Webからアクセスできるようにするには、バケットポリシーの設定が必要です。バケットポリシーを設定して、誰でもアクセスできるように構成します。

S3バケットのWebサーバー機能が有効になりました。**図3-23**で確認したエンドポイントのURLにブラウザでアクセスできます。ただし権限がないので、この段階では、「AccessDenied」というエラーが表示されます（**図3-24**）。

バケットポリシーを設定して、誰もが読み取りアクセスできるようにすることで、ブラウザからアクセスできるようにしていきましょう。

TIPS

バケットポリシー　bucket policy。バケットに対する権限設定のこと

●図3-24　この段階でWebブラウザでエンドポイントにアクセスしたところ

3-6-1 匿名アクセスできるようにするポリシー

第2章では、ユーザーが可能な操作は、アクションやポリシーで設定できると説明しました。S3バケットに対するセキュリティの設定も例外ではなく、アクションやポリシーを設定することで構成します。

ただし残念ながら、「匿名アクセスできるようにする」という設定は、既存のポリシーを選択するだけで行うことはできません。カスタムポリシーと呼ばれる機能を使って、ポリシーを作る必要があります。

TIPS

匿名アクセス　誰でもアクセスできること

カスタムポリシーは、JSON形式のデータとして構成しなければならないため、少し複雑です。しかし幸い、ここでS3バケットに対して設定しなければならない「全ユーザーに読み取り権限を与えるポリシー」に限っては、設定用JSON形式データがAWSのドキュメントとして公開されています。ドキュメントからコピペし、バケット名の部分を変更するだけで設定できます。

TIPS

JSON　JavaScript Object Notation。JavaScriptの文法でデータを表現したテキスト形式のこと

最初からAWSマネジメントコンソールで操作するのはわかりにくいので、まずは、メモ帳などのテキストエディタを用いて、バケットのポリシーとして設定すべきJSONデータを、あらかじめ用意しておきましょう。

そして後の手順で、このJSONデータをAWSマネジメントコンソールの設定画面に貼り付けることで、バケットのポリシーとして作成します。

手順 ✚ 全ユーザーに読み取り権限を与えるポリシーデータを用意する

Step1 AWSのドキュメントを参照する

下記のURLが、S3でWebサーバー機能を使うときに必要なアクセス許可の説明ドキュメントです。このドキュメントには、全ユーザーに読み取りアクセス権を与えるためのポリシーを構成するJSON形式データの例が、掲載されています。これを、メモ帳などのテキストエディタにコピペします。

TIPS
AWSのドキュメントは変更される可能性もある。本書を読んでいるときに、AWSのドキュメントが改訂されるなどして該当の部分が見つからないときは、このページに記載したJSON形式データを、そのまま入力して使う

【ウェブサイトアクセスに必要なアクセス許可の設定】
https://docs.aws.amazon.com/ja_jp/AmazonS3/latest/dev/WebsiteAccessPermissionsReqd.html

```
{
  "Version":"2012-10-17",
  "Statement":[{
        "Sid":"PublicReadGetObject",
        "Effect":"Allow",
        "Principal": "*",
        "Action":["s3:GetObject"],
        "Resource":["arn:aws:s3:::Bucket-Name/*"]
    }
  ]
}
```

この設定の意味は、次の通りです。

①Version

この設定構成のバージョン番号です。指定された通りの値を、そのまま使います（将来、設定項目が改訂されて、新しい項目が追加されたり、設定の書き方が変わったりするときは、このバージョン番号が変わるはずです）。

②Sid

このポリシーの名称です。任意の名称です。

③EffectとPrincipal

Effectは「許諾の種類」、Principalは「誰に対して」を指定します。

ここで指定されている「Allow」は許可、「*」は全ユーザーを示します。つまり、「全ユーザーに対して許可」という意味になります。

④ ActionとResource

Actionは「どんな操作を」、Resourceは「何に対して」を指定します。

Actionで指定されている「s3:GetObject」は、「読み取り」の操作を示します。Resourceで指定している"arn:aws:s3:::Bucket-Name/*"は、その対象です。次の書式です。

TIPS

Resourceで指定している書式は、AWSにおける各種サービスのリソースを示す書式であり、ARN（Amazon Resource Name）という規約で、その書き方が定められている

```
arn:aws:s3:リージョン:アカウント:バケット名/パス名
```

「:」とだけ書かれて何も書かれていない場所は「指定しない」という意味です。また「*」はすべてを意味します。つまり、この例では、リージョン、アカウントにかかわらず、「Bucket-Name」という名前のS3バケットの「すべてのパス（*）」に対する操作という意味です。

Step2 バケット名を変更する

Step1の説明からわかるように、AWSのドキュメントからコピペした内容では、Resourceの記述が適切ではありません。Resourceの「Bucket-Name」という部分を、自分のバケット名に変更しなければなりません。

本書におけるここまでの操作では、バケット名は、**表3-4**に示したように、「www.awsexample0123.com」という名前にしています。そこで、コピペした内容を次のように修正してください。この修正内容は、本書の流れの場合の例です。実際には、皆さんが作成したS3バケット名に合わせてください。

```
{
  "Version":"2012-10-17",
  "Statement":[{
        "Sid":"PublicReadGetObject",
        "Effect":"Allow",
        "Principal": "*",
        "Action":["s3:GetObject"],
        "Resource":["arn:aws:s3:::www.awsexample0123.com/*"]
    }
  ]
}
```

3-6-2 バケットにポリシーを設定する

設定すべきポリシーのテキストができたら、AWSマネジメントコンソールから操作して、実際にS3バケットのポリシーを変更していきましょう。

手順 全ユーザーが読み取り権限を持つようバケットポリシーを変更する

Step1 ブロックパブリックアクセスの確認

アクセス権は、[アクセス許可] タブから設定します。

まずは、パブリックアクセスの設定を確認します。パブリックアクセスとは、匿名アクセスを禁止するかどうかです。

デフォルトは「オン」で、匿名アクセス禁止です。ただし本書の構成では、S3バケットを作るとき、[パブリックアクセスをブロック] のチェックを外しています (**図3-13**)。そのため、この設定は「オフ」になっているはずです。

[アクセス許可] タブの一番上に、[パブリックアクセスをすべてブロック] の設定があります。「オフ」になっているのを確認します (**図3-25**)。

TIPS
匿名アクセスとはユーザーアカウントをも体内ユーザーがアクセスすること

aws
サービス
検索
[Alt+S]
グローバル
suzuki @ 2294-4110-3797
Amazon S3 > バケット > www.awsexample0123.com
www.awsexample0123.com 情報
オブジェクト
プロパティ
アクセス許可
メトリクス
管理
アクセスポイント
アクセス許可の概要
アクセス
オブジェクトは公開することができます
ブロックパブリックアクセス (バケット設定)
パブリックアクセスは、アクセスコントロールリスト (ACL)、バケットポリシー、アクセスポイントポリシー、またはそのすべてを介してバケットとオブジェクトに許可されます。すべての S3 バケットおよびオブジェクトへのパブリックアクセスが確実にブロックされるようにするには、[パブリックアクセスをすべてブロック] を有効にします。これらの設定はこのバケットとそのアクセスポイントにのみ適用されます。AWS は [パブリックアクセスをすべてブロック] を有効にすることをお勧めしますが、これらの設定を適用する前に、アプリケーションがパブリックアクセスなしで正しく機能することを確認してください。内部のバケットやオブジェクトへのある程度のパブリックアクセスが必要な場合は、特定のストレージユースケースに合わせて以下にある個々の設定をカスタマイズできます。詳細はこちら
編集
パブリックアクセスをすべて ブロック
オフ
このバケットの個別のブロックパブリックアクセス設定
CloudShell
フィードバック
© 2023, Amazon Web Services, Inc. またはその関連会社。
プライバシー
用語
Cookie の設定

●**図3-25 [パブリックアクセスをブロック] がオフになっていることを確認**

COLUMN

パブリックアクセスをすべてブロックが「オン」のときは

オンに設定されているときは、[編集] ボタンをクリックします。すると、設定変更画面が表示されるので、すべてのチェックを外し、[変更の保存] をクリックします (**図3-26**)。

サービス
検索
[Alt+S]
グローバル
suzuki @ 2294-4110-3797
Amazon S3 > バケット > www.awsexample0123.com > パブリックアクセスのブロック (バケット設定) を編集
パブリックアクセスのブロック (バケット設定) を編集
ブロックパブリックアクセス (バケット設定)
パブリックアクセスは、アクセスコントロールリスト (ACL)、バケットポリシー、アクセスポイントポリシー、またはそのすべてを介してバケットとオブジェクトに許可されます。すべての S3 バケットおよびオブジェクトへのパブリックアクセスが確実にブロックされるようにするには、[パブリックアクセスをすべてブロック] を有効にします。これらの設定はこのバケットとそのアクセスポイントにのみ適用されます。AWS は [パブリックアクセスをすべてブロック] を有効にすることをお勧めしますが、これらの設定を適用する前に、アプリケーションがパブリックアクセスなしで正しく機能することを確認してください。内部のバケットやオブジェクトへのある程度のパブリックアクセスが必要な場合は、特定のストレージユースケースに合わせて以下にある個々の設定をカスタマイズできます。詳細はこちら
パブリックアクセスをすべて ブロック
この設定をオンにすることは、以下の 4 つの設定をすべてオンにすることと同じです。次の各設定は互いに独立しています。
新しいアクセスコントロールリスト (ACL) を介して付与されたバケットとオブジェクトへのパブリックアクセスをブロックする
S3 は、新しく追加されたバケットまたはオブジェクトに適用されたパブリックアクセス許可をブロックし、既存のバケットおよびオブジェクトに対する新しいパブリックアクセス ACL が作成されないようにします。この設定では、ACL を使用して S3 リソースへのパブリックアクセスを許可する既存のアクセス許可は変更されません。
任意のアクセスコントロールリスト (ACL) を介して付与されたバケットとオブジェクトへのパブリックアクセスをブロックする
S3 はバケットとオブジェクトへのパブリックアクセスを付与するすべての ACL を無視します。
新しいパブリックバケットポリシーまたはアクセスポイントポリシーを介して付与されたバケットとオブジェクトへのパブリックアクセスをブロックする
S3 は、バケットとオブジェクトへのパブリックアクセスを許可する新しいバケットポリシーおよびアクセスポイントポリシーをブロックします。この設定は、S3 リソースへのパブリックアクセスを許可する既存のポリシーを変更しません。
任意のパブリックバケットポリシーまたはアクセスポイントポリシーを介したバケットとオブジェクトへのパブリックアクセスとクロスアカウントアクセスをブロックする
S3 は、バケットとオブジェクトへのパブリックアクセスを付与するポリシーを使用したバケットまたはアクセスポイントへのパブリックアクセスとクロスアカウントアクセスを無視します。
キャンセル
変更の保存
CloudShell
フィードバック
© 2023, Amazon Web Services, Inc. またはその関連会社。
プライバシー
用語
Cookie の設定

●図3-26　すべてのチェックを外す

Step2 バケットポリシーを編集する

下の方向にスクロールし、[バケットポリシー] の [編集] ボタンをクリックします（図3-27）。

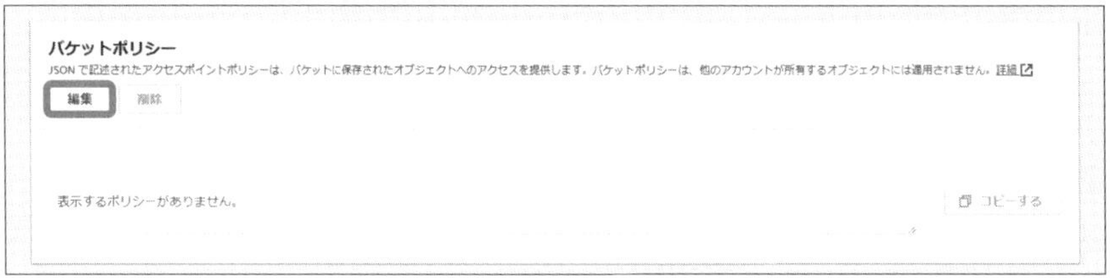
バケットポリシー
JSON で記述されたアクセスポイントポリシーは、バケットに保存されたオブジェクトへのアクセスを提供します。バケットポリシーは、他のアカウントが所有するオブジェクトには適用されません。詳細
編集
削除
表示するポリシーがありません。
コピーする

●図3-27　バケットポリシーを編集する

Step3 バケットポリシーを設定する

バケットポリシーエディタが開きます。用意しておいたテキストを貼り付けます。貼り付けたら [変更の保存] ボタンをクリックします（図3-28）。

aws
サービス
検索
[Alt+S]
グローバル ▼
suzuki @ 2294-4110-3797 ▼
Amazon S3 > バケット > www.awsexample0123.com > バケットポリシーを編集
バケットポリシーを編集 情報
バケットポリシー
JSON で記述されたアクセスポイントポリシーは、バケットに保存されたオブジェクトへのアクセスを提供します。バケットポリシーは、他のアカウントが所有するオブジェクトには適用されません。詳細
ポリシーの例
ポリシージェネレータ
バケット ARN
arn:aws:s3:::www.awsexample0123.com
ポリシー
{
"Version":"2012-10-17",
"Statement":[{
"Sid":"PublicReadGetObject",
"Effect":"Allow",
"Principal": "*",
"Action":["s3:GetObject"],
"Resource":["arn:aws:s3:::www.awsexample0123.com/*"]
}
]
}
ステートメントを編集
ステートメントを選択
ポリシー内の既存のステートメントを選択するか、新しいステートメントを追加します。
+ 新しいステートメントを追加
キャンセル
変更の保存

●図3-28　バケットポリシーを設定する

Step4 バケットポリシーが設定された

バケットポリシーが設定されます。これで設定完了です（図3-29）。

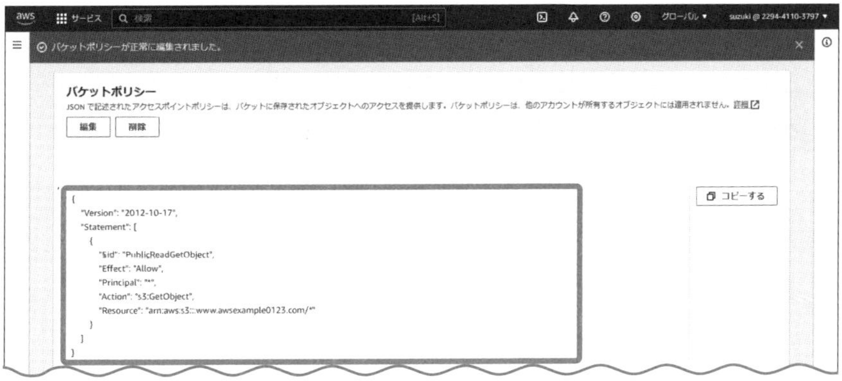
aws
サービス
検索
[Alt+S]
グローバル ▼
suzuki @ 2294-4110-3797 ▼
バケットポリシーが正常に編集されました。
バケットポリシー
JSON で記述されたアクセスポイントポリシーは、バケットに保存されたオブジェクトへのアクセスを提供します。バケットポリシーは、他のアカウントが所有するオブジェクトには適用されません。詳細
編集
削除
コピーする
{
"Version": "2012-10-17",
"Statement": [
{
"Sid": "PublicReadGetObject",
"Effect": "Allow",
"Principal": "*",
"Action": "s3:GetObject",
"Resource": "arn:aws:s3:::www.awsexample0123.com/*"
}
]
}

●図3-29　バケットポリシーが設定された

COLUMN

アイデンティティベースのポリシーとリソースベースのポリシー

S3バケットにアクセス権を設定するには、「アイデンティティベースのポリシーを使う方法」と「リソースベースのポリシーを使う方法」の2通りがあります。「アクセスする側」と「S3バケット側（アクセスされる側）」

のどちらに対して設定するかという違いです。

本文中で設定しているバケットポリシーは、リソースベースのポリシーです（**図3-30**）。

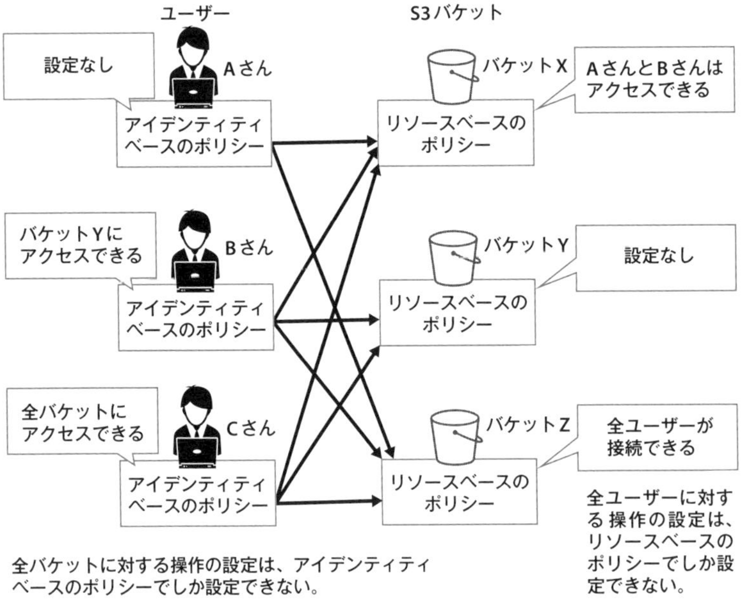

●図3-30　ユーザーポリシーとリソースベースのポリシー

ユーザーに対して、「バケットに対するアクセス権を設定したいとき」は、アイデンティティベースのポリシーを使います。そうではなくて、バケットに対して「誰からアクセスできるようにするのかを設定したいとき」は、リソースベースのポリシーを使います。

アイデンティティベースのポリシーに対しては「すべてのバケットに対する」という設定ができ、また、リソースベースのポリシーに対しては、「すべてのユーザーに対する」という設定もできます。

Webサーバーにおける、匿名ユーザーがアクセスできるようにするという設定は、まさに、この「すべてのユーザーに対する」というリソースベースのポリシーです。

なお管理者ユーザーには、「すべてのバケットに対して読み書きできる権限」が付いています。ですからバケット側でリソースベースのポリシーを何も設定しなかった場合でも、バケットを読み書きできます。

3-7 ファイルをアップロードする

S3にファイルをアップロードすれば、そのファイルをWebブラウザから見られるようになります。ファイルは、AWSマネジメントコンソールからアップロードできます。

以上で、このS3バケットは、Webサーバーとして機能するようになりました。

もう一度、エンドポイントにアクセスしてみると、今度は「NotSuchKey」というエラーに変わるのがわかるはずです。これは、該当のファイルが存在しないという意味です（**図3-31**）。

3-5-2では、インデックスドキュメントを「index.html」としました。何か適当なindex.htmlファイルをS3バケットに置けば、このようなエラーではなく、そのindex.htmlファイルの内容が表示されるようになります。

●図3-31　index.htmlを置けば、このエラーではなくindex.htmlが表示されるようになる

3-7-1 index.htmlファイルをアップロードする

index.htmlファイルを作成してアップロードしましょう。

ファイルをアップロードするには、いくつかの方法がありますが、ここでは、AWSマネジメントコンソールを使ってアップロードしてみます。

手順 index.htmlファイルを作成してアップロードする

Step1 index.htmlファイルを作る

まずは、メモ帳などのテキストエディタを使って、index.htmlファイルを作りましょう。ここでは、**リスト3-1**に示す内容のindex.htmlファイルとします。

このファイルは、「Welcome S3 Bucket.」と表示するだけのものです。

▼リスト3-1　index.htmlファイル

```
<html>
<body>
<h1>Welcome S3 Bucket.</h1>
</body>
</html>
```

Step2 アップロード画面を開く

S3ダッシュボードでアップロードしたいバケット名をクリックして、そのバケットを開きます。そして［オブジェクト］タブをクリックして開きます。すると［アップロード］というボタンがあるので、それをクリックします（図3-32）。

●図3-32　［アップロード］ボタンをクリックする

Step3 アップロードするファイルを登録する

ファイルのアップロード画面が表示されます。「ここにドラッグアンドドロップ、あるいはファイルを追加」と表示されるので、Step1で作成したindex.htmlファイルをドラッグ＆ドロップしてください（図3-33）。

aws
サービス
検索
[Alt+S]
グローバル
suzuki @ 2294-4110-3797
Amazon S3 > バケット > www.awsexample0123.com > アップロード
アップロード 情報
S3 にアップロードするファイルとフォルダを追加します。160 GB を超えるファイルをアップロードするには、AWS CLI、AWS SDK、または Amazon S3 REST API を使用します。詳細
ここにアップロードするファイルとフォルダをドラッグアンドドロップするか、[ファイルを追加] または [フォルダを追加] を選択します。
ファイルとフォルダ (0)
このテーブル内のすべてのファイルとフォルダがアップロードされます。
削除
ファイルを追加
フォルダの追加
名前で検索
1
名前
フォルダ
タイプ
サイズ
送信先
送信先
s3://www.awsexample0123.com
送信先の詳細
指定された宛先に保存された新しいオブジェクトに影響するバケット設定。
アクセス許可
他の AWS アカウントへのパブリックアクセスとアクセス権を付与します。
プロパティ
ストレージクラス、暗号化設定、タグなどを指定します。
キャンセル
アップロード

●図3-33　ファイルをドロップして登録する

Step4 アップロードする

ファイルが登録されます。[アップロード] ボタンをクリックするとアップロードが完了します。アップロードが完了すると [概要] のページに戻ります。ここには、アップロードしたファイルが登録されていることがわかります（図3-34）。

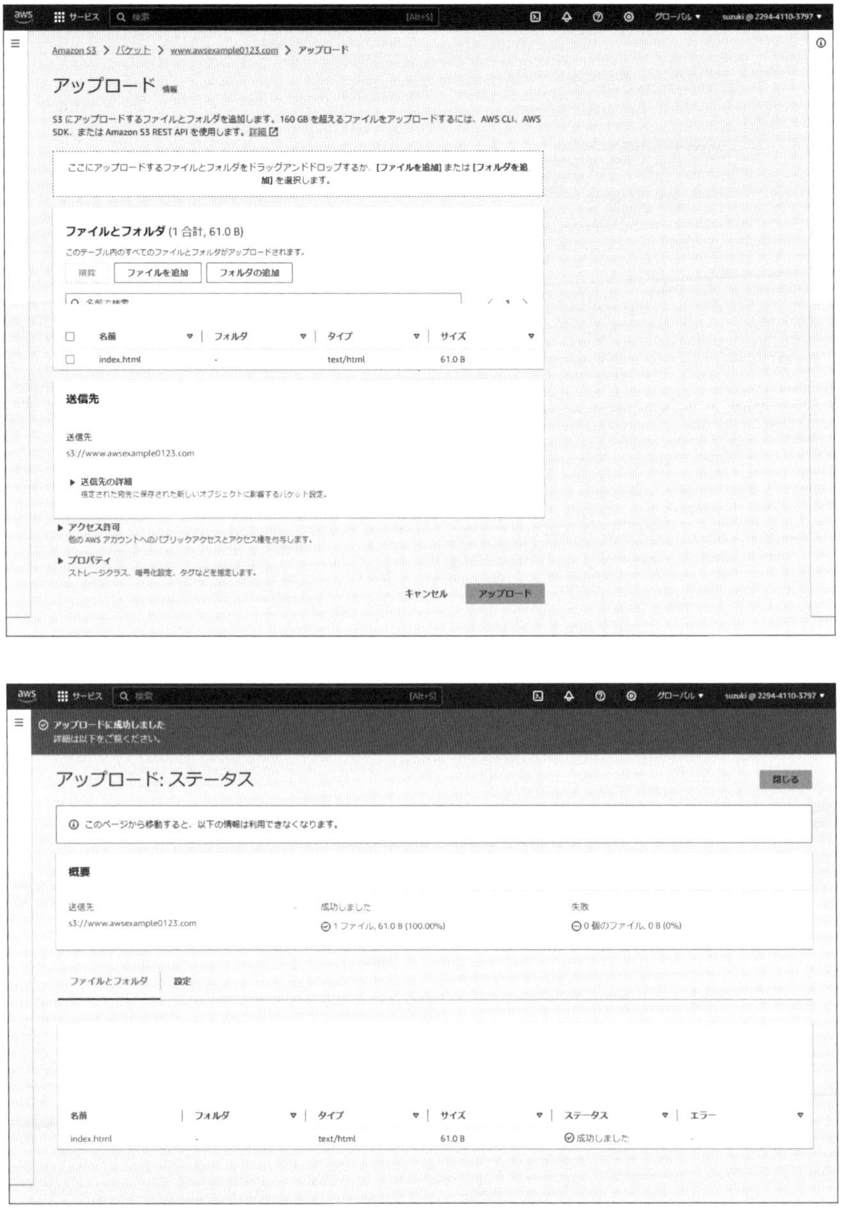

●**図3-34　アップロードされた**

3-7-2 ブラウザでアクセスできることを確認する

以上で設定は完了です。もう一度、ブラウザを使ってS3バケットのエンドポイントにアクセスしましょう。すると、いま配置したindex.htmlの中身が表示されるはずです（**図3-35**）。

Welcome S3 Bucket.

●図3-35　index.htmlの内容が表示された

3-7-3 画像をアップロードする

index.htmlだけをアップロードしましたが、ほかのHTMLファイルや画像ファイルなど、各種コンテンツをアップロードして公開できます。簡単な例で試してみましょう。ここでは「a.jpg」というファイルをアップロードしてみます。

手順 画像ファイルをアップロードする

Step1 index.htmlを変更する

index.htmlをa.jpgを読み込むように修正します。

```
<html>
<body>
<h1>Welcome S3 Bucket.</h1>
<img src="a.jpg">
</body>
</html>
```

TIPS

ここではファイルのみアップロードしましたがディレクトリ（フォルダー）も可能

Step2 index.htmlと画像ファイルa.jpgをアップロードする

先ほどと同じ手順で、index.htmlとa.jpgをアップロードします。まとめてアップロードすることができます（図3-36）。

●図3-36　index.htmlとa.jpgをアップロードする

Step3　ブラウザで確認する

ブラウザで確認してみます。ページのなかに画像が差し込まれたことがわかります（**図3-37**）。ここでは画像ファイルを扱いましたが、動画や音楽などのファイルも、これと同様の方法でアップロードできます。

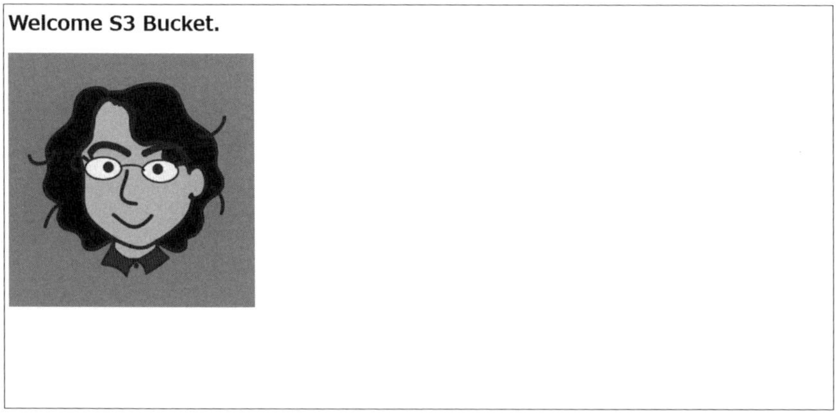

●図3-37　ブラウザで確認したところ

COLUMN

コンテンツタイプを設定する

HTTPプロトコルに詳しい人にとっては既知のことですが、Webにおけるファイルの種類は「コンテンツタイプ」として指定します。たとえばコンテンツタイプが「text/html」であればHTMLテキスト、「image/jpeg」であればJPEGファイルという具合です。この設定は、S3にファイルを置くときに、ファイルの拡張子から自動的に適切なものが設定されます。

ときには、珍しい拡張子で、その設定がうまくいかないことがあります。その場合は、ファイルを選択し、［アクション］メニューから［メタデータの編集］を選択し、メタデータの設定画面から変更できます（**図3-38**）。

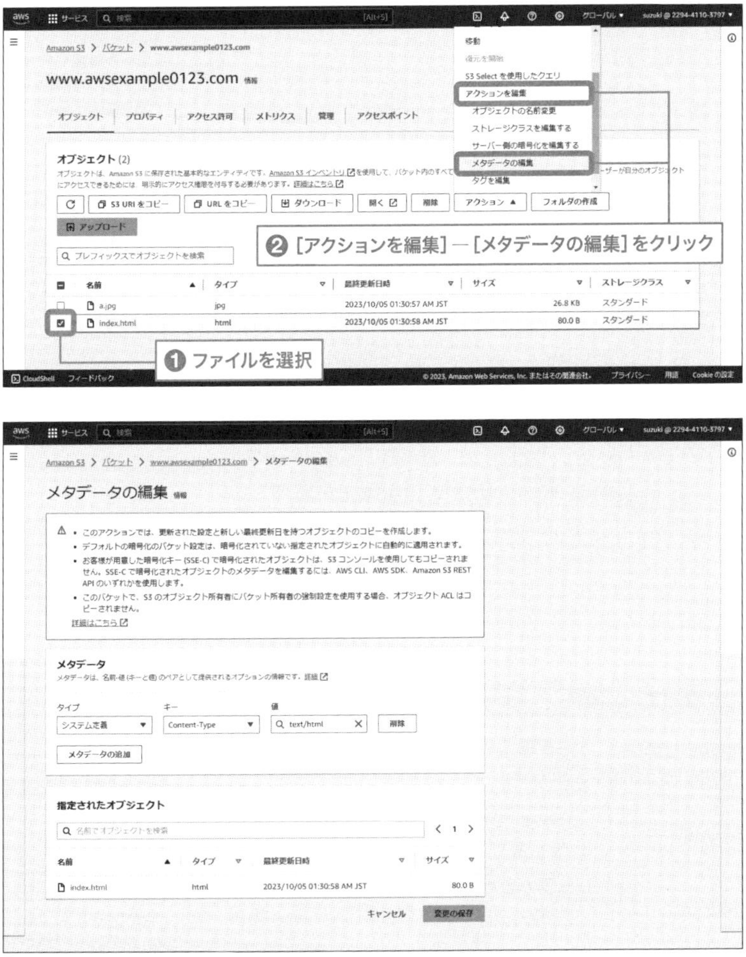

●図3-38　コンテンツタイプを設定する

3-8 ツールを使ってアップロードする

S3バケットのファイル操作をするときは、より便利なツールを使うこともできます。ここでは、S3 Browserというソフトを使ってファイル操作する方法を説明します。

以上で、S3を使ってWebサーバーを構築できました。あとは、S3バケットにファイルを配置すれば、Webサイトを作ることができます。

しかしAWSマネジメントコンソールを使ってファイルをアップロードするのは、少し煩雑です。またWebサイトのコンテンツ管理者が、パソコンに詳しくないユーザーである場合は、AWSマネジメントコンソールの操作の習得が困難なことも予想されます。

そうしたときには、ドラッグ&ドロップなどの簡易な操作でファイル操作できるツールを使ったほうがよいでしょう。

TIPS
本書ではS3バケットをWebサーバーとしてだけ扱う。ただしWebサーバー機能をオンにせずに、設定したIAMユーザーだけが利用できる社内のファイル共有サーバーとして使うこともできる。ここで習得するツールの使い方は、そのようなファイル共有サーバーとして使う場合にも役立つ

3-8-1 ドラッグ&ドロップ操作でS3を扱えるツール

インターネットには、有償・無償問わず、ドラッグ&ドロップ操作でS3を扱えるツールがあります。そうしたツールを使えば、わざわざAWSマネジメントコンソールにサインインする必要がありません。

たとえば、**表3-7**に示すツールがあります。本書では、非商用であれば無料で使えるS3 Browserというソフトを使います。これはWindows向けツールなので、MacOSユーザーはCyberDuckなどを使いましょう（CyberDuckについては割愛）。

●表3-7　S3を操作できるGUIのツール

ソフト名	URL	概説
CloudBerry Explorer for Amazon S3	https://www.cloudberrylab.com/explorer/amazon-s3.aspx	S3専用のツール。商用のほか、無償版もあり
S3 Browser	https://s3browser.com/	S3専用のツール。商用のほか、無償版もあり
CyberDuck	https://cyberduck.io/	S3のほか、FTPやWebDAV、Azureなどにも対応する汎用ツール。商用のほか、無償版もあり

TIPS
FTP　File Transfer Protocol。ファイルを転送する代表的な手順（プロトコル）。ホームページの転送などでよく使われる

TIPS
WebDAV　Web-based Distributed Authoring and Versioning。ウェブダブと読む。Webの仕組みでファイルを転送する手順

3-8-2 アクセスキー

このようなS3バケットを操作するツールを使うには、認証のために「アクセスキー」を使います。これは「アクセスキー」と「シークレットアクセスキー」のペアで、IAMダッシュボードから作成できます。まずはアクセスキーを発行しましょう。

TIPS

IAMダッシュボードは、すでに「2-5　ユーザーを追加する」で説明しているので、ここでは細かい手順までは説明しない。より細かい操作手順については、そちらも参考

手順 アクセスキーを発行する

Step1 IAMサービスのリンクを開く

ツールバーから「IAM」を検索し、見つかったIAMサービスをクリックします（図3-39）。

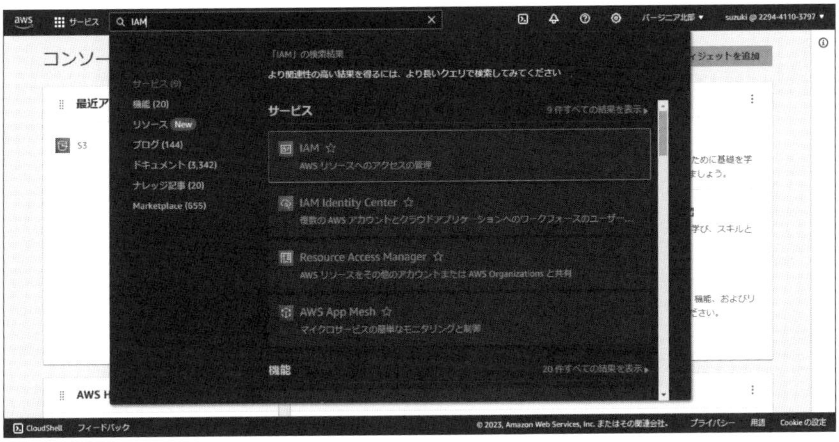

●図3-39　IAMダッシュボードを開く

Step2 ユーザーの設定画面を開く

左のメニューから［ユーザー］をクリックします。するとユーザー一覧が表示されるので、そのユーザーをクリックして設定画面を開きます（図3-40）。ここでは、「2-5　ユーザーを追加する」で追加したsuzukiユーザーに対してアクセスキーを発行しようとしています。

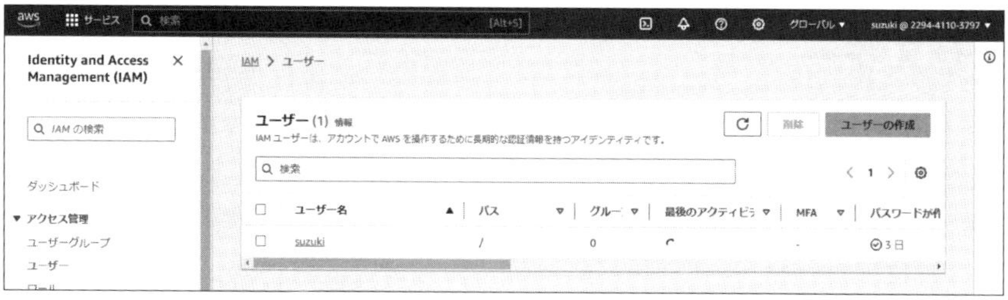

●図3-40　ユーザーの設定画面を開く

Step3　アクセスキーを作成する

ユーザーの設定画面が表示されます。[セキュリティ認証情報] タブをクリックして開きます。[アクセスキーを作成] というボタンをクリックしてください (**図3-41**)。

●図3-41　アクセスキーを作成する

Step4　ユースケースの選択

アクセスキーはセキュリティ上、利用しないことが推奨されています。そこで最初に、「どんな目的で使うのか」が尋ねられ、別の方法を使わないかと提案されます。

今回の目的は、S3バケットのファイルを操作するサードパーティ製ツールを使うことなので、[AWSの外部で実行されるアプリケーション] を選択し、[次へ] をクリックします (**図3-42**)。

TIPS

代替案が表示されるだけで、どの選択肢を選んでも同じ。ただし、代替案があるときは、[上記のレコメンデーションを理解し、アクセスキーを作成します。] というチェックボックスが表示され、チェックを付けなければならないことがある

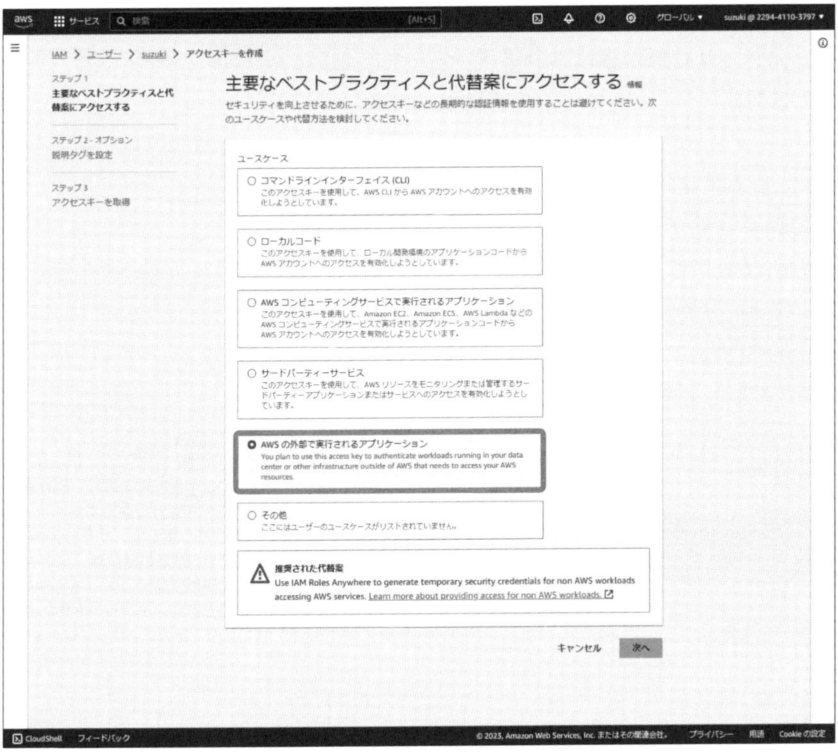
aws
サービス
検索
[Alt+S]
グローバル ▼
suzuki @ 2294-4110-3797 ▼
IAM > ユーザー > suzuki > アクセスキーを作成
ステップ 1
主要なベストプラクティスと代替案にアクセスする
ステップ 2 - オプション
説明タグを設定
ステップ 3
アクセスキーを取得
主要なベストプラクティスと代替案にアクセスする 情報
セキュリティを向上させるために、アクセスキーなどの長期的な認証情報を使用することは避けてください。次のユースケースや代替方法を検討してください。
ユースケース
コマンドラインインターフェイス (CLI)
このアクセスキーを使用して、AWS CLI から AWS アカウントへのアクセスを有効化しようとしています。
ローカルコード
このアクセスキーを使用して、ローカル開発環境のアプリケーションコードから AWS アカウントへのアクセスを有効化しようとしています。
AWS コンピューティングサービスで実行されるアプリケーション
このアクセスキーを使用して、Amazon EC2、Amazon ECS、AWS Lambda などの AWS コンピューティングサービスで実行されるアプリケーションコードから AWS アカウントへのアクセスを有効化しようとしています。
サードパーティーサービス
このアクセスキーを使用して、AWS リソースをモニタリングまたは管理するサードパーティーアプリケーションまたはサービスへのアクセスを有効化しようとしています。
AWS の外部で実行されるアプリケーション
You plan to use this access key to authenticate workloads running in your data center or other infrastructure outside of AWS that needs to access your AWS resources.
その他
ここにはユーザーのユースケースがリストされていません。
推奨された代替案
Use IAM Roles Anywhere to generate temporary security credentials for non AWS workloads accessing AWS services. Learn more about providing access for non AWS workloads.
キャンセル
次へ
CloudShell
フィードバック
© 2023, Amazon Web Services, Inc. またはその関連会社。
プライバシー
用語
Cookie の設定

●図3-42　ユースケースを選択する

Step5 タグの設定

説明用のタグを設定します。未記入でもよいので、ここでは、そのまま［アクセスキーを作成］をクリックします（**図3-43**）。

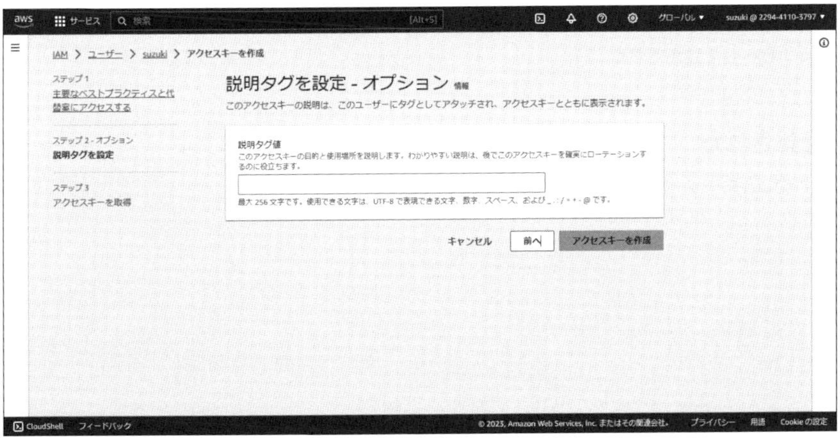
aws
サービス
検索
[Alt+S]
グローバル ▼
suzuki @ 2294-4110-3797 ▼
IAM > ユーザー > suzuki > アクセスキーを作成
ステップ 1
主要なベストプラクティスと代替案にアクセスする
ステップ 2 - オプション
説明タグを設定
ステップ 3
アクセスキーを取得
説明タグを設定 - オプション 情報
このアクセスキーの説明は、このユーザーにタグとしてアタッチされ、アクセスキーとともに表示されます。
説明タグ値
このアクセスキーの目的と使用場所を説明します。わかりやすい説明は、後でこのアクセスキーを確実にローテーションするのに役立ちます。
最大 256 文字です。使用できる文字は、UTF-8 で表現できる文字、数字、スペース、および _.:/=+-@ です。
キャンセル
前へ
アクセスキーを作成
CloudShell
フィードバック
© 2023, Amazon Web Services, Inc. またはその関連会社。
プライバシー
用語
Cookie の設定

●図3-43　説明タグを設定する

Step6 アクセスキーの確認

アクセスキーが作成され、発行された値が表示されます。シークレットアクセスキーの［表示］のリンクもクリックして、この内容も確認しておいてください（図3-44）。

アクセスキーとシークレットアクセスキーは、どちらも各種ツールを使うときに必要です。コピペして保存し完了後［完了］をクリックします。この画面を閉じると、再確認する方法はありません（もし紛失した場合は、そのアクセスキーを無効にする操作をして、新たに作成し直す必要があります）。

なおアクセスキーやシーレットアクセスキーは、それらを使えば、そのユーザーになりすまして操作ができることを意味します。第三者に漏洩しないように注意してください。

TIPS
安全性を考えると、管理者などの強力な権限を持つアカウントに対して、アクセスキーを発行するのは危険。必要最低限の限定されている操作しかできないアカウントを別途作り、そのユーザーに対するアクセスキーを作成するほうが望ましい

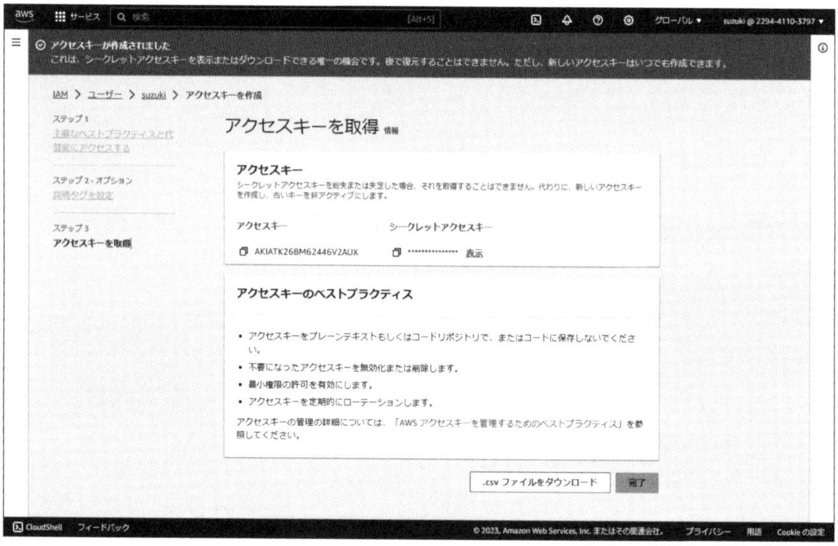

aws
サービス
[Alt+S]
グローバル ▾
suzuki @ 2294-4110-3797 ▾
アクセスキーが作成されました
これは、シークレットアクセスキーを表示またはダウンロードできる唯一の機会です。後で復元することはできません。ただし、新しいアクセスキーはいつでも作成できます。
IAM > ユーザー > suzuki > アクセスキーを作成
ステップ 1
ステップ 2 - オプション
ステップ 3
アクセスキーを取得
アクセスキーを取得 情報
アクセスキー
シークレットアクセスキーを紛失または失念した場合、それを取得することはできません。代わりに、新しいアクセスキーを作成し、古いキーを非アクティブにします。
アクセスキー
シークレットアクセスキー
AKIATK26BM62446V2AUX
*************** 表示
アクセスキーのベストプラクティス
アクセスキーをプレーンテキストもしくはコードリポジトリで、またはコードに保存しないでください。
不要になったアクセスキーを無効化または削除します。
最小権限の許可を有効にします。
アクセスキーを定期的にローテーションします。
アクセスキーの管理の詳細については、「AWS アクセスキーを管理するためのベストプラクティス」を参照してください。
.csv ファイルをダウンロード
完了
CloudShell
フィードバック
© 2023, Amazon Web Services, Inc. またはその関連会社。
プライバシー
用語
Cookie の設定

●図3-44　アクセスキーを確認し、コピペして控えておく

Step7 アクセスキーが登録された

以上で設定完了です。アクセスキーが登録されました（図3-45）。

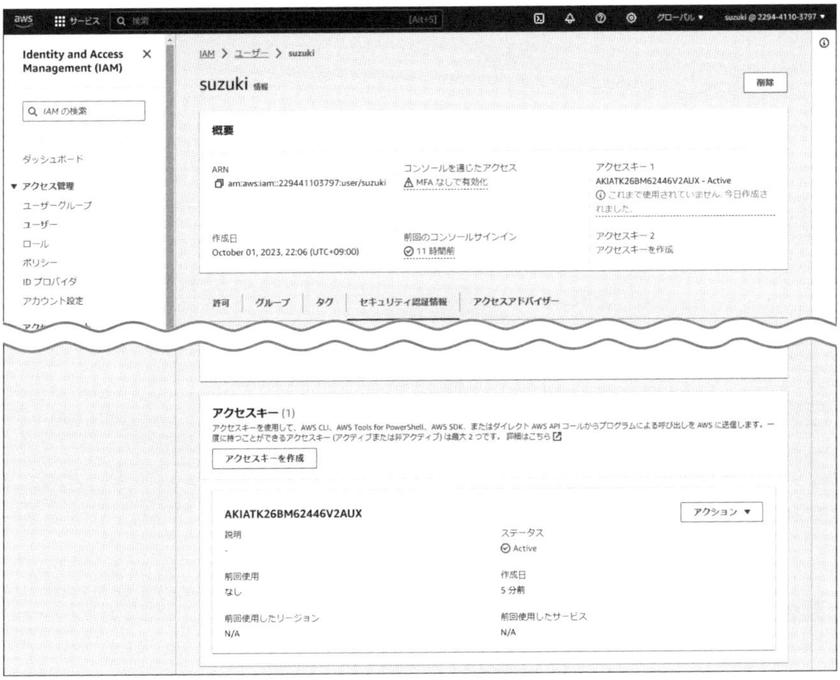

●図3-45　アクセスキーが登録された

COLUMN

アクセスキーを削除するには

アクセスキーを削除するには［アクション］メニューから［削除］を選択します。何らかの事情で、一時的に使わせたくないときは、［無効化］をクリックします。

3-8-3 S3 Browserのインストール

S3を操作するツールとして、S3 Browserというフリーソフトを紹介します。S3 Browserは、ドラッグ&ドロップ操作でS3の操作ができるツールです。

手順 → S3 Browserをインストールする

Step1 S3 Browserのダウンロード

S3 Browserのサイトにブラウザでアクセスし、S3 Browserをダウンロードしてください。本書の執筆時点では、[Download S3 Browser Freeware]のボタンをクリックするとダウンロードできます(図3-46)。

【S3 Browserのサイト】
http://s3browser.com/

Windows Client for Amazon S3. User Interface for Amazon S3. S3 Bucket Explorer. File Manager for Amazon S3.
S3 Browser
S3 Browser
Free Windows Client for Amazon S3 and Amazon CloudFront
Home
Download
Pro Version
News
Help
Videos
Contact us
Follow
Twitter
Facebook
RSS
What is S3 Browser
S3 Browser is a freeware Windows client for Amazon S3 and Amazon CloudFront. Amazon S3 provides a simple web services interface that can be used to store and retrieve any amount of data, at any time, from anywhere on the web. Amazon CloudFront is a content delivery network (CDN). It can be used to deliver your files using a global network of edge locations.
Download S3 Browser Freeware 11.1.5
For Windows XP/Vista/7/8/10/11 and Windows Server 2003/2008/2012/2016/2019/2022
Tasks
Permissions
Headers
Tags
Properties
Preview
Versions
Event log
URL:
5 files selected..
Download S3 Browser
S3 Browser 11.1.5 Freeware
powered by
amazon
web services
CNET editors' rating:
Social Connection
S3 Browser
Like
●図3-46　S3 Browserをダウンロードする

Step2 インストーラを起動する

Step1でダウンロードしたファイルをダブルクリックして実行してください。

ライセンス条項が表示されます。[I accept the agreement] を選択して[Next]ボタンをクリックしてください(図3-47)。

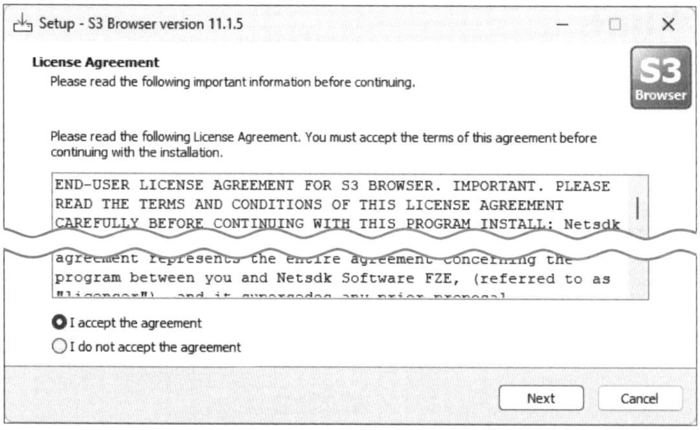
Setup - S3 Browser version 11.1.5
License Agreement
Please read the following important information before continuing.
S3
Browser
Please read the following License Agreement. You must accept the terms of this agreement before continuing with the installation.
END-USER LICENSE AGREEMENT FOR S3 BROWSER. IMPORTANT. PLEASE
READ THE TERMS AND CONDITIONS OF THIS LICENSE AGREEMENT
CAREFULLY BEFORE CONTINUING WITH THIS PROGRAM INSTALL: Netsdk
program between you and Netsdk Software FZE, (referred to as
I accept the agreement
I do not accept the agreement
Next
Cancel
●図3-47　ライセンス条項に同意する

Step3 インストール先の設定

インストール先を選択します。多くの場合、デフォルトのインストール先でかまわないので、そのまま[Next]をクリックしてください(図3-48)。

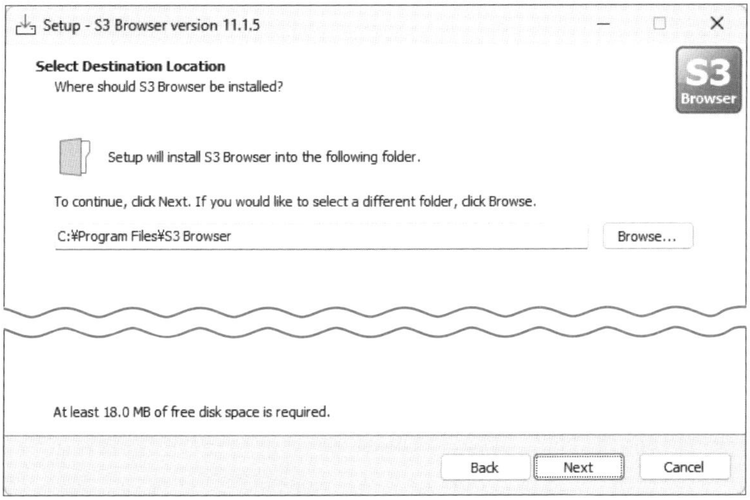
Setup - S3 Browser version 11.1.5
Select Destination Location
Where should S3 Browser be installed?
S3 Browser
Setup will install S3 Browser into the following folder.
To continue, click Next. If you would like to select a different folder, click Browse.
C:¥Program Files¥S3 Browser
Browse...
At least 18.0 MB of free disk space is required.
Back
Next
Cancel

●図3-48　インストール先を設定する

Step4 デスクトップにアイコンを作るかの設定

デスクトップにアイコンを作るかどうかを尋ねられます。作るかどうかは好みの問題ですが、デフォルトでは、すべてのユーザー向けに作る設定になっているので、そのまま[Next]ボタンをクリックしてください(図3-49)。

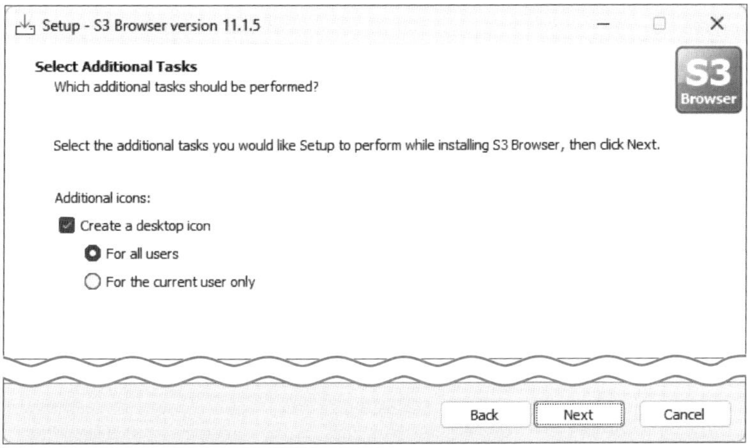
Setup - S3 Browser version 11.1.5
Select Additional Tasks
Which additional tasks should be performed?
S3 Browser
Select the additional tasks you would like Setup to perform while installing S3 Browser, then click Next.
Additional icons:
Create a desktop icon
For all users
For the current user only
Back
Next
Cancel

●図3-49　デスクトップにアイコンを作るかどうかの設定

Step5 インストールの完了

インストールが始まり、しばらくすると完了します。[Finish]をクリックすると、インストールは完了です(図3-50)。

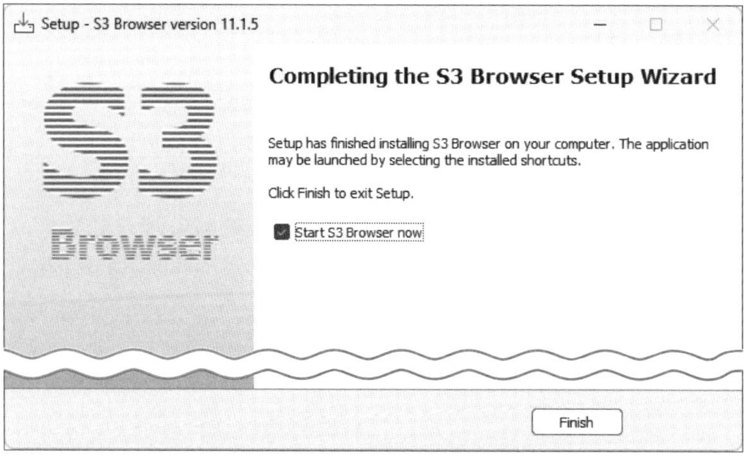
Setup - S3 Browser version 11.1.5
S3
Browser
Completing the S3 Browser Setup Wizard
Setup has finished installing S3 Browser on your computer. The application may be launched by selecting the installed shortcuts.
Click Finish to exit Setup.
Start S3 Browser now
Finish

●図3-50　インストールが完了した

3-8-4 S3 Browserの初期設定

インストールが終わると、S3 Browserが起動し、初期設定画面が開きます。この画面で、各種初期設定をしていきます。

COLUMN

初期画面が表示されないときは

初期設定画面が表示されない場合、もしくは、閉じてしまってあとでもう一度設定を再開したい場合などには、Windowsの［スタート］メニューからS3 Browserを起動してください。初期設定が表示されないときは、［Accounts］メニューから［Add new account］をクリックすると、設定画面が開きます。

手順 S3 Browserを初期設定する

Step1 アカウント情報を入力する

アカウント情報を入力してください（**図3-51**）。それぞれの項目の意味と、ここでの入力値は、**表3-8**の通りです。この設定内容は、一度設定すれば保存されるので、アクセスのたびに再設定する必要はありません。すべての入力が終わったら、右下の［Add new account］ボタンをクリックしてください。

●表3-8 S3 Browserの設定値

項目名	意味	ここでの設定値
DisplayName	アカウント名。任意の名前。AWSのユーザー名と同じものがわかりやすいが、一致させる必要はない	suzuki
Account Type	接続先のアカウントの種類	Amazon S3 Storage
Access Key ID	アクセスキー。図3-44で確認した値	図3-44のコピペの内容
Secret Access Key	シークレットアクセスキー。図3-44で確認した値	図3-44のコピペの内容
Encrypt Access Keys with password	Access Key IDで指定した値を、安全のため暗号化してS3 Browserに保存するかどうかの設定。チェックを付けると暗号化のパスワードを設定できる	チェックしない
Use secure transfer（SSL/TLS）	SSL/TLSによる暗号化をするかどうか。デフォルトはチェックが付いているので、チェックを付けたままがよい	チェックする

Add New Account
Add New Account
online help
Enter new account details and click Add new account
Display name:
suzuki
Assign any name to your account.
Account type:
Amazon S3 Storage
Choose the storage you want to work with. Default is Amazon S3 Storage.
Access Key ID:
AKIATK26BM62446V2AUX
Required to sign the requests you send to Amazon S3, see more details at https://s3browser.com/keys
Secret Access Key:
Required to sign the requests you send to Amazon S3, see more details at https://s3browser.com/keys
Encrypt Access Keys with a password:
Turn this option on if you want to protect your Access Keys with a master password.
Use secure transfer (SSL/TLS)
If checked, all communications with the storage will go through encrypted SSL/TLS channel
advanced settings...
Add new account
Cancel

●図3-51 アカウント情報の設定

Step2 接続できた

接続され、S3バケット一覧が表示されます。S3バケットをクリックして選択すると、格納されているファイル一覧が表示されます（**図3-52**）。ここにファイルをドラッグ＆ドロップして、アップロードやダウンロードができます。

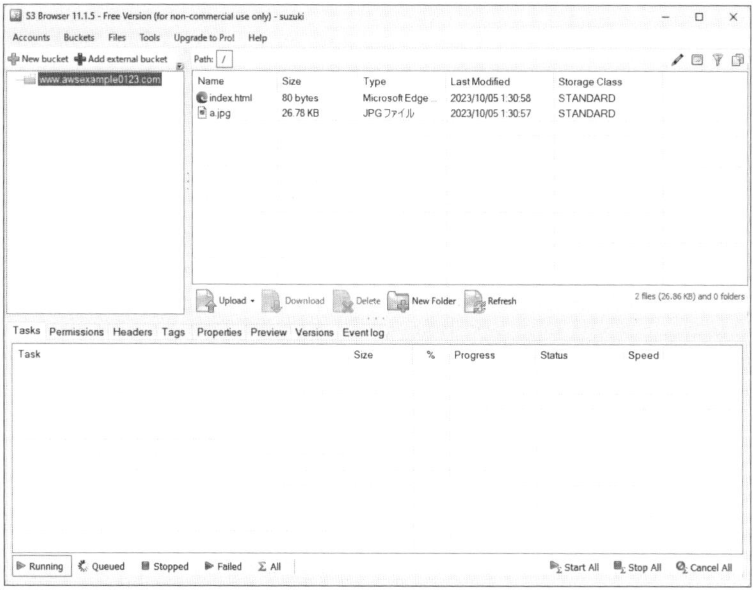

●図3-52　S3バケットを開いたところ

COLUMN

課金を防ぐには

この章で作成したS3バケットは、第6章でも続けて使います。

すでに説明したように、S3の料金は、「保存している容量」と「転送量」によって決まります。すべてのファイルを削除してしまえば、課金されません。ファイルを削除するには、AWSマネジメントコンソールで削除したいファイルにチェックを付け、［削除］をクリックします（**図3-53**、**図3-54**）。

●図3-53　ファイルを削除する

サービス
検索
[Alt+S]
グローバル ▾
suzuki @ 2294-4110-3797 ▾
Amazon S3 > バケット > www.awsexample0123.com > オブジェクトの削除
オブジェクトの削除 情報
• フォルダが削除対象として選択されている場合、フォルダ内のすべてのオブジェクトが削除され、削除アクションの進行中に追加された新しいオブジェクトも削除される可能性があります。オブジェクトが削除対象として選択されている場合、削除アクションが完了する前にアップロードされた同じ名前の新しいオブジェクトも削除されます。
• 指定されたオブジェクトの削除は元に戻すことができません。
詳細はこちら
指定されたオブジェクト
名前 タイプ 最終更新日時 サイズ
a.jpg jpg 2023/10/05 01:30:57 AM JST 26.8 KB
index.html html 2023/10/05 01:30:58 AM JST 80.0 B
オブジェクトを完全に削除しますか?
削除されたことを確認するには、テキスト入力フィールドに「完全に削除」と入力します。
完全に削除
キャンセル
オブジェクトの削除

●図3-54　削除の確認

もしくはS3バケットを削除して、第6章で必要になったときには、また作り直すというのでもよいでしょう。S3バケットを削除するには、バケット一覧で、消したいバケットを選択し、[削除] ボタンをクリックします（図3-55、図3-56）

サービス
検索
[Alt+S]
グローバル ▾
suzuki @ 2294-4110-3797 ▾
Amazon S3 > バケット
▸ アカウントのスナップショット
ストレージレンズは、ストレージの使用状況とアクティビティの傾向を可視化します。詳細はこちら
Storage Lens ダッシュボードを表示
バケット (1) 情報
バケットは S3 に保存されたデータのためのコンテナです。詳細
ARN をコピー
空にする
削除
バケットを作成
バケットを名前で検索
名前 AWS リージョン アクセス 作成日
www.awsexample0123.com アジアパシフィック (東京) ap-northeast-1 公開 2023/10/04 07:51:29 PM JST

●図3-55　バケットを削除する

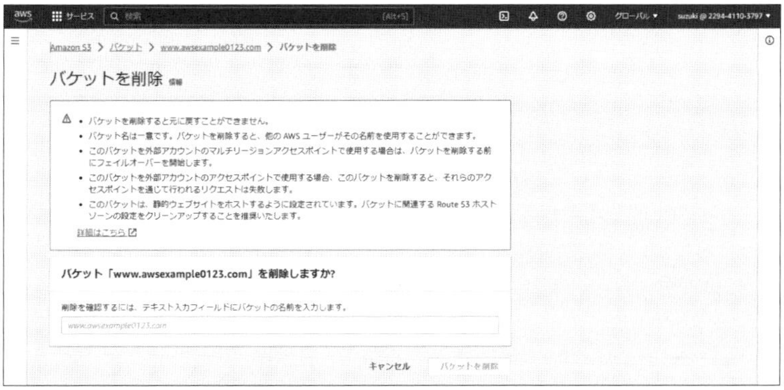

サービス
検索
[Alt+S]
グローバル ▾
suzuki @ 2294-4110-3797 ▾
Amazon S3 > バケット > www.awsexample0123.com > バケットを削除
バケットを削除 情報
• バケットを削除すると元に戻すことができません。
• バケット名は一意です。バケットを削除すると、他の AWS ユーザーがその名前を使用することができます。
• このバケットを外部アカウントのマルチリージョンアクセスポイントで使用する場合は、バケットを削除する前にフェイルオーバーを開始します。
• このバケットを外部アカウントのアクセスポイントで使用する場合、このバケットを削除すると、それらのアクセスポイントを通じて行われるリクエストは失敗します。
• このバケットは、静的ウェブサイトをホストするように設定されています。バケットに関連する Route 53 ホストゾーンの設定をクリーンアップすることを推奨いたします。
詳細はこちら
バケット「www.awsexample0123.com」を削除しますか?
削除を確認するには、テキスト入力フィールドにバケットの名前を入力します。
www.awsexample0123.com
キャンセル
バケットを削除

●図3-56　バケット削除の確認

要点整理

- ✔ S3はストレージ機能を提供するマネージドサービスです。
- ✔ S3の料金は、「保存している容量」と「転送量」に基づいた従量課金です。
- ✔ Webサーバーとして動かすには、静的ウェブサイトホスティングを有効にし、かつ、匿名アクセスできるようにS3のバケットポリシーを変更します。
- ✔ 自分のドメイン名でアクセスできるようにするには、バケット名を、そのドメイン名と合致させなければなりません。
- ✔ ファイルのアップロードやダウンロードはAWSマネジメントコンソールから操作できます。
- ✔ S3を操作する便利ツールを使うには、アクセスキーとシークレットアクセスキーが必要です。IAMダッシュボードから作成できます。

CHAPTER

4

LEMP環境でWordPressを動かそう

この章の目的は、アンマネージドサービスであるEC2の使い方を習得することです。まずはEC2を使って、ブログシステムを動かすための仮想サーバーを作ります。
仮想サーバーでは、ブログを動かすために必要となる、「nginx」「MySQL（実際には互換ソフトのMariaDB）」「PHP」という３種のソフトをインストールしたLEMPシステムの構築をします。
このようにして準備を整えたら、ブログソフトであるWordPressをインストールします。すると作ったサーバー上で、ブログが使えるようになります。

4-1 ブログサーバーの仕組みと作り方

ブログは、記事を投稿すると、それを保存して整形し、ブラウザで見られるようにするシステムです。その稼働には、サーバーが必要です。AWSでは、サーバーをEC2インスタンスとして構成します。

この章では、ブログが使えるサーバーを作ります。WordPressが動くサーバーを構築しましょう(**図4-1**)。

TIPS
ブログ　Blog。Weblogの略で、Webで記録(log)を追記していく日記のようなシステムだが、簡単にホームページが作れるツールという意味合いで使われることもある

TIPS
WordPress　PHPで作成されたブログソフト。記事データの保存にはMySQLやMariaDBを使う。https://wordpress.org/

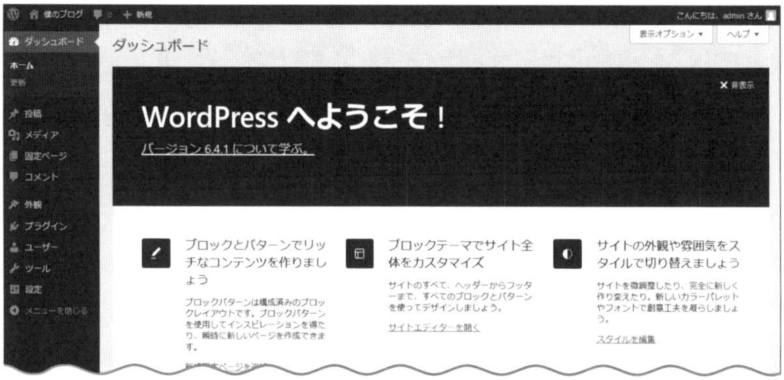

僕のブログ
新規
こんにちは、admin さん
ダッシュボード
表示オプション
ヘルプ
ホーム
更新
投稿
メディア
固定ページ
コメント
外観
プラグイン
ユーザー
ツール
設定
メニューを閉じる
非表示
WordPress へようこそ！
バージョン 6.4.1 について学ぶ。
ブロックとパターンでリッチなコンテンツを作りましょう
ブロックパターンは構成済みのブロックレイアウトです。ブロックパターンを使用してインスピレーションを得たり、瞬時に新しいページを作成できます。
ブロックテーマでサイト全体をカスタマイズ
サイトのすべて、ヘッダーからフッターまで、すべてのブロックとパターンを使ってデザインしましょう。
サイトエディターを開く
サイトの外観や雰囲気をスタイルで切り替えましょう
サイトを微調整したり、完全に新しく作り変えたり。新しいカラーパレットやフォントで創意工夫を凝らしましょう。
スタイルを編集

●**図4-1　WordPressで作ったブログの例**

4-1-1 ブログを動かすためのサーバー

ブログはWebブラウザを使って記事を投稿したり閲覧したりできるシステムです。このシステムは、Webブラウザを使うことからもわかるように、Webサーバーとして構成します。

しかし、S3によるWebサーバー (第3章)では、ブログを動かすことはできません。ブログは、記事を投稿したり閲覧したりするとき——ユーザーが[投稿]や[検索]などのボタンをクリックしたとき——に、その処理をWebサーバーに置いたプログラムで実行して処理しなければならないからです。

つまり、ブログシステムを構成するプログラムを置き、それを実行できるWebサーバーでなければならないということです。

そのようなサーバーは、AWSのマネージドサービスとしては提供されていません。自分で作ります。ここで使うのが、EC2です。

EC2は、仮想サーバーを作るアンマネージドサービスです。すぐあとに実際

TIPS
Webサーバーで動かすプログラムは、サーバーサイドプログラムと言う

TIPS
EC2　Amazon Elastic Compute Cloudの略。仮想サーバーを作る機能を提供するアンマネージドサービス

に操作していきますが、AWSマネジメントコンソールのEC2の画面（EC2ダッシュボード）から「仮想サーバーを作る」という操作をすると、ものの数分で、仮想サーバーができます。

この仮想サーバーのことを「EC2インスタンス」と言います。EC2インスタンスは、AWSシンプルアイコンでは、**図4-2**のように示します。

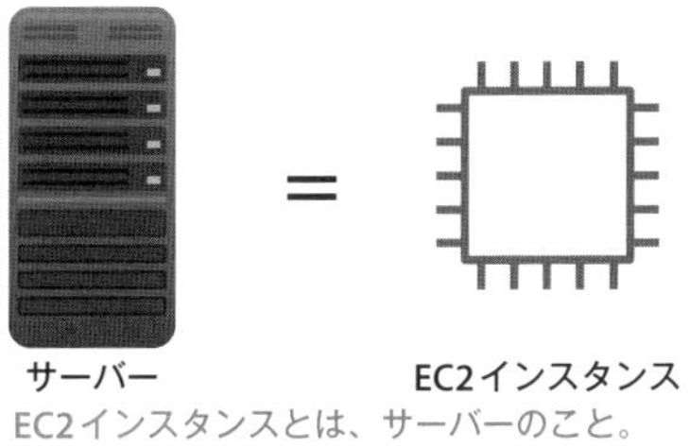
サーバー
=
EC2インスタンス
EC2インスタンスとは、サーバーのこと。

●図4-2　EC2インスタンス

> **TIPS**
> 仮想というのは、仮想化技術を使って、1台の物理的なサーバーのなかにソフトウェアで構成されたサーバーを作ることを意味する

> **TIPS**
> EC2インスタンス　EC2で作成したサーバーのこと。インスタンスについてはコラムを参照

> **TIPS**
> EC2インスタンスのアイコンは本来はオレンジ色だが、本書では紙面の都合上白黒

COLUMN

インスタンスって何？

「インスタンス（instance）」というのは、少し理解が難しい言葉です。辞書を調べると、「実体」という意味であることがわかりますが、なんだかしっくりこないと思います。感覚的には、「実体」というよりも、「実物」とか「モノ」を指すと考えるほうが分かりやすいです。

インスタンスという言葉を理解するには、「金型」と「その金型からできるモノ」の関係を思い浮かべてください。このときの「金型からできるモノ」が、インスタンスです。

たとえばプラモデルは、プラモデルの金型にプラスチックを流し込むことで量産していますが、こうして金型からできたプラモデルの1つ1つがインスタンスです。ここでポイントとなるのは、「同じ形状のものが、たくさんできる」という点です。

すぐあとに説明しますが、EC2には、さまざまなスペック（CPUやメモリなど）の型が用意されていて、ボタンひとつで、そのスペック通りの仮想サーバーを作ることができます。こうして作る仮想サーバーこそが、EC2インスタンスです。

インスタンスという用語は、EC2に限らず、コンピューターのさまざまな場面で使われます。どんな場合でも、「作ったモノを指している」ということを知っておくと、理解しやすいと思います。

> **TIPS**
> 金型そのものはクラスと呼ばれることもある

4-1-2 EC2インスタンスをWebサーバーにする

EC2インスタンスには、最初からOSがインストールされています。利用するOSは、AMIというひな型から選びます。本書では、よく使われているLinuxを使います。

Webサーバーとして使うには、この状態で、Webサーバーソフトをインストールします。本書では、nginxというソフトウェアをインストールします。すると、そのEC2インスタンスが、Webサーバーとして機能するようになります。つまり、Webブラウザから接続して、そこに保存されているコンテンツなどを見られるようになります。

この構成は、S3を使ったWebサーバー（第3章）と同じです（**図4-3**）。

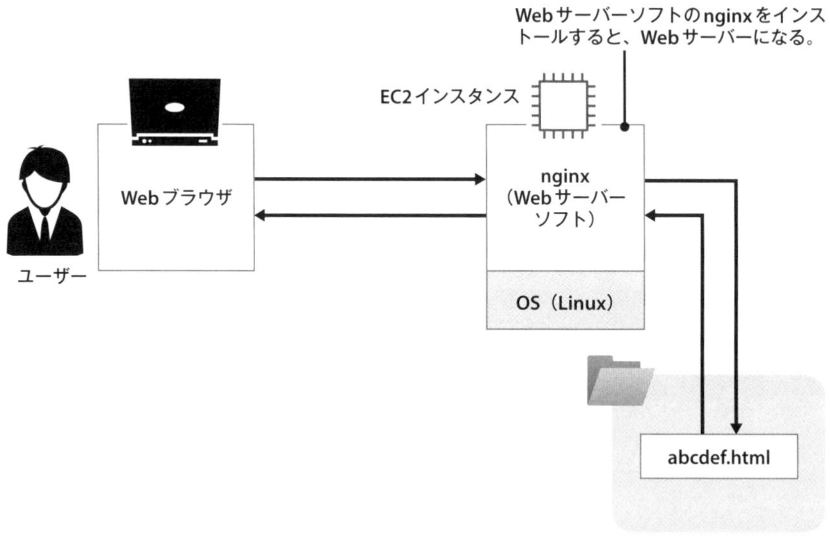

●図4-3　nginxをインストールしてWebサーバーにする

4-1-3 ブログサーバーにする

ブログサーバーにするには、ここからさらにインストールや設定が必要です。本書ではWordPressを使います。動かすには、次のソフトが必要です。

① MySQLまたはMariaDB

データベースソフトです。ブログ記事を保存するのに使います。MySQLもMariaDBも基本的な機能は同じです。本書は、MariaDBを使います。

TIPS

OS　Operating System。WindowsやLinux、macOSなど基本的な機能を提供するソフトのこと

TIPS

Linux　フィンランド人のLinus Torvalds氏を中心に開発されているオープンソースのOS。リナックスやライナックスと読む

TIPS

Webサーバー　Web機能を提供するソフト。Apache HTTP Serverやnginxなど

TIPS

nginx　エンジンエックス。オープンソースのWebサーバーソフト。サーバーに配置したHTMLや画像などの静的ファイル（サーバー上でプログラムを動かすことで生成せず、いつも決まった内容のファイル）の処理が高速なのが特徴。近年、Webサーバーソフトウェアとしておおきくシェアを伸ばしている

TIPS

MySQL　スウェーデンのMySQL AB社が開発したオープンソースのデータベース。現在はオラクル社が買収し、開発している。インターネットのサービスを提供する、相当多くのサーバーにおいて、データを保存する場面で使われており、シェアがとしても高いデータベースソフト。https://www.mysql.com/jp/

TIPS

MariaDB　MySQLの中心の開発者であったUlf Michael Widenius氏らがスピンアウトし、氏を中心に開発が進められているデータベース。MySQLと互換性があるため、MySQLと同様に使える。近年のLinuxディストリビューションでは、MySQLの代わりにMariaDBが採用されているケースが多い

②PHP（および付随するライブラリ）

WordPressは、PHPというプログラミング言語で書かれています。実行には、PHPの実行エンジンが必要です。付随して、画像のサムネイルを作る追加機能なども必要です。こうした追加の機能はライブラリと呼ばれます。

nginx、MariaDB、PHP、WordPressの関係を**図4-4**に示します。

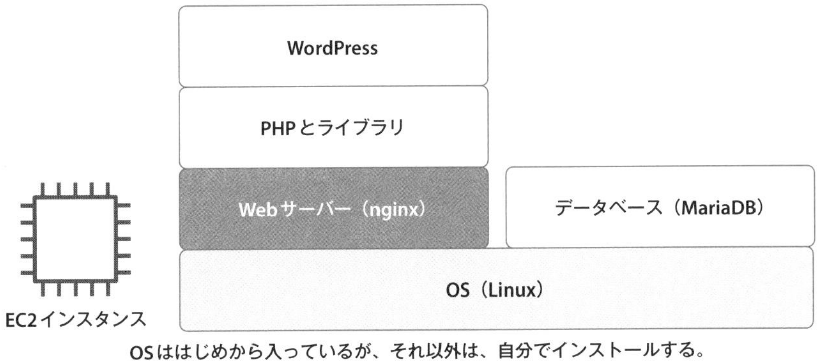

●図4-4　WordPressを動かすために必要な構成

本章の目的は、EC2インスタンスを作成し、そこに**図4-4**のような各種ソフトをインストール・設定して、ブログが動くようにすることです。

4-1-4 さまざまな場面で使われるLEMPサーバー

図4-4に示したような構成はWebではよく使われます。

- OSに「Linux」
- Webサーバーに「nginx（nginxの読み方はEngine X、エンジンエックス）」
- プログラムの実行に「PHP」
- データベースの実行に「MySQL（本書ではMariaDB）」

この構成は、それぞれの読み方の頭文字をとって、「LEMPシステム（LEMP、LEMPサーバー）」と呼ばれることもあります。本書では、最終的にWordPressを使うことを目的としますが、LEMPシステムは、他の多くのシステムでも使われています。たとえば、各種掲示板やショッピングサイトのシステムなどです。本章で学んだ内容は、そうしたシステムを構築するときにも役立つはずです。

TIPS
データベースソフト　大量のデータを保存して、高速に目的のデータを検索できる機能を提供するソフト

TIPS
PHP　Webページを記述する言語であるHTMLに実行したい処理を埋め込んで実行できるプログラミング環境。多くのWebサイトの構築に採用されている

TIPS
ライブラリ　Library。まとまった機能を提供する、ひとまとまりの追加プログラムのこと

TIPS
LEMPシステム　Linux、nginx、PHP、MySQL（MariaDB）で構成したシステム。レンプシステムと読む

TIPS
LAMPシステム　同様の構成として、nginxの代わりにApacheで構成した、「Linux」「Apache」「PHP」「MySQL（MariaDB）」もよく使われる。ランプシステムと読む

4-2 EC2の特徴と料金

EC2は仮想サーバーを提供するサービスです。その特徴や料金などを見ていきましょう。

この章では、EC2でブログを動かせるサーバーを構築していきます。それに先立ち、EC2の特徴や料金について説明します。

4-2-1 EC2インスタンスとネットワーク

EC2インスタンスは、AWS上の、「どこかのネットワーク」に配置します。そのネットワークを介して、通信します。

AWSでは、ネットワークも仮想化されていて「VPC」と呼ばれます。

VPCは、AWSマネジメントコンソールから設定することで作れます。

たとえば、AWSで「業務システム」「通販システム」「社内システム」などがある場合、同じネットワークに接続すると、互いに邪魔しないように作らなければならず、作りにくいばかりか、セキュリティ上の問題も発生します。

そこで用途ごとに互いに離れた独立した環境でシステムを構築する場合は、**図4-5**のように3つのVPCを作り、それぞれにEC2インスタンスを配置して動かせるようになっているのです。

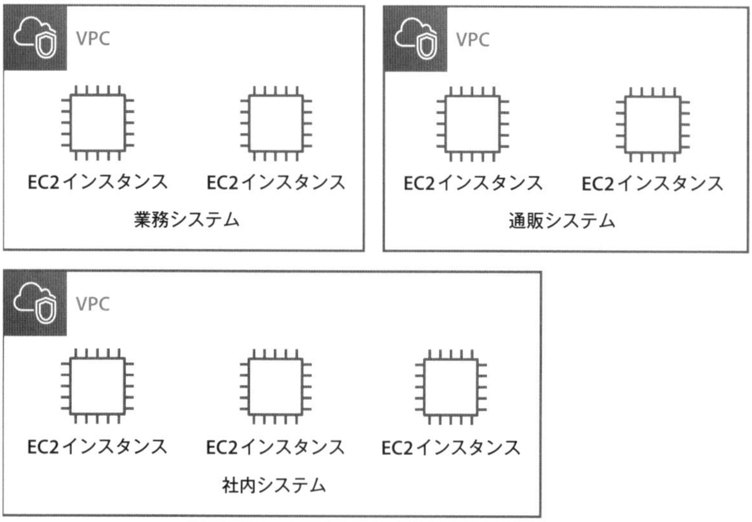

● **図4-5　違うシステムは、別のVPCで分けることができる**

TIPS

本書では、解説したあとに実践したほうがわかりやすいという考えから、先にすべてを説明して、それから具体的な操作に入る流れを基本としている。EC2は、機能が多いため、この節と次の節の解説の分量は多い。
そのため、もし、すぐにブログを使いたいということであれば、先に「4-4　この章での操作の流れ」から読みはじめ、ひととおりブログの起動まで終わらせてから、もう一度、この節に戻ってきてもよい

TIPS

このネットワークは、「どこに配置するのか」という場所を決めるものでもあるため、所属ネットワークなしのEC2インスタンスは作れない

TIPS

VPC　Virtual Private Cloud。AWSの利用者ごとに分離されている仮想的なネットワーク空間のこと

TIPS

最初はリージョンごとに最大5個までに制限されるが、申請フォームから申請すると増やせる。https://docs.aws.amazon.com/ja_jp/vpc/latest/userguide/amazon-vpc-limits.html

4-2-2 デフォルトのVPCとデフォルトのサブネット

実際にシステムを構築する場合は、このようにVPCを構築する必要がありますが、それにはネットワークの知識が必要ですし、インターネットに接続する構成の設定も必要なので、少し複雑です。

そこでAWSでは、あらかじめインターネットに接続されたVPCを、それぞれのリージョンに1つずつ用意しています。これを「デフォルトのVPC」と言います。そのためインターネットと通信したいEC2インスタンスを作る場合、新たに作らなくても、このデフォルトのVPCに配置すればいいのです。

デフォルトのVPCは、さらに、「デフォルトのサブネット」という区画に分かれており、EC2インスタンスを、このいずれかのデフォルトサブネットに配置すれば、インターネットと通信できます(**図4-6**)。

デフォルトのサブネットは、「XXXX-a」「XXXX-b」「XXXX-c」「XXXX-d」のように後ろに「a」「b」「c」「d」のような名前が付けられています。1台しかEC2インスタンスを配置しないときは、どれでも同じです。その場合は、[優先順位なし]にすると、ランダムなサブネットに配置されます。

TIPS
インターネットに接続する機能は、インターネットゲートウェイ(Internet Gateway。略してIGW)と言う。デフォルトのVPCにはインターネットゲートウェイがあらかじめ設定されている

TIPS
サブネット　サブネット(subnet)とはネットワークをさらに分割した単位のこと

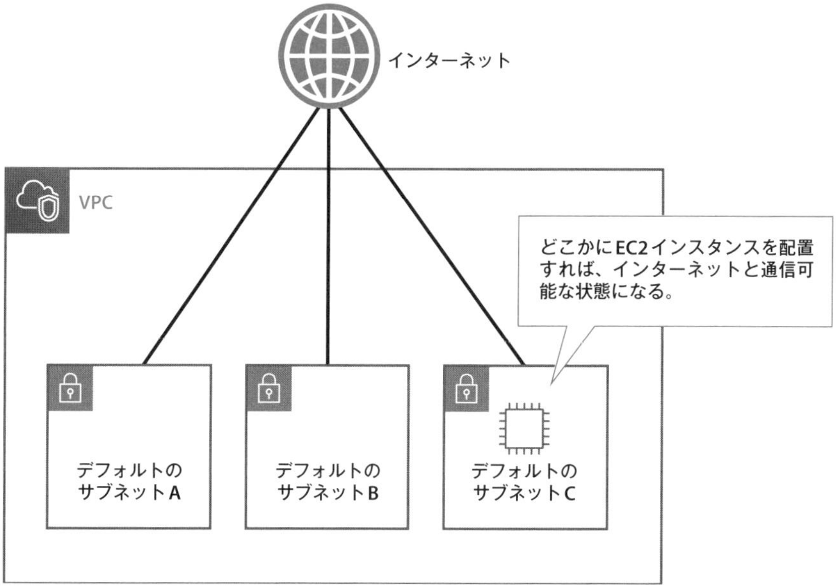

●**図4-6　EC2インスタンスを、どこかのデフォルトのサブネットに配置するとインターネットと通信できる**

本来、AWSのネットワーク(VPC)は複雑なものです。ただ、今回のようにインターネットに接続するEC2インスタンスを作りたいということだけなら、ここまで説明したように、デフォルトのサブネットのどこかに配置するだ

TIPS
EC2インスタンスは、どこかのサブネットに配置したらそこで確定する。勝手に別のサブネットに移動するようなことはない

けでよいので、とても簡単になっています。

COLUMN

アベイラビリティゾーン

デフォルトのサブネットが、なぜ複数あるのかを知るには、アベイラビリティゾーンという概念を理解しなければなりません。なぜなら、デフォルトのサブネットは、アベイラビリティゾーンと呼ばれる場所単位で1つずつ置かれているからです。

アベイラビリティゾーンとは、簡単に言うと、AWSのデータセンターのグループ範囲です。AWSのデータセンターは、それぞれのリージョンで、◯府A市、×県B市、△県C市のような、ある程度距離がある複数の離れた場所で運営されています。この単位がアベイラビリティゾーンです。いくつのアベイラビリティゾーンで運営されているのかはリージョンによって異なり、東京リージョンの場合は4つのアベイラビリティゾーンで構成されています。

ある程度、距離がある離れた場所で運営しているのは、地震や火災などの対策のためです。このように分割することによって、ある地域で災害が起きても、別の地域にあるデータセンターでサービスを継続できるようになっています（**図4-7**）。

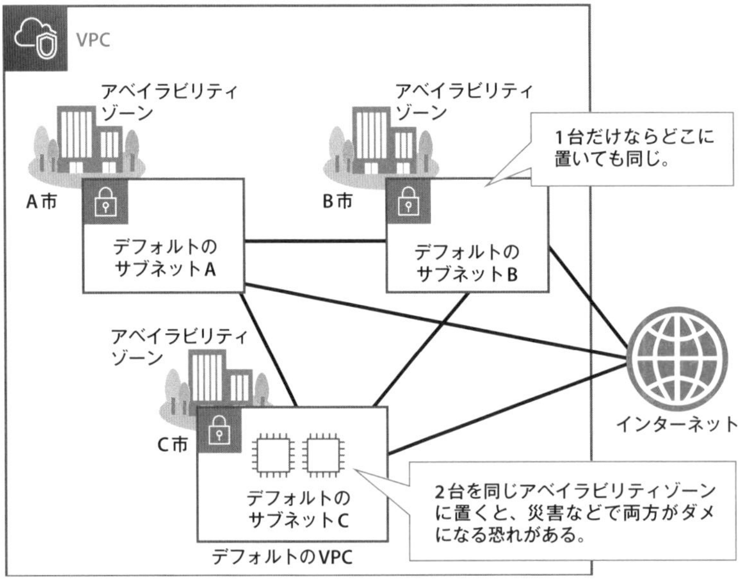

●図4-7　アベイラビリティゾーン

TIPS

アベイラビリティゾーン　AWSのデータセンターのグループ範囲。それぞれのアベイラビリティゾーンは、物理的にも電源的にもネットワーク的にも離れており、あるアベイラビリティゾーンが災害を受けても、別のアベイラビリティゾーンには影響しない。英語表記はAvailability Zone。略して「AZ」とも、よく記される

TIPS

A市、B市、C市というのはあくまでも例。AWSはデータセンターの場所を公開していない

この章では、EC2インスタンスを1つしか使わないので、どのアベイラビリティゾーンのサブネットに置いても同じです。しかし複数のEC2インスタンスを使って、「片方が止まっても、もう片方で処理を継続できるようにする」というような冗長構成をとる場合は、それぞれのEC2インスタンスを、別のアベイラビリティゾーンに置くことが大事です。そうしないと、そのアベイラビリティゾーンに災害が起きれば、両方のEC2インスタンスが停止してしまうからです。

逆に、2台のEC2インスタンスがとても密接に関連していて、片方が止まったら全体が止まるような場合には同一アベイラビリティゾーンに置いてもかまわないでしょう。アベイラビリティゾーンをまたぐ通信は、(ほんのわずかですが)通信速度が遅くなること、そして、(少々)余計な通信費用が発生するためです。

COLUMN

VPCやサブネットを自分で作るには

本書では、話を簡単にするためにデフォルトのVPCならびにサブネットを使いますが、実験用ならともかく、本番環境でデフォルトのVPCやサブネットを使うべきではありません。本番環境で使う場合は、VPCとサブネットを自分で作るべきです。

VPCやサブネットをきちんと作るのは複雑です。ただし、「VPCダッシュボード」で、VPCウィザードを使うと、比較的簡単に作れます。

デフォルトのVPCやデフォルトのサブネットと同様に、インターネットと接続可能なVPCとサブネットを作るには、次のようにします。

手順 ➡ インターネットと接続可能なVPCを作る

Step1 VPCダッシュボードを開く

[サービス] メニューまたはホーム画面で「VPC」を検索し、見つかったVPCサービスをクリックします(**図4-8**)。

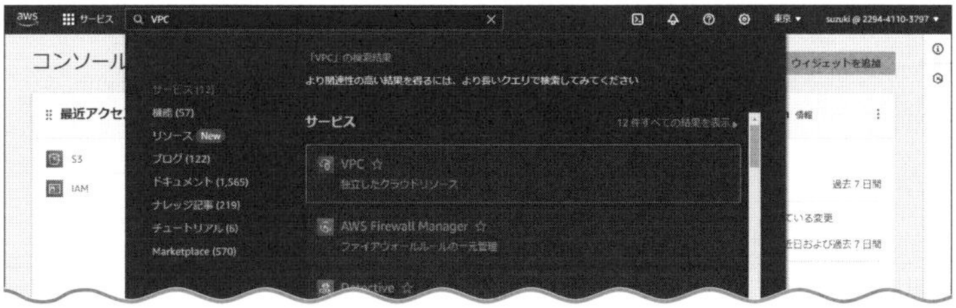

●**図4-8 VPCダッシュボードを開く**

Step2 VPCウィザードを起動する

［VPCを作成］ボタンをクリックしてウィザードを開始します（**図4-9**）。

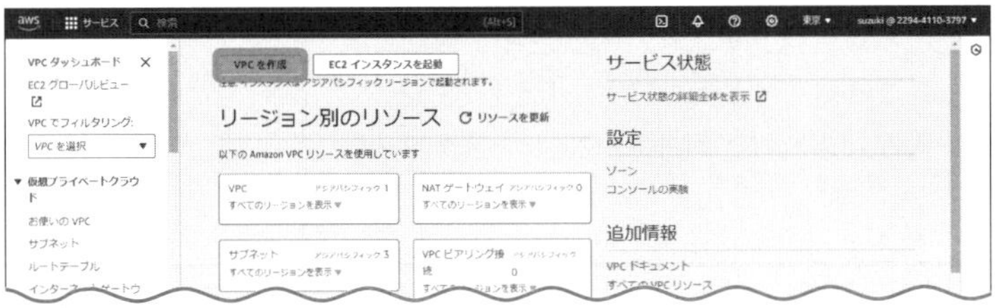

●図4-9　VPCウィザードを開始する

Step3 VPCなどを作る

［VPCなど］を選択し、VPCだけでなく、サブネットやインターネットゲートウェイなどもまとめて作る方法を選択します（**図4-10**）。

●図4-10　VPCなどを作る

Step4 アベイラビリティゾーンやパブリックネットワークの数を選択する

インターネットに接続可能なサブネットのことを「パブリックサブネット」と呼びます。この値を１以上にして、パブリックサブネットを作ります。アベイラビリティゾーンの設定値と連動しています。

設定したら下にスクロールすると表示される［VPCを作成］をクリックすると、VPCが作られます（**図4-11**）。

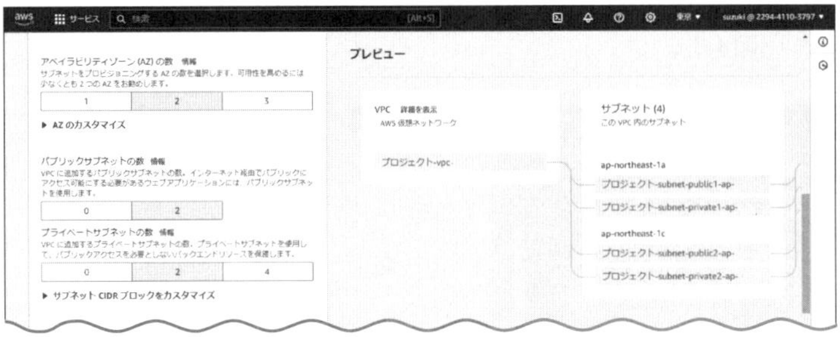

●図4-11　パブリックサブネットの数を指定する

4-2-3 EC2インスタンスの作成

EC2インスタンスは、配置するサブネットを決めてから作ります。さらに、①スペックを決め、②OSが格納されているディスクイメージを選び、③ディスクを構成する必要があります（**図4-12**）。

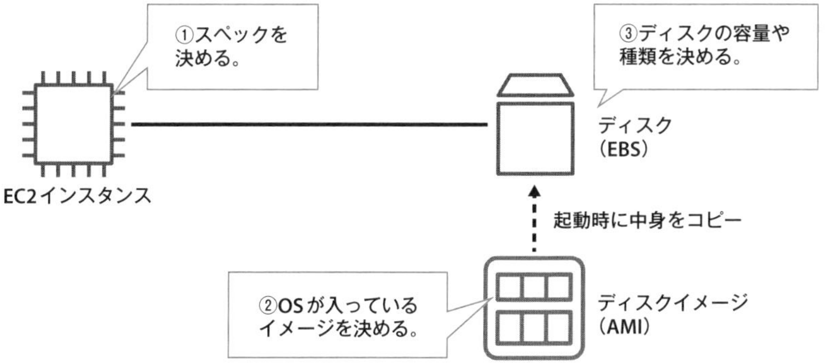

●図4-12　EC2インスタンスを作成するときに決めるべきこと

TIPS
実際には、セキュリティグループと呼ばれるファイアウォールの構成と、ネットワーク経由でログインするときに認証に使うキーペアの設定が、さらに必要

4-2-4 スペックを決めるインスタンスタイプ

AWSでは、さまざまな種類のEC2インスタンスを使うことができます。EC2インスタンスの種類は、用途別に大きく分けられており、これを「ファミリー」と呼びます（**表4-1**）。

ファミリーは英字で示され、たとえば「Tファミリー」や「Mファミリー」は汎用的な用途、「Cファミリー」はCPU性能が高いなどです。

ファミリーはさらに、提供された世代やCPUの種類の違いによって、番号が付きます。これを「インスタンスタイプ」と言います。たとえばTファミリーには、2世代目の「T2」、3世代目の「T3」などがあります。世代が新しいほど高性能であることが多いです。また「T3a」「T4g」というインテル製以外のCPUが搭載されているインスタンスもあります。

それぞれのインスタンスタイプには、CPUスペックや搭載されているメモリ量が小さなものから大きなものまで、性能に違いがあるものが用意されており、これをインスタンスサイズと言います。たとえば「tiny」「small」「medium」「large」「xlarge」などがあります。どのようなインスタンスサイズがあるのかは、インスタンスタイプによって異なります。EC2インスタンスのスペックは、「t2.tiny」や「m5.large」などのように、「インスタンスタイプ」と「インスタンスサイズ」をピリオドでつなげた名称で定めます（**図4-13**）。

TIPS
インスタンスタイプ　用途別の大まかな種類区分のこと。汎用的なものから、データ処理するために大量のディスクを搭載するもの、機械学習などのための機能が強化されたものなど、いくつかのタイプがある
インスタンスタイプは、しばしば更新されるので、最新情報は、AWSドキュメントを参照のこと。
https://aws.amazon.com/jp/ec2/instance-types/

TIPS
「T3a」はAMDプロセッサ搭載、「T4g」はAWS Gravitonプロセッサ（ARMベースのプロセッサ）を搭載したもの。インテルプロセッサよりも安価に提供されている

●表4-1　主なファミリーとインスタンスタイプ

ファミリー	主なインスタンスタイプ	解説
T ファミリー	T2、T3 など	負荷が高くなったときに一時的に性能を上げるバースト機能に対応したサーバー。ピーク時とそうでないときとで必要な性能差が大きいときに使うとよい。開発環境や小規模な Web サーバー、DB サーバーなどに向く
M ファミリー	M4、M5、M6 など	標準的なサーバー。負荷が一定のほとんどの場面に適する
C ファミリー	C4、C5、C6、C7 など	高い CPU 能力を持つサーバー。分析、科学計算、ビデオエンコーディングなどに向く
X ファミリー	X1、X2 など	大容量のメモリを搭載したサーバー。ビッグデータを扱うデータベースなどに向く
R ファミリー	R4、R5、R6 など	同上だが、X ファミリーほど、メモリは必要としない場面に向く
G ファミリー	G3、G4、G5 など	グラフィック特化の GPU を搭載したサーバー。3D アプリケーションやビデオエンコーディング、機械学習などに向く
P ファミリー	P2、P3、P4 など	汎用 GPU を搭載したサーバー。機械学習などに向く
I ファミリー	I2、I3 など	I/O 性能を高めたサーバー。ランダムアクセスが必要なデータベースなどに向く
D ファミリー	D2、D3 など	大容量 HDD 搭載のサーバー。データウェアハウスや分散ファイル、ログやデータ処理などに向く

●図4-13　EC2の性能の表記

たくさんのインスタンスタイプがありますが、一般的にサーバー用途として、よく使われるのは、「Tファミリー」と「Mファミリー」です。開発用に使うのは「T2」（もしくは「T3」）、本番用は「M5」（もしくは「M4」）と覚えておくとよいでしょう。

①Tファミリー

Tシリーズは少し特殊なインスタンスタイプで、負荷が低いときに余ったCPU能力をチャージしておいて、負荷が高いときに、その分だけ性能を上げる「バースト機能」に対応したサーバーです。サーバーの負荷が大きく変動す

TIPS
バースト機能　一時的に処理能力を向上する機能

る場合や、開発サーバー、テストサーバーなどに、よく使われます。2023年11月現在、T2、T3、T3a、T4gがあり、たとえばT2インスタンスタイプには、性能が低い順に、次のインスタンスサイズが提供されています。

```
t2.nano、t2.micro、t2.small、t2.medium、t2.large、t2.xlarge、
t2.2xlarge
```

このうち、「t2.micro」は、AWSを契約してから1年間の無料利用枠に含まれており、AWSの実験や開発サーバーの構築など、「ちょっと試すサーバー」としてよく使われるインスタンスタイプです。本書でも、この「t2.micro」を使います。

②Mファミリー

汎用的なサーバーです。本番環境で運用するサーバーによく使われます。M4、M5などのインスタンスタイプがあり、たとえばM5インスタンスタイプには、性能が低い順に、次のインスタンスサイズが提供されています。

```
m5.large、m5.xlarge、m5.2xlarge、m5.4xlarge、m5.12xlarge、
m5.24xlarge
```

いくつかの例外がありますが、条件を満たせば、あとからインスタンスタイプやインスタンスサイズを変更することもできます。

性能が高いほど、時間当たりの費用がかかるので、最初は低いスペックのインスタンスサイズにしておき、性能が足りなくなったらインスタンスサイズが大きなものに変更するというのが、賢いAWSの使い方です。

TIPS

稼働中はインスタンスタイプ(インスタンスサイズ)を変更できない。変更するには、EC2インスタンスを一旦停止する

TIPS

価格表はhttps://aws.amazon.com/jp/ec2/pricing/から参照できるが、高性能なインスタンスだと、月額数十万に上ることもあるのでくれぐれも注意

4-2-5 ディスクイメージを指定するAMI

EC2インスタンスを作成するときには、「AMI」というディスクイメージを選択します（**図4-14**）。AMIにはOSのイメージが含まれていて、好きなOSを選べます。たくさんのAMIがありますが、本書では、「Amazon Linux 2023」と呼ばれるAMIを使います。

TIPS

AMI　Amazon Machine Image。OSのほか初期設定が済んだディスクイメージのこと。公式のほか、コミュニティや企業が作ったAMIもあり、そうしたAMIを使って起動すると、あらかじめ何かのソフトがインストールされたサーバーをすぐに作成・利用できる

●図4-14　AMI

COLUMN

Amazon Linuxの種類

Amazon Linuxは、AWSが提供するLinuxです。歴史的な理由から、「Amazon Linux」「Amazon Linux 2」「Amazon Linux 2023」があります（**表4-2**）。これらは、Red Hat Enterprise Linux（RHEL）やFedoraのディストリビューションをベースに、AWSがいくつかのパッケージを加えて提供しているものです。

●表4-2　Amazon Linuxの種類

種類	ベースとなるディストリビューション	EOL
Amazon Linux	RHEL6	2020年12月31日
Amaozn Linux 2	RHEL7	2025年6月30日
Amazon Linux 2023	Fedora（34、35、36）	2028年3月15日

TIPS

EOL（End Of Life）とは、保守終了期限のこと

Amazon Linux 2023は、Fedoraベースであることから、いままでのAmazon LinuxやAmazon Linux 2とは、一部のコマンドが異なります。AWSに関する古い文献を参考にするときは注意してください。

AWSでは、今後、Fedoraをベースとした2年ごとのメジャーリリースが予定されています。

COLUMN

AMIは初期設定が済んでいるディスクイメージ

AMIはOSのインストールディスクのことではありません。あらかじめOSをインストールし、それに必要な設定を施した構成のディスクイメージです。

Amazon Linux 2023の場合、「ec2-user」というユーザーでログインできるように構成されています。このec2-userというユーザーは、あらかじめ作成されているユーザーです。ほかにも、ネットワークのIPアドレスをどのように構成するかなどの設定も、あらかじめ書き込まれています。EC2インスタンスでは、OSのインストールや設定の作業は必要なく、起動するとすぐに使えます。

4-2-6 データを保存するディスクを構成するEBS

EC2インスタンスには、1台以上のディスクが必要です。EC2インスタンスで一般的に扱うのは「EBS」という機能で作られたボリュームです。EBSボリュームは、箱形のアイコンで示されます（**図4-15**）。

EC2インスタンスの起動にはEBSが必須なのは暗黙の事項であるため、図としてEC2インスタンスを示すときは、EBSを省略して描くことがほとんどです（**図4-16**）。

TIPS

EBS Elastic Block Store。AWS環境においてEC2インスタンスなどで利用するストレージを提供するサービス

TIPS

インスタンスタイプによっては、EBS以外のボリュームも扱える

TIPS

ボリューム　ディスクにおいてファイルシステムを構成する単位。パーティション機能を使ってディスクを複数に分割しないなら、ディスク1台に相当するものと考えて問題ない

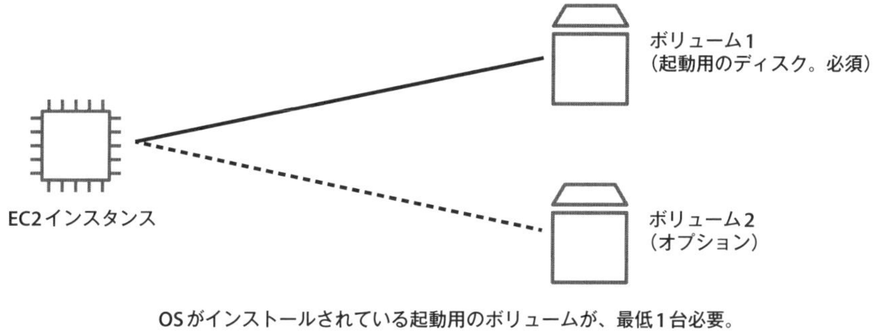

●図4-15　EBS

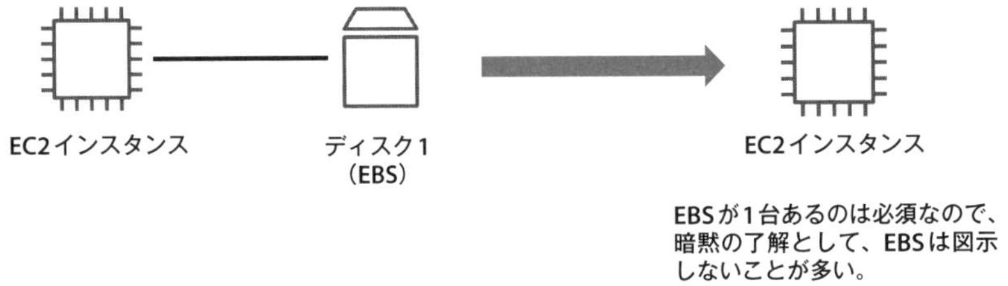
EC2インスタンス
ディスク1
(EBS)
EC2インスタンス
EBSが1台あるのは必須なので、暗黙の了解として、EBSは図示しないことが多い。

●図4-16　EBSの省略

TIPS
EC2インスタンスでは、既存のディスクを使うこともできる。たとえば、EC2インスタンスが何らかの事情で壊れたときに、新しくEC2インスタンスを作って、壊れたEC2インスタンスで使っていたEBSを接続して復旧させるというのは常套手段

EBSには、次の特徴があります。EBSはEC2インスタンスを作成するときに、一緒に作ることがほとんどです。このとき、SSDやHDDの別、割り当てる容量を設定します。

①高いパフォーマンスと信頼性

HDDとSSDの種別のほか、最大IOPSを保証する設定にもできます。つまり目的に応じて、コストとパフォーマンスのバランスが良いディスクを選べます。

TIPS
IOPS　Input/Output operations Per Second。秒間の読み書き速度のこと

②スナップショットや複製を作れる

ボリュームのスナップショットを作り、あとで、そのスナップショットからデータを戻すことができます。定期的にスナップショットを作っておけば、バックアップになります。

TIPS
スナップショット　snap shot。ある瞬間の状態のこと

またスナップショットのデータを使って、ボリュームを複製することもできます。

③スケールアップが容易

簡単な操作で容量を増やせます。またHDDからSSDに変更するなどの操作もできます。

4-2-7 EC2の料金

EC2の料金は、次の合計金額です。

EC2の料金 = ①インスタンス使用量 + ②EBSの費用 + ③通信費用 + ④その他オプション

①インスタンスの使用量

稼働している秒単位での課金です。単価はインスタンスタイプによって異

なり、高性能なCPU、多くのメモリを搭載しているものほど高価です。この費用はEC2インスタンスが停止している間はかかりません。AWS加入から1年間の無料利用枠では、t2.microインスタンスを750時間分／月の範囲で使えます。

TIPS
従来、課金は1時間単位だったが、2017年9月からは秒単位での課金

TIPS
750時間は750÷24=31.2。つまり月に1台を無償で使える

②EBSの費用

EC2インスタンスで利用するEBSの費用です。確保した容量単位の課金です。料金はSSDかHDDか、IOPSの保証を付けるか否かなどによって単価が異なります。

この費用はEC2インスタンスが停止している間もかかります。AWS加入から1年間の特典である無料利用枠では、月に30GBまで無償で使えます。

TIPS
確保した容量単位であり、保存している容量単位ではないので注意。たとえば8GBのEBSを確保したら、実際に8Gバイトめいっぱいファイルを保存していなくても、8Gバイト分の費用がかかる

③通信費用

EC2インスタンスとの通信費用です。インターネットからEC2インスタンスに向けた方向（インバウンド）の通信費は無料で、EC2インスタンスからインターネットに向けた通信（アウトバウンド）のみ、費用がかかります。かかる費用は、リージョンによって若干異なります。1年間の無料利用枠では、月に15GBまで使えます。

④その他のオプション

EC2には、さまざまなオプションを追加できます。代表的なものは、パブリックなIPアドレスです。

パブリックなIPアドレスは、インターネットから接続されるときの通信先として使うもので、1時間あたり0.005ドルかかります。

なお、このパブリックIPアドレスは、AWS加入から1年間の特典である無料利用枠で、750時間分/月の範囲で使えます。

750時間は31.2日なので、月に1個なら無料という計算になります。本書では、パブリックIPを使いますが、この範囲なら料金はかかりません。

TIPS
2024年1月末までは、パブリックなIPアドレスは無料で、それを固定化する（いつでも同じ値で使えるようにする）Elastic IPという機能を使ったときだけ、追加の費用が必要だった。しかし2月以降は、Elastic IPの機能を使わなくても、費用がかかるようになった

4-3 EC2の操作と通信

EC2インスタンスを起動したら、そこにソフトウェアをインストールしたり、各種設定を変更したりするなどの操作が必要です。またEC2はデフォルトでは安全のため、すべての通信ができないように構成されています。そのため、許可したい通信を許す設定も必要です。

4-3-1 IPアドレスとDNS名

EC2インスタンスを起動すると、ネットワークと通信するためのIPアドレスやDNS名が割り当てられます。

IPアドレスは「10.20.30.40」のような数値の値、DNS名は「ec2-10-20-30-40.ap-northeast-1.compute.amazonaws.com」のようなドメイン名で構成される値です。これは、このEC2インスタンスに接続するときの、接続先として指定する値です。

IPアドレス、DNS名には、それぞれ「パブリック」と「プライベート」があり、インターネットから接続するときには「パブリックIP」または「パブリックDNS」を使います(**図4-17**)。

①パブリックIP、パブリックDNS

インターネット側から接続するときの接続先です。デフォルトのサブネットのように、インターネットに接続可能なサブネットに配置したときだけ割り当てられます。

一度割り当てられたパブリックIPアドレスは停止するまで、同じ値が使い続けられますが、停止してから起動すると値が変わります。つまり再起動では変わりませんが、一度停止させれば変化するので注意してください。

EC2インスタンスにWebサーバー機能をインストールしてアクセスする場合などには、このパブリックIPやパブリックDNSを使います。つまり、たとえば、パブリックIPアドレスが10.20.30.40、パブリックDNSがec2-10-20-30-40.ap-northeast-1.compute.amazonaws.comであるなら、ブラウザに「http://10.20.30.40/」や「http://ec2-10-20-30-40.ap-northeast-1.compute.amazonaws.com」のように入力することで、接続します。

TIPS

IPアドレス　サーバーやクライアント、ネットワーク機器など、ネットワーク通信するすべての機器を識別する唯一無二の番号

TIPS

DNS名　サーバーやクライアント、ネットワーク機器などを識別するのに、人間が分かりやすくつけた名前。ホスト名やドメイン名、FQDN(Fully Qualified Domain Name)とも呼ぶ。EC2インスタンスには、「ec2-IPアドレスを並べた値.リージョン名.compute.amazonaws.com」という名前が自動的に割り当てられる

TIPS

パブリック　public。インターネットで使われる値

TIPS

プライベート　private。そのVPC内でのみ使われる値

②プライベートIP、プライベートDNS

サブネット内での通信で使われる接続先です。プライベートIPはサブネットとして割り当てたIPアドレスの一部が自動的に割り当てられます。先頭から4つのIPアドレスと末尾は予約されており、使えません。たとえば172.31.0.0～172.31.255.255の範囲に設定されたサブネットにEC2インスタンスを置いたときは、172.31.0.4から順に、プライベートIPアドレスが割り当てられます。

プライベートIPアドレスやプライベートDNSは、EC2インスタンスが起動するときに定まり、以降は、EC2インスタンスを破棄するまで変わることはありません。

TIPS
厳密にはENIと呼ばれる、EC2に付随する仮想ネットワークカードが作成されるときにプライベートIPが定まる。ENIを別のEC2インスタンスに割り当てる設定もできる。そのため、EC2インスタンスが壊れて、新しいものに差し替えたいけれどもIPアドレスを前と同じものを維持したいということも、ENIを引き継ぐことで実現できる

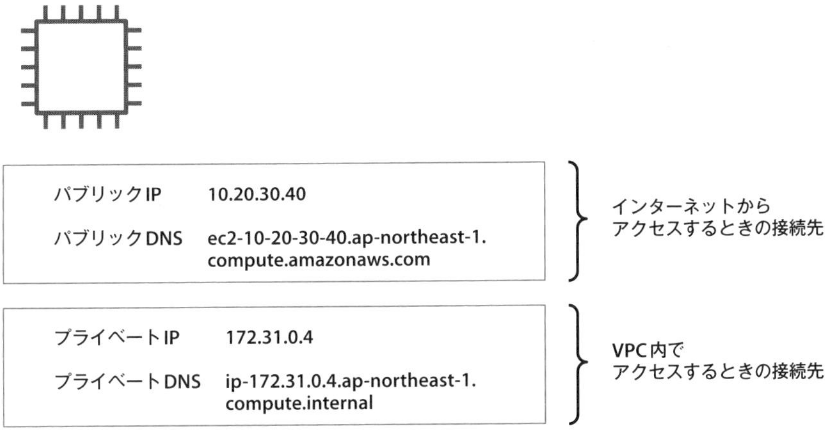

●図4-17　EC2インスタンスに割り当てられるIPアドレスとDNS名

4-3-2 EC2にリモートで接続して操作する

起動したEC2インスタンスには、ソフトウェアをインストールしたり、各種設定を変更したりするなどの操作が必要です。こうした各種操作をするには、EC2インスタンスにリモートで接続して操作します。

Linux環境の場合は、SSHでリモート接続しネットワーク越しに操作するのが古くから使われてきた基本的な手法です（**図4-18**）。

本書ではこれに代わってAWSマネジメントコンソールとEC2 Instance Connectという仕組みを用います（4-3-5参照）が、SSHについて基本の仕組みとしておさえておきましょう。

TIPS
SSH　Secure SHell。リモートで接続してコマンド操作する機能。通信は暗号化される

TIPS
EC2インスタンスにWindowsをインストールした場合には、リモートデスクトップ接続することで操作する

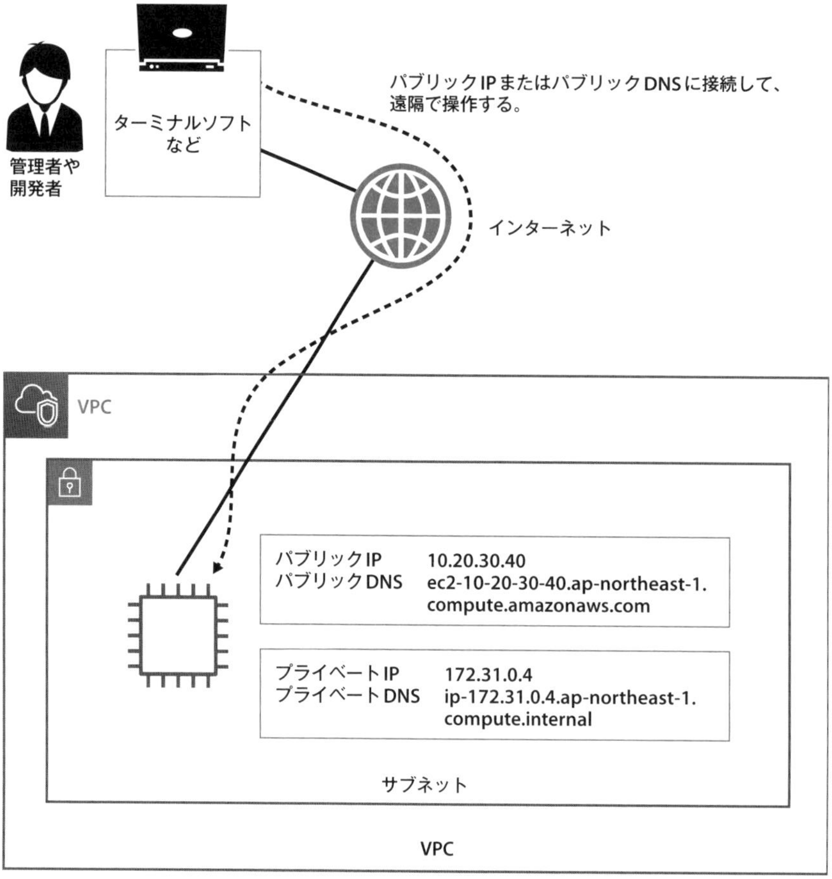

●図4-18　Linuxの場合はSSHで操作する

SSHを操作するには、ターミナルソフトやSSHクライアントと呼ばれるソフトウェアが必要です。たとえば、Windowsの場合はPuttyやTera Termなどがあります。macOSの場合は、標準でSSHコマンドが含まれています。

4-3-3 認証に使うキーペア

図4-18のようにリモートから操作する場合、誰もが利用できてしまうのはセキュリティに問題があるので、限られたユーザーしか利用できないよう、ユーザーの認証機能があります。

EC2インスタンスにSSHを使って接続する場合は、公開鍵認証という方式を使います。公開鍵認証は、パスワードで認証するのではなく、「秘密鍵」と「公開鍵」という2つの対となる鍵ファイル（データ）を作り、公開鍵をEC2インスタンスに配置しておき、秘密鍵をSSHクライアントから送信することで、それ

TIPS
ターミナルソフト　コマンド入力してコンピューターを操作するときに使うソフト

TIPS
SSHクライアント　SSH接続して操作するときに使うソフト

TIPS
Putty　パティ。世界的によく使われるターミナル・SSHソフト。https://www.putty.org/

TIPS
Tera Term　テラターム。Putty同様に多く使われているターミナル・SSHソフト。標準で日本語化されていることから、日本でとくに多く使われている。https://teratermproject.github.io/

TIPS
認証機能　正しいユーザーであるかを確かめ、正当なユーザーでなければ使えないようにする機能

TIPS
公開鍵認証　秘密鍵と公開鍵のペアを使って認証する方式。秘密鍵と公開鍵のペアはあらかじめツールで作成する。AWSの場合はEC2インスタンスを作成するときに作ることができる

が対になっているかを確認することで正当性を確認する方法です。

この秘密鍵と公開鍵は、「キーペア」というファイルとして、EC2インスタンスを作成するときに生成（または既存のものを利用）します。

TIPS
キーペアを生成しなくても、本書で利用するEC2 Instance Connectは利用できる。ただ、SSH接続が一般的であるためキーペア生成についても解説する

COLUMN

RSA/SHA1の無効化による問題

SSHで接続する場合、クライアントとサーバーとで相互に対応する暗号化方式をやりとりして、どの方式を採用するのかを決めるのですが、最新のLinuxディストリビューションに含まれているSSHでは、「RSA/SHA1」という方式が安全のため、無効化されました。Amazon Linux 2023は、そうしたディストリビューションのひとつです。

古いSSHクライアントで、RSA/SHA1にしか対応しないものを使うと、接続できないので注意してください。具体的には、Tera TermというSSHソフトは、バージョン5.0以降を使わないと、Amazon Linux 2023に接続できません。

TIPS
現在はWindows 10/11には標準のSSHコマンドもあるが、TeraTermのようなSSHクライアントソフトの人気が高い

4-3-4 通信の許可・拒否を設定するセキュリティグループ

それぞれのEC2インスタンスとネットワークとの間には、どのような種類の通信を許すのかを設定するファイアウォール機能があります。この機能のことを「セキュリティグループ」と言います。

セキュリティグループは、AWSシンプルアイコンでは点線で図示します。しかしセキュリティグループまで図示すると図が見づらくなることから、許可する通信が明確であるときは、省略されることも多いです（図4-19）。

TIPS
ファイアウォール　firewall。日本語で言うと防火壁。そこを通る通信をチェックして、通すか通さないかを決める機能

TIPS
セキュリティグループ　それぞれのEC2インスタンスの直前に置かれるファイアウォール機能。英語ではSecurity Group。略してSGとも示される

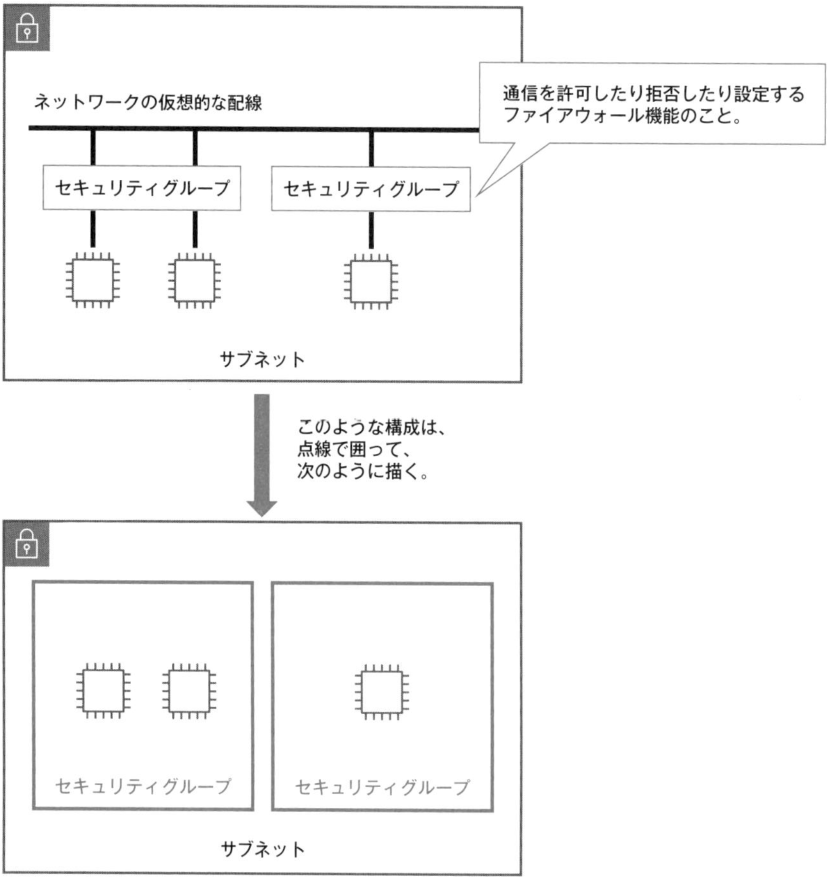

●図4-19　セキュリティグループ

セキュリティグループでは、「EC2インスタンスに入ってくるデータ」と「EC2インスタンスから出て行くデータ」の2方向を制御します。前者はインバウンド、後者はアウトバウンドと言います。

デフォルトではアウトバウンドは無制限の通信を許可、インバウンドはすべての通信を禁止です。インバウンドの設定を変更して、EC2インスタンスが受信したい通信サービスを許可しないと、外からの通信が通りません。

設定が必須なのは、先に説明したSSHです。SSHの通信を許可しないと、リモートからの操作ができなくなってしまいます。

またWebサーバーを構成する場合は、HTTPとHTTPSという通信も許可しなければなりません。前者は「http://」で接続した場合、後者は「https://」で暗号化通信したときに使われます（**図4-20**）。

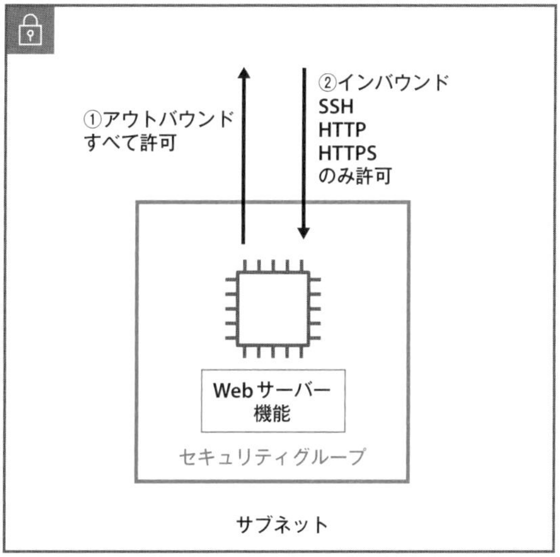

●図4-20　EC2インスタンスのセキュリティグループの構成例

COLUMN

pingは通らない

ネットワークの疎通確認の際、しばしばpingコマンドやtracerouteコマンドを使うことがありますが、EC2インスタンスに対して、pingやtracerouteを実行しても、応答を返しません。

これはpingやtracerouteコマンドで使っているICMPプロトコルが、セキュリティグループで拒否されているためです。もし、pingやtracerouteコマンドを使いたいのなら、セキュリティグループの設定でICMPプロトコルを追加する必要があります（追加手順については、後掲の**図4-37**を参照してください）。

TIPS

ping　相手と通信可能かどうかを調べるコマンド

TIPS

traceroute　相手との接続経路を調べるコマンド

TIPS

ICMP　Internet Control Message Protocol。エラーや状態の通知に使われるやりとりのこと

4-3-5 EC2 Instance Connect

EC2インスタンスを操作するには、自分のPCにSSHなどのソフトウェアをインストールして、そこから接続するのが基本です。

しかしAWSでは、より簡単にEC2インスタンスに接続する方法があります。そのひとつが、「EC2 Instance Connect」です。

EC2 Instance ConnectはAWSマネジメントコンソールの画面からEC2インスタンスに接続する機能です。この機能を使うと、SSHソフトをインストー

TIPS

EC2 Instacne ConnectはSSHプロトコルで通信するという点は変わらないので、セキュリティグループでのSSHの接続許可が必要。なお、認証の鍵情報は、AWSマネジメントコンソールにログインしているユーザーの認証情報を用いて、都度作られるため、鍵情報の設定は必要ない

ルせずにブラウザからEC2インスタンスを操作できます（**図4-21**）。

本書では、この方法を使って、EC2インスタンスを操作していきます（**図4-22**）。

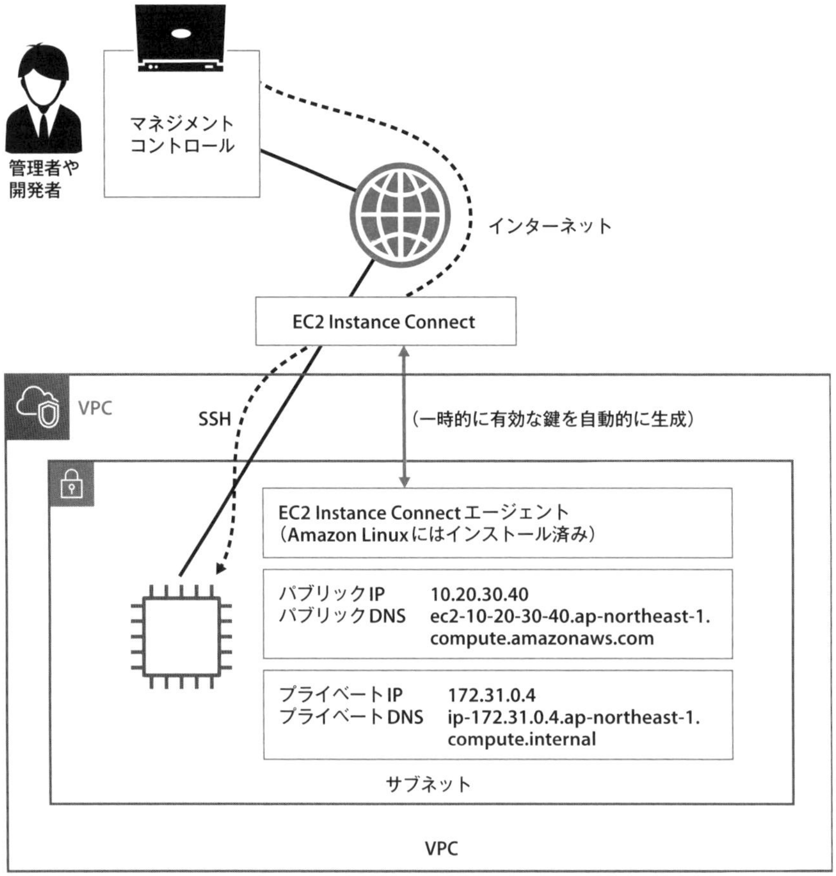

●**図4-21　EC2 Instance Connectを使った接続**

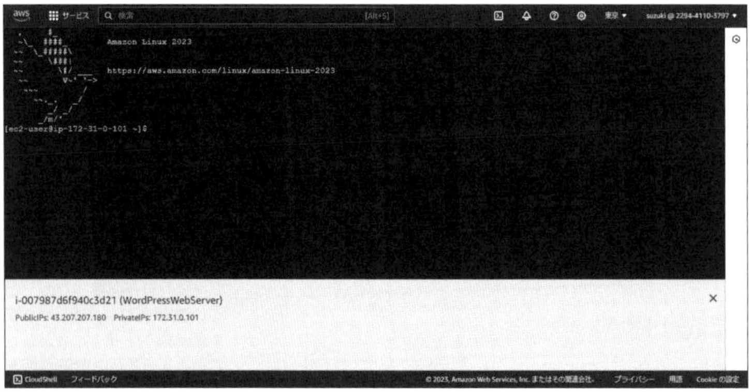

●**図4-22　EC2 Instance Connect**

4-4 この章での操作の流れ

この章ではEC2インスタンスを作り、nginxでWebサーバー化します。そして、WordPress（とPHP、MariaDB）でブログサーバーを作ります。

この章では、**図4-23**に示す手順で、ブログのシステムを作っていきます。

①EC2インスタンスをデフォルトのサブネットに配置する

今回のブログサーバーは、インターネットからアクセスできるようにします。そこでEC2インスタンスを、デフォルトのサブネットに作成します。

②ログインする

①のEC2インスタンスにログインします。この手順では、EC2 Instance Connectを使ってログインします。

③ApacheやPHP、MariaDB、WordPressのインストール

ApacheやPHP、MariaDB、WordPressなどをインストール・設定します。

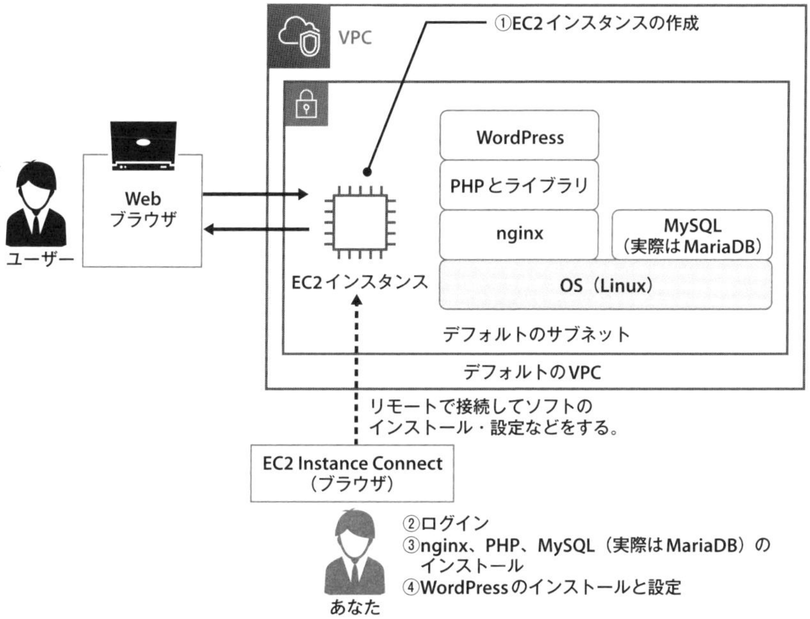

●図4-23　EC2インスタンスでブログシステムを作るまでの流れ

4-5 EC2インスタンスを作成する

それでは、実際の操作をはじめていきましょう。まずは、EC2インスタンスを作ります。

4-5-1 EC2インスタンスを作るのに当たって決めること

EC2インスタンスを作るときは、配置先のサブネットやAMI、インスタンスタイプ／インスタンスサイズ、EBSのサイズ、セキュリティグループなど、さまざまなことを決める必要があります。これらは、作成画面で一気に出てくるため、事前にどのような値を設定するのかをまとめておいたほうが間違いありません。

本章ではEC2インスタンスは、**表4-3**の構成で作成することにします。

●表4-3　この章で作成するEC2インスタンスの仕様

項目	設定値	意味
AMI	Amazon Linux 2023	EC2 インスタンスの仮想イメージ（OS の種類）。本書では、Amazon Linux 2023 を使います
インスタンスタイプ	t2.micro	EC2 インスタンスのスペック。ここでは、1 年間の無料利用枠に含まれる t2.micro を使います
リージョン	東京	ここでは東京に作成します
VPC	デフォルトの VPC	EC2 インスタンスを配置する VPC です。あらかじめ作られているデフォルトの VPC を選びます
サブネット	優先順位なし	設置するサブネット。ここでは 1 台しか配置しないので、どのサブネットにおいてもかまわないことから、［優先順位なし］に設定します
ストレージの容量と種類	8GB の SSD	利用するディスク容量。t2.micro の場合、8GB がデフォルトです。そのまま変更しません
EC2 インスタンスの名称	WordPressWebServer	この EC2 インスタンスの名称。Name タグとして指定します（後掲の図 4-28 を参照）。インスタンスを区別するための名称なので、どのような名前でもよいですが、ここでは WordPressWebServer とします
セキュリティグループ	my-webserver-sg	セキュリティグループに付ける名前。他のセキュリティグループと区別する名称なので、どのような名称でもよく、my-webserver-sg とします。「-sg」はセキュリティグループの略称として、AWS では慣例的に使われる名称。このセキュリティグループには、SSH のほか、HTTP と HTTPS が通過するように構成します

4-5-2 EC2ダッシュボード

AWSマネジメントコンソールを操作して、EC2インスタンスを作成しましょう。EC2は、EC2ダッシュボードから操作します。

手順 EC2ダッシュボードを開いてリージョンを確認する

Step1 EC2ダッシュボードを開く

［サービス］メニューまたはホーム画面で「EC2」を検索し、見つかったEC2をクリックします（図4-24）。

●図4-24　EC2ダッシュボードを開く

Step2 リージョンを確認する

EC2ダッシュボードが開きます。対象とするリージョンは、右上で選択します。ここでは東京リージョンにEC2インスタンスを作りたいので、リージョンが「東京」になっていることを確認してください。もし、そうでなければ、東京に変更してください（図4-25）。

●図4-25　EC2ダッシュボードが開いた

4-5-3 EC2インスタンスの作成

EC2ダッシュボードから操作して、EC2インスタンスを作成しましょう。

手順 EC2インスタンスを作成する

Step1 インスタンスメニューを開く

左のメニューから［インスタンス］をクリックしてインスタンス一覧を表示します（図4-26）。

TIPS

この画面で［インスタンスの起動］をクリックすることでもEC2インスタンスを作成できる

●図4-26 インスタンス一覧を表示する

Step2 インスタンスを作成する

［インスタンスを起動］ボタンをクリックします（図4-27）。

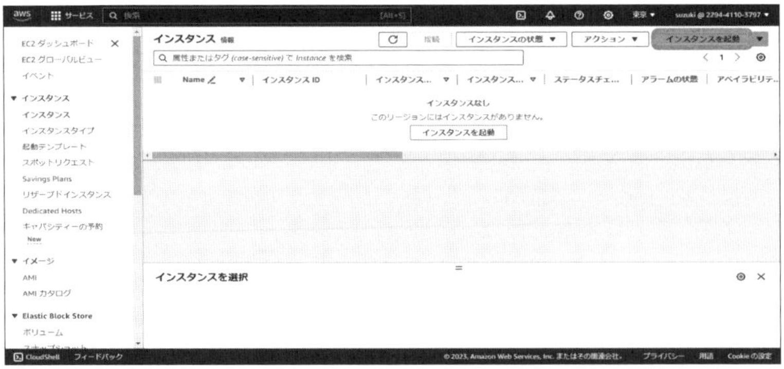

●図4-27 インスタンスを作成する

Step3 名前を入力する

名前を入力します。「WordPressWebServer」とします(**図4-28**)。

●**図4-28　名前を入力する**

Step4 AMIを選択する

AMIを選択します。[クリックスタート] のなかにある [Amazon Linux] をクリックします。

すると、Amazon Linuxの一覧が表示されるので、[Amazon Linux 2023 AMI] を選択します(**図4-29**)。

[アーキテクチャ] は、EC2インスタンスの種類に応じて選びます。ここではのちに [t2.micro] を選択します。このインスタンスは、「64ビット (x86)」のアーキテクチャなので、それを選択します。

TIPS

AMIの下に「無料使用枠の対象」と書かれているAMIは、無料枠の対象

TIPS

アーキテクチャに [64ビット (Arm)] を選択したときは、次のインスタンスタイプの選択で、t4gやm6gなどのARMプロセットのインスタンスファミリーしか選べない

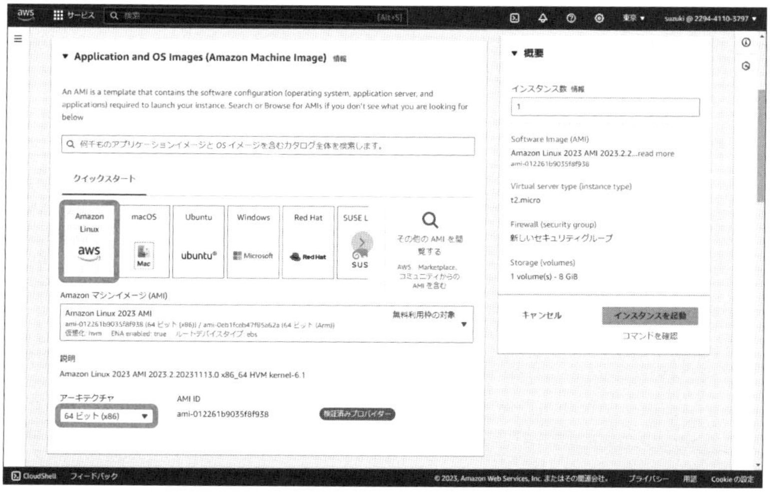

●**図4-29　Amazon Linux 2023 AMIを選択する**

Step5 インスタンスタイプを選択する

インスタンスタイプ選びます。ここでは、無料利用枠の対象である「t2.micro」を選択します（図4-30）。

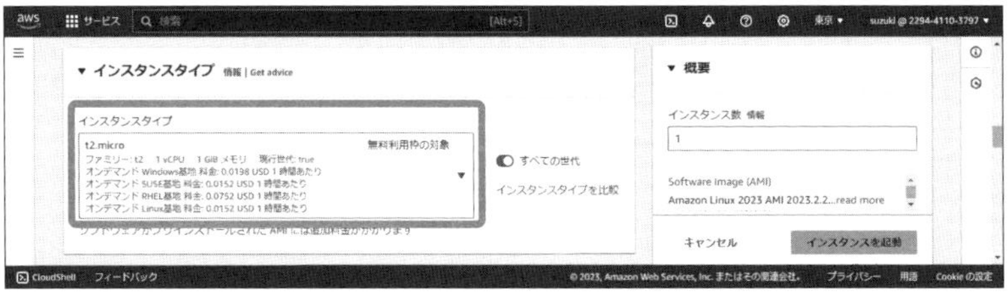

●図4-30　インスタンスタイプを選択する

Step6 キーペアの作成

このEC2インスタンスにログインするときの秘密鍵・公開鍵を設定します。この対となる組み合わせのことを「キーペア」と言います。

1台目のEC2インスタンスの場合、キーペアがまだありません。そこでキーペアを作成します。

キーペアを作成するには、［新しいキーペアの作成］をクリックします（図4-31）

> **TIPS**
> 本書ではEC2 Instance Connectでは、ここで選んだ鍵ではなく、都度、鍵が作られるため、［キーペアなしで続行］を選ぶことも可能。しかしEC2の利用時はSSH接続が現在でも一般的であるため、一連の手順に含めた

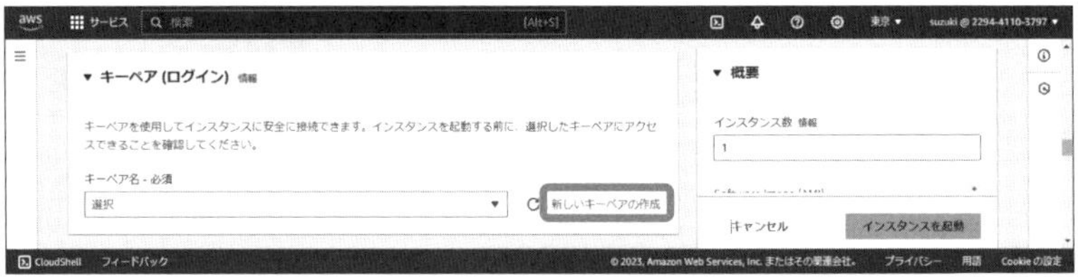

●図4-31　新しいキーペアを作成する

すると、キーペア名が尋ねられるので、任意のキーペア名を入力してください。ここでは「myserverkey」という名前にします。

［キーペアのタイプ］はデフォルトの［RSA］、プライベートキーファイル形式は［.pem］も同じくデフォルトの［.pem］とします。

上記を設定したら、［キーペアを作成］をクリックします（図4-32）。

> **TIPS**
> RSAは素因数分解の性質を用いた暗号化方法、ED25519はエドワード曲線を用いた暗号化方法。ED25519のほうが高速で安全性が高いことから、近年は、ED25519が使われることが多い。本書では、EC2インスタンスへの接続にEC2 Instance Connectを使うので、どちらを使ってもよい。SSHクライアントで接続する場合は、そのSSHクライアントが対応するものを選択する

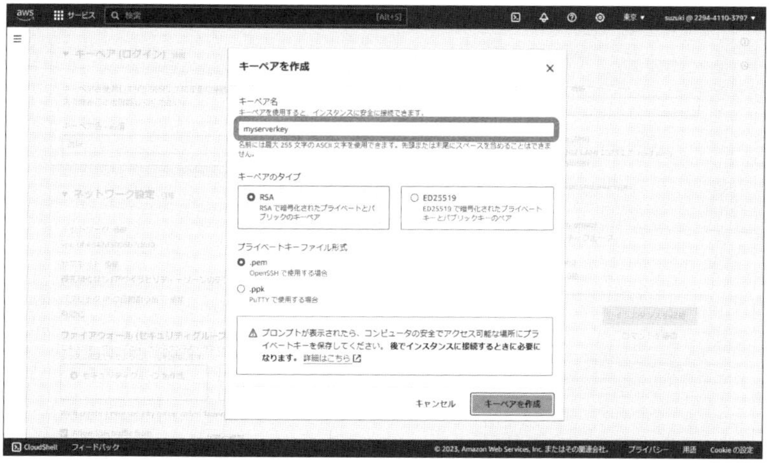

●図4-32　キーペアを作成

すると入力したキーペア名の後ろに拡張子「.pem」を付けた名前のファイル（つまり、この例の場合は「myserverkey.pem」）として、キーペアファイルをダウンロードできます。

ダウンロードしたキーペアファイルは、このEC2インスタンスにSSHでログインして作業するときに必要です（再生成の方法はありません）。このファイルが第三者に漏洩すると、その人がEC2インスタンスにログインして何か操作できてしまうので、ファイルが漏洩しないよう、取り扱いには注意してください。

ダウンロードが終わると、直前の画面に戻るので、キーペア（ログイン）のところで、いま作成した［myserverkey］を選択します（図4-33）。

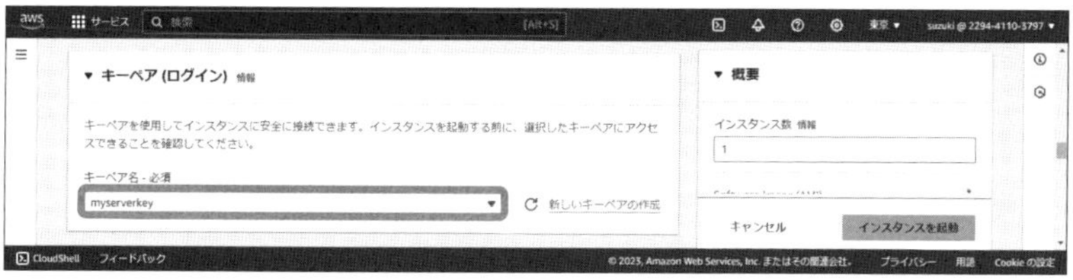

●図4-33　作成したキーペアを選択する

Step7 ネットワークを選択する

ネットワークを選択します。まずは、ネットワークの設定を変更できるようにするため、［編集］をクリックします（図4-34）。

TIPS

キーファイル形式は、利用するSSHクライアントが利用できるものを選択する。本書のようにEC2 Instance Connectで接続する場合は、どちらでもよい

TIPS

EC2 Instance Connectで接続する場合は、ここで作成した鍵ではなく、都度、作られる一時的な鍵が使われるため、本書の流れでは、この鍵ファイルは使わない。SSHで接続する場合に限って利用する

●図4-34　ネットワーク設定を編集する

編集画面では、次を設定します(**図4-35**)。

①ネットワーク

配置するVPCを選択します。「(デフォルト)」と書かれているものが、デフォルトのVPCなので、それを選択してください。名前は「vpc-XXXXXXXX」となっています。XXXXXXXXは利用者ごとに違うランダムな番号です。

②サブネット

配置するサブネットを選択します。本書では、1台しかEC2インスタンスを配置せず、どこに配置しても問題ないので、「指定なし」を選択します。すると、いずれかのサブネットに配置されます。

③パブリックIPの自動割り当て

インターネットから接続可能なパブリックIPを割り当てるかどうかの設定です。「有効化」にします。これで、配置したEC2インスタンスには、インターネットから接続可能なパブリックIPが割り当てられるようになります。

●図4-35　ネットワークの設定

④ファイアウォール（セキュリティグループ）の設定

セキュリティグループを設定します。デフォルトでは、SSHが通過するように構成されています。

さらにWebの通信であるHTTP、暗号化通信するときにも対応できるようHTTPSを通すように、セキュリティグループを設定します。

次のように操作してください。

> **TIPS**
> すでにセキュリティグループがあるとき（あらかじめ先にセキュリティグループだけを作ったときや、2台目以降のEC2インスタンスであり、1台目と同じセキュリティグループの設定を使う場合など）は、［既存のセキュリティグループを選択する］を選択して、セキュリティグループを選んで、それを使うように構成することもできる

（1）セキュリティグループを作成する

新しいセキュリティグループを作るため、［新しいセキュリティグループを作成］を選択してください。

（2）セキュリティグループ名と説明

デフォルトでは「launch-wizard-X」（Xは連番）という名前が付けられてわかりにくいので、わかりやすいセキュリティグループ名に変えます。ここでは、「my-webserver-sg」という名前にします。説明は、任意の英数字のコメントを入力できます。ここでは、「HTTP/HTTPS enable」としておきます（**図4-36**）。

●図4-36　セキュリティグループ名と説明の設定

(3) ルールの追加

HTTPとHTTPSを追加するための操作をします(**図4-37**)。

まずは[セキュリティグループルールを追加]ボタンをクリックします。すると、1行分追加されるので、[タイプ]で[HTTP]を選択し、[ソースタイプ]を[任意の場所]に選択します(**図4-38**)。

さらに[セキュリティグループルールを追加]ボタンをクリックします。すると、1行分追加されるので、[タイプ]で[HTTPS]を選択し、[ソースタイプ]を[任意の場所]に選択します(**図4-39**)。

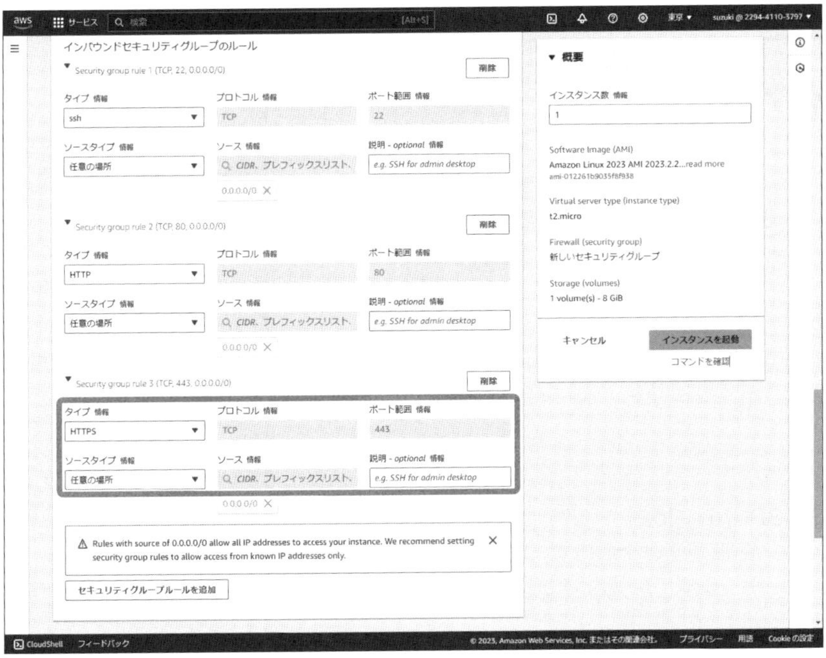

●図4-37　ルールの追加

> **TIPS**
>
> 画面に表示されている「Rules with source of 0.0.0.0/0 allow all IP …略」という警告は、接続元がどこからでも許可しているけれども問題ないかという確認。今回の構成では、どこからでも接続できて問題ないので、無視してよい

Step8 ストレージの追加

ディスクを構成します。デフォルトでは、8GBのSSDディスクが設定されます。今回は、デフォルトのままにしておきます（**図4-38**）。

●図4-38　ストレージの追加

COLUMN

ボリュームタイプ

［ボリュームタイプ］の欄では、ディスクの種類を選択できます。多くの場合は汎用SSD（gp2、gp3）を選びますが、求められるアクセス速度とコストの度合いによって決めるとよいでしょう。

・汎用SSD（gp2、gp3）

一般的なSSDです。gp2とgp3の違いは、提供される世代で、gp3のほうが新しいディスクです。gp3のほうが安価なので、とくに理由がなければ、gp3を選ぶとよいでしょう。

・プロビジョンドIOPS SSD（io1、io2）

汎用SSDに比べてアクセス速度が速いSSDです。IOPSと呼ばれるアクセス速度の基準が保証されます。保証したいIOPSは、その右欄で設定します。

・マグネティック（standard）

磁気ディスク（ハードディスク）です。速度が遅い代わりに安価です。

Step9 設定の確認と起動

右側の［概要］の部分に、これまでの設定が表示されるので、正しければ［インスタンスを起動］ボタンをクリックします（**図4-39**）。

●**図4-39　確認画面**

Step10 インスタンスの起動が開始した

インスタンスの起動が開始されます。使えるようになるには、数分かかります（図4-40）。

●図4-40　インスタンス起動の開始

4-5-4 インスタンスの情報を調べる

インスタンスの状態を調べるには、EC2ダッシュボードのメニューで[インスタンス]をクリックしてインスタンス一覧を表示します。

一覧には、いま作成したWordPressWebServerというインスタンスがあるはずです。「インスタンスの状態」が「実行中」になったら、このEC2インスタンスを使えます（図4-41）。EC2インスタンスをクリックしてチェックを付けると、そのEC2インスタンスに関するさまざまな情報が表示されます。

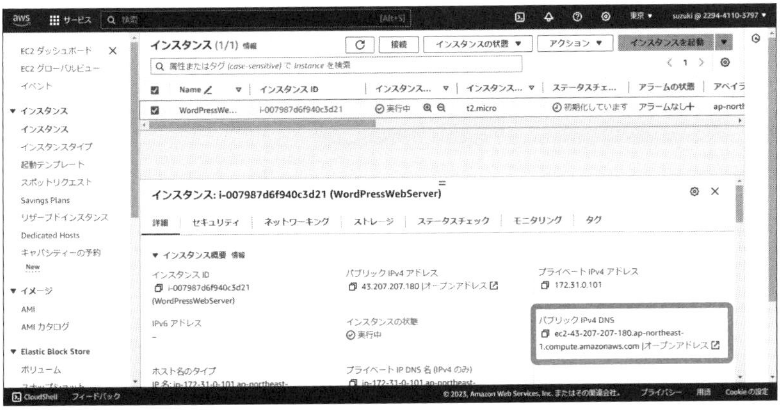

●図4-41　インスタンスの状態を確認する

4-5-5 IPアドレスとDNS名を確認する

さまざまな情報がありますが、確認しておきたい値は、次の2つです。

- パブリックIPv4 DNS
- パブリックIPv4アドレス

この値は、EC2インスタンスに割り当てられた、インターネットから接続可能なIPアドレスやDNS名です。EC2インスタンスに接続する場合には、このDNS名もしくはIPアドレスに接続するので、控えておいてください。なお、IPアドレスやDNS名は、「停止して起動する」と変わります（再起動したときは変わりません）。

COLUMN

EC2インスタンスの起動や停止をするには

EC2インスタンスの起動、停止、再起動の操作は、インスタンスをクリックして選択した状態にして、［インスタンスの状態］メニューから操作します（**図4-42**）。

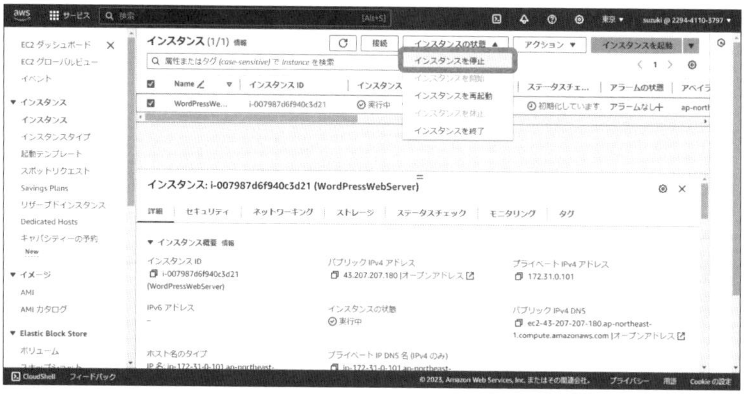

●**図4-42　起動、停止、再起動する**

4-6 EC2インスタンスにログインする

起動したEC2インスタンスに接続して操作していきましょう。Amazon Linux 2023をインストールしたEC2インスタンスにログインして、各種操作をしていきます。

4-6-1 EC2インスタンスにログインする方法

Amazon Linux 2023など、Linux系のOSをインストールしたEC2インスタンスに接続する場合は、SSHを使って接続するのが一般的です。macOSの場合は、標準のSSHクライアントソフト（sshコマンド。ターミナルなどから利用）を用いて接続できます。Windowsの場合は、「Tera Term」や「PuTTY」などのSSHクライアントソフトをインストールして使います。

それとは別の方法として、AWSマネジメントコンソールから、「EC2 Instance Connect」を使って接続することもできます。

EC2 Instance Connectを使うと、ブラウザからログインして、ブラウザから各種コマンドを入力することで、EC2インスタンスを操作できます。本書では、この方法を使います。

TIPS

EC2 Instance Connectは、SSHクライアントと同等の操作をブラウザで行うためのもの。EC2インスタンスはSSHで接続できる状態になっていなければならない。パブリックIPが割り当てられているインスタンスにしか接続できないが、EC2 Instance Connectエンドポイントを使うと、プライベートIPの環境でも接続できる

4-6-2 EC2 Instance Connectを使って接続する

EC2 Instance Connectを使って、EC2インスタンスに接続します。

手順 ➜ EC2インスタンスに接続する

Step1 接続画面を開く

インスタンス一覧から、接続したいEC2インスタンスにチェックを付けます。そして、[接続]をクリックします（図4-43）。

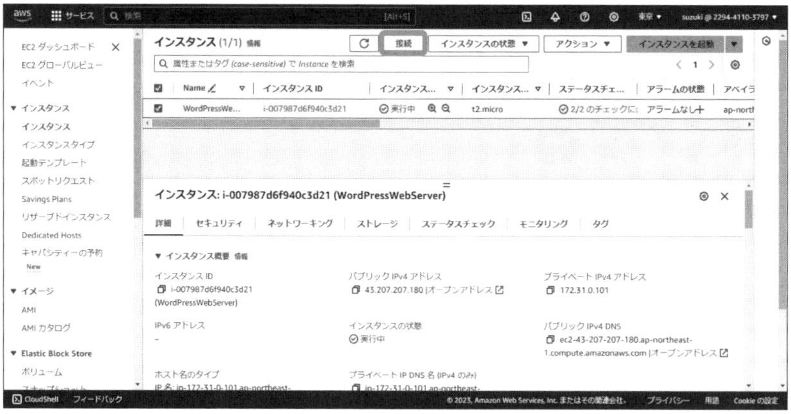

●図4-43 ［接続］をクリックする

Step2 EC2 Instance Connectで接続する

インスタンスに接続する画面が表示されます。［EC2 Instance Connect］タブをクリックし、［EC2 Instance Connectを使用して接続する］を選択します。

そして接続の際の、ユーザー名を設定します。ユーザー名は、EC2インスタンスの起動時に選んだAMIによって異なります。Amazon Linux 2023の場合は「ec2-user」です。上記を入力したら、［接続］をクリックします（図4-44）。

TIPS

EC2 Instance Connectで接続する場合は、認証鍵が都度作られるため、キーペアの選択肢はない

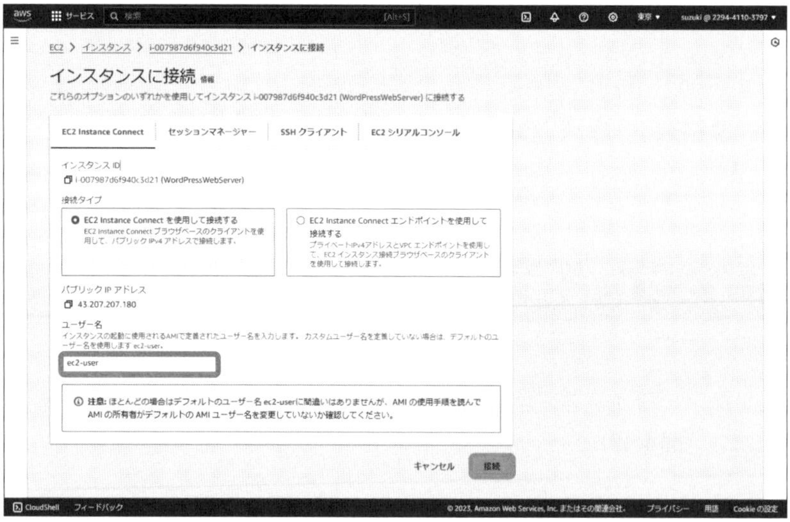

●図4-44 ユーザー名を入力して接続する

Step3 ログイン完了

ログインしてコンソール画面が表示されます。この画面で、コマンド入力して、EC2インスタンスを操作できます（図4-45）。

TIPS

EC2 Instance Connectでは、Ctrl＋CやCtrl＋Vによるコピペはできないが、マウスで範囲選択して右クリックし、［コピー］や［ペースト］の操作はできる

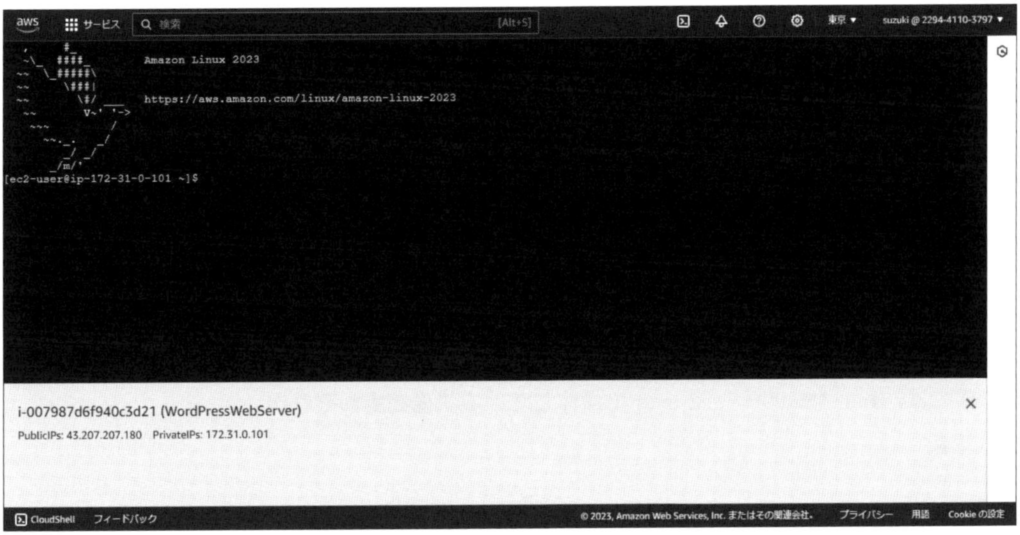

●図4-45　ログイン完了

4-6-3 コンソールでの操作とrootユーザーへの切り替え

ログインすると、次のようなコマンドプロンプトが表示され（図4-45）、任意のコマンドを入力して、EC2インスタンスを操作できます。なお、「@」よりも後ろは、プライベートIPアドレスなので、環境によって異なります。

TIPS
プライベートIPアドレスについてはP.177のコラム参照

```
[ec2-user@ip-172-31-0-101 ~]$
```

ログイン直後は、接続時に入力した「ec2-user」というユーザーでの操作となります。このユーザーには管理者権限がないため、ソフトウェアのインストールなどはできません。

そこでソフトウェアのインストールなど、管理者権限が必要な操作をするときは、管理者であるrootユーザーに切り替えて操作します。

rootユーザーに切り替えるには、次のように「sudo -i」コマンドを入力します。すると、rootユーザーに切り替わり、管理者として操作できるようになります。このときプロンプトは「#」に変わります。

TIPS
rootユーザー　Linuxにおいて、いかなる操作もできる管理者ユーザーのこと

```
[ec2-user@ip-172-31-0-101 ~]$ sudo -i
[root@ip-172-31-0-101 ~]#
```

ソフトウェアのインストールは基本的に、このrootの状態で操作します。rootの状態での操作を終えて、もう一度、ec2-userに戻るには、「exit」と入力

します。プロンプトが「$」に戻り、ec2-userユーザーでの操作となります。

```
[root@ip-172-31-0-101 ~]# exit
logout
[ec2-user@ip-172-31-0-101 ~]$
```

この状態でさらに「exit」と入力すると終了し、EC2 Instance Connect接続が切れます。接続が切れると、いかなる操作もできなくなるので、ブラウザの[×]ボタンで、タブを閉じてください。

以下の操作では、rootユーザー /ec2-userで操作している状態をそれぞれ次のように示します。

```
#
```

```
$
```

どちらの状態かによって、いま説明した「sudo -iコマンド」や「exitコマンド」で切り替えてください。

TIPS

本書は、Linuxを解説するのが目的ではないので、Linuxについての説明はこれ以降特にしません。AWS以外の操作をより詳しく知りたければ、必要に応じて、Linuxの書籍、nginxでWebサーバーを構築する書籍、MySQL（MariaDB）の書籍、WordPressの書籍などを、別途参照してください

COLUMN

sudoコマンド

sudoコマンドは、一時的に管理者権限でプログラムを実行するコマンドです。次のように使います。

```
$ sudo 実行したいコマンド
```

-iオプションを使うとrootユーザーに切り替えるコマンドとして動作します。本書では、rootユーザーに切り替えてインストールします。

```
$ sudo -i
```

```
# dnf install nginx
```

sudoの後に実行したいコマンドをそのまま入れれば切り替えなくても可能です。

```
$ sudo dnf install nginx
```

COLUMN

EC2インスタンスから見えるIPアドレスはプライベートIPアドレス

ログインすると、プロンプトは次のような表示です。

```
[ec2-user@ip-172-31-0-101 ~]$
```

この「172-31-0-101」は、このEC2インスタンスのプライベートIPアドレスです。

EC2インスタンスに割り当てられているのは、実は、このプライベートIPだけで、直接、パブリックIPアドレスが割り当てられていません。

パブリックIPは、インターネットと通信する際に経由するインターネットゲートウェイと呼ばれるNAT機能によって変換されています。こうした理由から、EC2インスタンス側で、割り当てられているパブリックIPアドレスを通常の方法で知ることはできません。割り当てられているパブリックIPアドレスを知りたいときは、EC2インスタンスの情報を取得できるインスタンスメタデータという機能を使います。たとえば下記のURLにEC2インスタンスからアクセスすると、実行中のEC2インスタンスに関する、さまざまな情報を取得できます。

```
http://169.254.169.254/latest/meta-data/
```

下記のURLでは、パブリックIPを取得できます。

```
http://169.254.169.254/latest/meta-data/public-ipv4
```

EC2インスタンスを利用するときは、自分にどんなパブリックIPアドレスが割り当てられているのかに依存しない設計にしてください。

パブリックIPアドレスは、変化する可能性があります。起動して停止して、次に起動すると別のIPアドレスになります。また、Elastic IP（第6章）を使うと、いま設定されているのとは別の固定のIPアドレスを指定できます。

対してプライベートIPアドレスは不変です。一度設定されたプライベートIPアドレスは、EC2インスタンスを破棄するまで変わりません。

TIPS

プライベートIPアドレスはサブネットに割り当てられたIPアドレスの先頭から割り当てられるため、この値は環境によって異なる

TIPS

インスタンスメタデータ　インスタンスに設定されているデータのこと。IPアドレスのほか、AWSマネジメントコンソールなどで設定したタグの値を参照することもできる

TIPS

インスタンスメタデータを取得するときは自分のPCからではなく、EC2インスタンスからアクセスする

TIPS

そして気にするのなら、上記のインスタンスメタデータの機能を使って取得する

TIPS

EC2インスタンスを破棄するまでというのは、より正確には、EC2インスタンスに割り当てられているネットワークインターフェイスを破棄するまで

4-7 nginxのインストール

rootユーザーで操作できるようになったら、nginxなどの必要なソフトウェアをインストールしましょう。まずは、nginxから始めます。

4-7-1 nginxをインストールする

Amazon Linux 2023は、FedoraをベースとしたOSです。Fedora系のOSでは、ソフトウェアをインストールするのに「dnf」コマンドを使います。次のように入力・実行すると、ソフトウェアをインストールできます。

TIPS
Amazon Linux 2などではyumというソフトウェア（パッケージ）管理コマンドが使われていた

```
# dnf install ソフト名
```

TIPS
示している行頭の「#」は、rootユーザーで操作することを示すプロンプト。実際に入力するのは「dnf install ソフト名」の部分

nginxのソフト名は「nginx」です。そこで次のように入力すると、nginxをインストールできます。

```
# dnf install nginx
```

実際に入力すると、検索とダウンロードが始まり、「Is this ok [y/d/N]」のように、本当にインストールしてよいかが尋ねられます。ここで「y」と入力すると、インストールできます。

TIPS
最新版がダウンロードされるので、この画面とは細かい部分が違うこともある

```
[root@ip-172-31-0-101 ~]# dnf install nginx
Last metadata expiration check: 2:04:01 ago on Thu Nov 30 09:06:05 2023.
Dependencies resolved.
==============================================================================================================
 Package                    Architecture      Version                          Repository            Size
==============================================================================================================
Installing:
 nginx                      x86_64            1:1.24.0-1.amzn2023.0.2          amazonlinux           32 k
Installing dependencies:
 generic-logos-httpd        noarch            18.0.0-12.amzn2023.0.3           amazonlinux           19 k
 gperftools-libs            x86_64            2.9.1-1.amzn2023.0.3             amazonlinux          308 k
 libunwind                  x86_64            1.4.0-5.amzn2023.0.2             amazonlinux           66 k
 nginx-core                 x86_64            1:1.24.0-1.amzn2023.0.2          amazonlinux          586 k
 nginx-filesystem           noarch            1:1.24.0-1.amzn2023.0.2          amazonlinux          9.1 k
 nginx-mimetypes            noarch            2.1.49-3.amzn2023.0.3            amazonlinux           21 k

Transaction Summary
```

```
================================================================================
Install  7 Packages

Total download size: 1.0 M
Installed size: 3.4 M
Is this ok [y/N]: y
Downloading Packages:
(1/7): libunwind-1.4.0-5.amzn2023.0.2.x86_64.rpm                712 kB/s |  66 kB     00:00
(2/7): nginx-core-1.24.0-1.amzn2023.0.2.x86_64.rpm              5.2 MB/s | 586 kB     00:00
(3/7): nginx-1.24.0-1.amzn2023.0.2.x86_64.rpm                   833 kB/s |  32 kB     00:00
(4/7): generic-logos-httpd-18.0.0-12.amzn2023.0.3.noarch.rpm    760 kB/s |  19 kB     00:00
(5/7): gperftools-libs-2.9.1-1.amzn2023.0.3.x86_64.rpm          2.1 MB/s | 308 kB     00:00
(6/7): nginx-filesystem-1.24.0-1.amzn2023.0.2.noarch.rpm        547 kB/s | 9.1 kB     00:00
(7/7): nginx-mimetypes-2.1.49-3.amzn2023.0.3.noarch.rpm         594 kB/s |  21 kB     00:00
--------------------------------------------------------------------------------
Total                                                           4.4 MB/s | 1.0 MB     00:00
Running transaction check
Transaction check succeeded.
Running transaction test
Transaction test succeeded.
Running transaction
  Preparing        :                                                            1/1
  Running scriptlet: nginx-filesystem-1:1.24.0-1.amzn2023.0.2.noarch            1/7
  Installing       : nginx-filesystem-1:1.24.0-1.amzn2023.0.2.noarch            1/7
  Installing       : nginx-mimetypes-2.1.49-3.amzn2023.0.3.noarch               2/7
  Installing       : generic-logos-httpd-18.0.0-12.amzn2023.0.3.noarch          3/7
  Installing       : libunwind-1.4.0-5.amzn2023.0.2.x86_64                      4/7
  Installing       : gperftools-libs-2.9.1-1.amzn2023.0.3.x86_64                5/7
  Installing       : nginx-core-1:1.24.0-1.amzn2023.0.2.x86_64                  6/7
  Installing       : nginx-1:1.24.0-1.amzn2023.0.2.x86_64                       7/7
  Running scriptlet: nginx-1:1.24.0-1.amzn2023.0.2.x86_64                       7/7
  Verifying        : gperftools-libs-2.9.1-1.amzn2023.0.3.x86_64                1/7
  Verifying        : nginx-core-1:1.24.0-1.amzn2023.0.2.x86_64                  2/7
  Verifying        : libunwind-1.4.0-5.amzn2023.0.2.x86_64                      3/7
  Verifying        : nginx-1:1.24.0-1.amzn2023.0.2.x86_64                       4/7
  Verifying        : generic-logos-httpd-18.0.0-12.amzn2023.0.3.noarch          5/7
  Verifying        : nginx-mimetypes-2.1.49-3.amzn2023.0.3.noarch               6/7
  Verifying        : nginx-filesystem-1:1.24.0-1.amzn2023.0.2.noarch            7/7

Installed:
  generic-logos-httpd-18.0.0-12.amzn2023.0.3.noarch      gperftools-libs-2.9.1-1.amzn2023.0.3.x86_64
  libunwind-1.4.0-5.amzn2023.0.2.x86_64                  nginx-1:1.24.0-1.amzn2023.0.2.x86_64
  nginx-core-1:1.24.0-1.amzn2023.0.2.x86_64              nginx-filesystem-1:1.24.0-1.amzn2023.0.2.noarch
  nginx-mimetypes-2.1.49-3.amzn2023.0.3.noarch

Complete!
```

COLUMN

確認を省略する

「dnf install ソフト名」と入力したときは、「Is this ok [y/d/N]」のように尋ねられますが、「dnf install -y ソフト名」と入力すると、この表示をやめて、自動的に「y」と入力したことにできます。

4-7-2 nginxの起動

インストールしたら起動しましょう。Amazon Linux 2023では、次のようにsystemctlコマンドを入力すると、そのソフトウェアを起動できます。

```
# systemctl start ソフトウェア名
```

nginxの場合、次のようにすれば起動できます。

```
# systemctl start nginx
```

本当に起動しているかどうかは、systemctlコマンドに「status」を指定するとわかります。「active(running)」と表示されていれば稼働しています。なおMain PIDなどに表示されている番号はプロセスIDなので、環境によって異なる値です。実行後は、キー入力待ちになります。q キーを押すと終了します。

TIPS

プロセスID　実行されているプログラムを区別するために割り当てられる番号。実行順に決まるので環境によって、どの番号が割り当てられるのかが異なる

```
# systemctl status nginx
● nginx.service - The nginx HTTP and reverse proxy server
     Loaded: loaded (/usr/lib/systemd/system/nginx.service; disabled; preset: disabled)
     Active: active (running) since Thu 2023-11-30 11:53:01 UTC; 7s ago
    Process: 30619 ExecStartPre=/usr/bin/rm -f /run/nginx.pid (code=exited, status=0/SUCCESS)
    Process: 30620 ExecStartPre=/usr/sbin/nginx -t (code=exited, status=0/SUCCESS)
    Process: 30621 ExecStart=/usr/sbin/nginx (code=exited, status=0/SUCCESS)
   Main PID: 30622 (nginx)
      Tasks: 2 (limit: 1114)
     Memory: 2.2M
        CPU: 59ms
```

```
     CGroup: /system.slice/nginx.service
             ├─30622 "nginx: master process /usr/sbin/nginx"
             └─30623 "nginx: worker process"

Nov 30 11:53:01 ip-172-31-0-101.ap-northeast-1.compute.internal systemd[1]:
Starting nginx.service - The nginx HTTP and reverse proxy server...
Nov 30 11:53:01 ip-172-31-0-101.ap-northeast-1.compute.internal
nginx[30620]: nginx: the configuration file /etc/nginx/nginx.conf syntax is
ok
Nov 30 11:53:01 ip-172-31-0-101.ap-northeast-1.compute.internal
nginx[30620]: nginx: configuration file /etc/nginx/nginx.conf test is
successf>
Nov 30 11:53:01 ip-172-31-0-101.ap-northeast-1.compute.internal systemd[1]:
Started nginx.service - The nginx HTTP and reverse proxy server.
```

4-7-3 ブラウザで確認する

これでnginxが動き、Webサーバーとして機能しはじめたはずです。ブラウザから、パブリックIPアドレスを入力してアクセスしてみましょう。テストページが表示されるはずです（**図4-46**）。

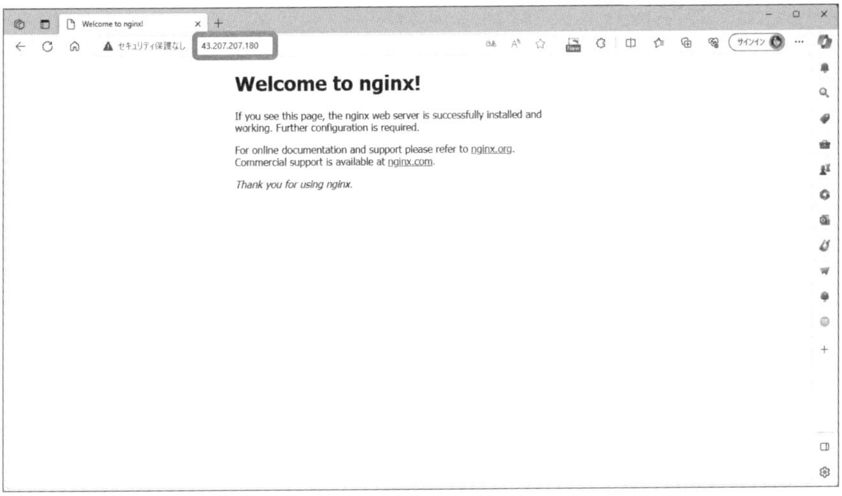
Welcome to nginx!
セキュリティ保護なし
43.207.207.180
サインイン
Welcome to nginx!
If you see this page, the nginx web server is successfully installed and working. Further configuration is required.
For online documentation and support please refer to nginx.org.
Commercial support is available at nginx.com.
Thank you for using nginx.

●図4-46　テストページが表示された

4-7-4 Webサーバー機能の完成

この状態で、EC2インスタンスはWebサーバーとして動いています。デフォルトでは、/usr/share/nginx/htmlというディレクトリ（これをドキュメントルートと言います）の中身をユーザーに返して（表示できるよう渡して）います。

たとえば、/usr/share/nginx/htmlというファイルを置けば、ユーザーが「http://パブリックIP/index.html」（もしくはindex.htmlを省略して「http://パブリックIP/」）とアクセスしたときに、それがトップページとして見えるようになります。

以下、PHPをインストールしたり、WordPressをインストールしていきますが、単純なWebサーバーだけという意味では、ここで完成です。つまり、第3章で作った、S3を使ったWebサーバーと同等のことが、この段階でできるようになったということになります。

TIPS

nginxの設定ファイルは、/etc/nginx/nginx.conf。この設定ファイルに、ドキュメントルートを/usr/share/nginx/htmlにする設定がある

4-8 PHPのインストール

インストール作業を、さらに進めていきましょう。WordPressを動かす準備として、PHPとライブラリをインストールします。

4-8-1 PHPをインストールする

PHPをインストールします。dnfでインストールします。

```
# dnf install php
…略…
Is this ok [y/N]: y
…略…
Complete!
```

4-8-2 WordPressに必要なライブラリのインストール

WordPressの動作に必要なライブラリをインストールします。必須のものとオプションのものがあります。同じくdnfでインストールします。

TIPS
ここで記載しているもの以外にも、WordPressで利用する拡張モジュールによっては、さらに別のライブラリが必要になることがある

①php-mysqli

PHPからMySQL（MariaDB）に接続するためのライブラリです。必須です。

②php-mbstring

PHPで日本語などの多バイト文字を扱うためのライブラリです。必須ではありませんが、インストールしていないと文字化けすることがあります。

③php-gd

画像を扱うためのライブラリです。必須ではありませんが、インストールしていないと画像のアップロードなどの機能に支障を来します。

ひとつずつdnfコマンドを実行することもできますが、「dnf install ソフト名 ソフト名 …」のように、空白で区切るとまとめて入れることもできるので、ここでは、その指定を使いましょう。次のように入力してください。

```
# dnf install php-mysqli php-mbstring php-gd
…略…
Is this ok [y/N]: y
…略…
Complete!
```

以上で、必要なライブラリをインストールできました。

4-8-3 nginxの再起動

PHPを有効にするため、nginxを再起動します。

```
# systemctl restart nginx
```

COLUMN

PHPがインストールされたかどうかを確認するには

PHPがインストールされたか、もし、確認したいのなら、/usr/share/nginx/htmlディレクトリに、phpファイルを置く方法があります。

【test.php】

```
<?php
phpinfo();
```

そしてWebブラウザから「http://パブリックIP/test.php」にアクセスすると**図4-47**のようにPHPの環境情報が表示されます。このような実行結果が表示されれば、PHPのインストールは完了しています。

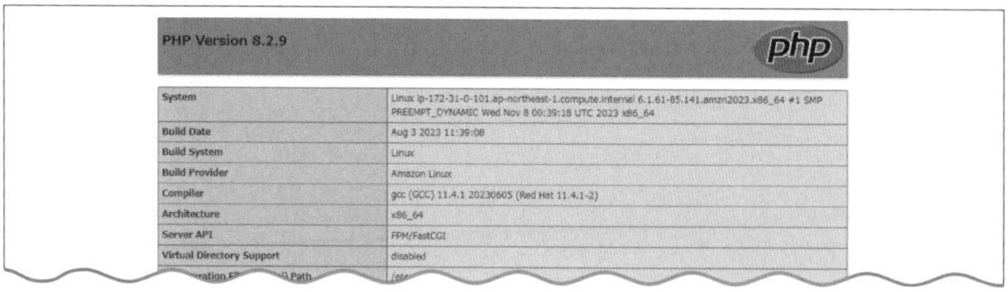

●**図4-47　PHPのインストールの確認**

4-8-4 nginxとphp-fpm

nginxとPHPを組み合わせて利用する場合、nginxとは別に「php-fpm」と呼ばれるプログラムが起動し、それと連携して実行されます。

「dnf install php」を実行したときに、php-fpmはサービス（デーモン）としてインストールされ、起動しています。nginxとphp-fpmの関係を図示すると、次のようになります（**図4-48**）。

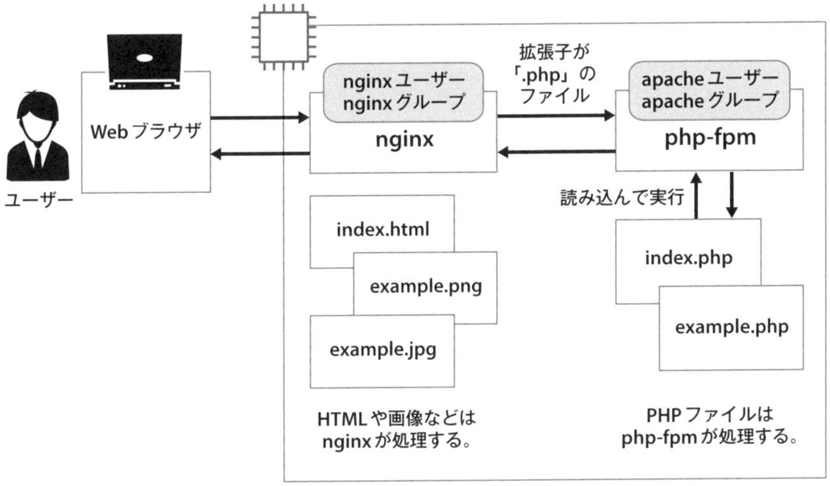

●図4-48　nginxとphp-fpmの関係

ここで注意したいのが、実行ユーザーや実行グループです。

nginxは、nginxユーザー/nginxグループで実行されています。それに対してphp-fpmは、（Apacheをインストールしているわけではありませんが）apacheユーザー/apacheグループで実行されます。

このあと、WordPressをインストールする行程において、ファイルの所有者を変更していきますが、そこでは、この図に記したapacheユーザー/apacheグループが登場します。

4-9 MariaDBのインストール

ブログ記事の保存先として使うデータベースとなるMariaDBをインストールします。これもdnfコマンドでインストールできます。

4-9-1 MariaDBをインストールする

Amazon Linux 2023では、MySQLに相当するデータベースとして、MariaDBという派生データベースが採用されています。そのため、MySQLではなく、このMariaDBを使います。インストールするには、次のコマンドを入力します。「mariadb105-server」の「105」は、バージョン番号です。

```
# dnf install mariadb105-server
…略…
Is this ok [y/N]: y
…略…
Complete!
```

COLUMN

MySQLとMariaDB

MariaDBは、MySQLの開発者の一部がスピンアウトして新たに作り始めたMySQL（一部）互換のデータベースです。もともとMySQLはオープンソースなので、基本的な機能やコマンドなどはおおよそ同じです。ライセンスの違いなどから、最新のLinuxディストリビューションでは、MySQLの代わりにMariaDBが採用されることが多くなってきています。

4-9-2 MariaDBの起動と初期設定

インストールしたら、MariaDBを起動して初期設定をします。次のコマンドを実行すると、データベースが初期化され、MariaDBが起動します。

```
# systemctl start mariadb
```

4-9-3 mysqlコマンドを使ってデータベースを操作する

MariaDBを操作するには、mysqlコマンドを使います。mysqlコマンドは、上記の手順でMariaDBをインストールすれば、自動的にインストールされます。次のコマンドを入力すると、MariaDBを操作できるプロンプトが表示されます。

TIPS
MariaDBなのにmysqlコマンドを使うのは変な気もするが、歴史的な経緯などでこうなっている

```
# mysql -u ユーザー名 -p
```

初期状態では「root」ユーザーしかないので、これでログインします。

```
# mysql -u root -p
```

するとパスワードが尋ねられます。ただし、パスワードは設定されていないので、そのまま Enter キーを押してください。すると、「MariaDB [(none)]>」というプロンプトが表示され、ここにコマンドを入力して操作できるようになります。

```
# mysql -u root -p
Enter password:
Welcome to the MariaDB monitor.  Commands end with ; or ¥g.
Your MariaDB connection id is 3
Server version: 10.5.20-MariaDB MariaDB Server

Copyright (c) 2000, 2018, Oracle, MariaDB Corporation Ab and others.

Type 'help;' or '¥h' for help. Type '¥c' to clear the current input
statement.

MariaDB [(none)]> ★ここにコマンドを入力できる★
```

4-9-4 rootパスワードを変更する

TIPS
ここで変更しているのは、MariaDBの管理者パスワードであり、Linuxの管理者パスワードではない。どちらも管理者はrootという同じ名前だが、別のもの

セキュリティのため、MariaDBデータベースの管理ユーザーに相当するrootパスワードを変更しておきます。次のコマンドを入力すると、パスワードを変更できます。

```
ALTER USER 'root'@'localhost' IDENTIFIED BY '新しいパスワード';
```

mydbpasswordというパスワードに変更するには、次のように入力します。

実際はある程度複雑なものを考えて設定してください。

```
MariaDB [(none)]> ALTER USER 'root'@'localhost' IDENTIFIED BY
'mydbpassword';
Query OK, 0 rows affected (0.00 sec)
```

4-9-5 データベースとユーザーを作成する

MariaDB（ならびにMySQL。以下同じ）では、データを「データベース」という単位で管理します。何かデータを保存するためには、MariaDBを利用するソフトウェアごとに「データベース」という枠組みを作り、そこに、アクセスするユーザーとパスワードを設定します。

WordPressが利用できるようにするためのデータベースを作成しましょう。ここでは**表4-4**に示す設定内容でデータベースを作成することにします。

●表4-4 WordPress用に作るデータベースの設定内容

設定値	値	意味
ユーザー名	wordpress	接続のときのユーザー名
パスワード	mypassword	接続のときのパスワード
データベース名	wordpressdb	データベースの名称

手順 データベースを作成する

Step1 ユーザーを作成する

「wordpress」というユーザーを「mypassword」というパスワードで作成します。

```
MariaDB [(none)]> create user 'wordpress'@'localhost' IDENTIFIED BY
'mypassword';
Query OK, 0 rows affected (0.00 sec)
```

Step2 データベースを作成する

データベースを作成します。ここではwordpressdbという名前で作成します。

```
MariaDB [(none)]> create database wordpressdb;
Query OK, 1 row affected (0.00 sec)
```

Step3 権限を設定する

次に、Step1のユーザーに対して、Step2のデータベースの全権限を与えます。

```
MariaDB [(none)]> grant all privileges on wordpressdb.* to
'wordpress'@'localhost';
FLUSH PRIVILEGES;
Query OK, 0 rows affected (0.00 sec)
Query OK, 0 rows affected (0.00 sec)
```

設定完了です。show databasesコマンドを入力したとき、「wordpressdb」というデータベースがあるかを確認します。

```
MariaDB [(none)]> show databases;
+--------------------+
¦ Database           ¦
+--------------------+
¦ information_schema ¦
¦ mysql              ¦
¦ performance_schema ¦
¦ wordpressdb        ¦   ★★　これがあることを確認★★
+--------------------+
4 rows in set (0.00 sec)
```

確認を終えたら「exit」と入力すると終了できます。

```
MariaDB [(none)]> exit
Bye
```

4-10 WordPressをインストールして設定する

これでようやく、LEMPシステムが構築でき、WordPressを利用するまでの下準備ができました。最後に、WordPressをインストール・設定しましょう。

4-10-1 WordPressをダウンロードしてインストールする

WordPressをダウンロードしてインストールします。これはdnfコマンドでインストールすることはできません。ダウンロードして展開し、それをnginxから見えるディレクトリに移動するという方法をとります。

手順 WordPressをダウンロードしてインストールする

Step1 作業用のディレクトリを作る

EC2インスタンス上で、適当な作業用のディレクトリを作ります。ここでは、wordpressというディレクトリを/homeディレクトリ以下に作ります。

TIPS
インストールを開始したら途中で終了せず、最後まで操作してください

```
# mkdir /home/wordpress
# cd /home/wordpress
```

Step2 ダウンロードする

Step1のディレクトリにWordPressをダウンロードします。次のようにwgetコマンドを入力すると、最新版をダウンロードできます（図4-51）。

```
# wget https://wordpress.org/latest.tar.gz
--2023-11-30--  https://wordpress.org/latest.tar.gz
Resolving wordpress.org (wordpress.org)... 198.143.164.252
Connecting to wordpress.org (wordpress.org)¦198.143.164.252¦:443...
connected.
HTTP request sent, awaiting response... 200 OK
Length: 24479162 (23M) [application/octet-stream]
Saving to:  'latest.tar.gz'

100%[=======================================>]  23.34M  7.41MB/s    in 3.5s

2023-11-30 13:45:58 (6.75 MB/s) -  'latest.tar.gz'  saved [24479162/24479162]
```

Step3 展開する

ダウンロードしたファイルを展開します。wordpressディレクトリができます。

```
# tar xzvf latest.tar.gz
wordpress/
wordpress/xmlrpc.php
wordpress/wp-blog-header.php
・・・略・・・
```

Step4 nginxから見える場所に移動する

nginxから取り扱える場所にファイルとディレクトリを移動します。次のコマンドを入力して、wordpressディレクトリの中身をすべて、/usr/share/nginx/htmlディレクトリ下に移動します。

```
# mv wordpress/* /usr/share/nginx/html
```

Step5 apacheユーザーに、/usr/share/nginx/htmlディレクトリ書き込み権限を与える

apacheユーザーに、/usr/share/nginx/htmlディレクトリ書き込み権限を与えます。「-R」は、そのディレクトリの下のディレクトリも含めてすべてに適用するという意味です。

```
# chown apache.apache -R /usr/share/nginx/html
# chmod +w -R /usr/share/nginx/html
```

TIPS

書き込み権限を与えるのには、2つの意味がある。ひとつは、初期設定したときの設定情報を保存するため。もうひとつは、WordPressの管理画面からプラグインのインストールやWordPressの更新作業をできるようにするため。書き込み権限を与えることは、セキュリティ上、議論の余地がある。なぜなら、悪意ある第三者が管理者パスワードを奪取すれば、さまざまなWordPressのファイルを変更できてしまう可能性もあるからである。しかし書き込みを禁止すると、WordPressの管理画面からのプラグインのインストールや更新の操作ができなくなってしまうので、セキュリティの危険性については目をつむる運用が多い

Step6 インストールページに移動する

ブラウザで「http://パブリックIP/wp-admin/install.php」を開きます。インストールページが表示されます。言語が尋ねられるので、[日本語]を選択して[次へ]をクリックします(**図4-48**)。ウェルカムページが表示されたら、[Let's go!(日本語で「さあ、始めましょう!」のように表示されることもあります)]をクリックします(**図4-49**)。

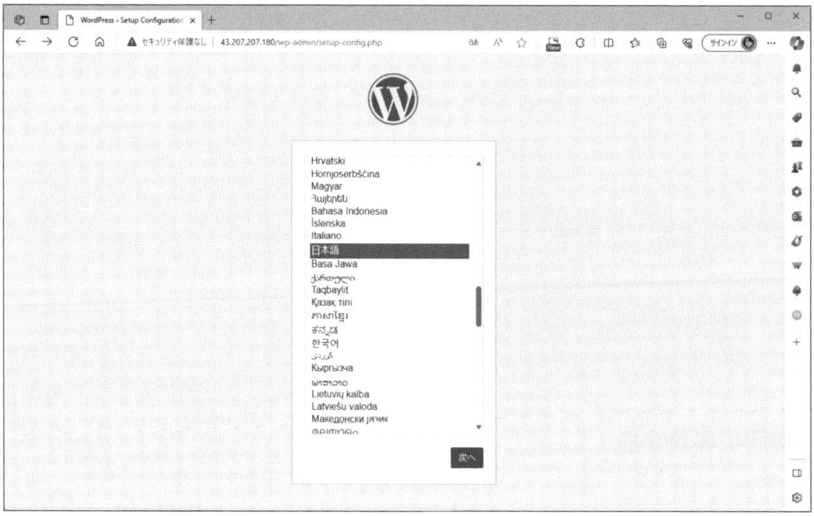
WordPress › Setup Configuration
セキュリティ保護なし
43.207.207.180/wp-admin/setup-config.php
サインイン
Hrvatski
Hornjoserbšćina
Magyar
Bahasa Indonesia
Íslenska
Italiano
日本語
Basa Jawa
Taqbaylit
Қазақ тілі
한국어
Кыргызча
Lietuvių kalba
Latviešu valoda
Македонски јазик
次へ

●図4-48　言語の選択

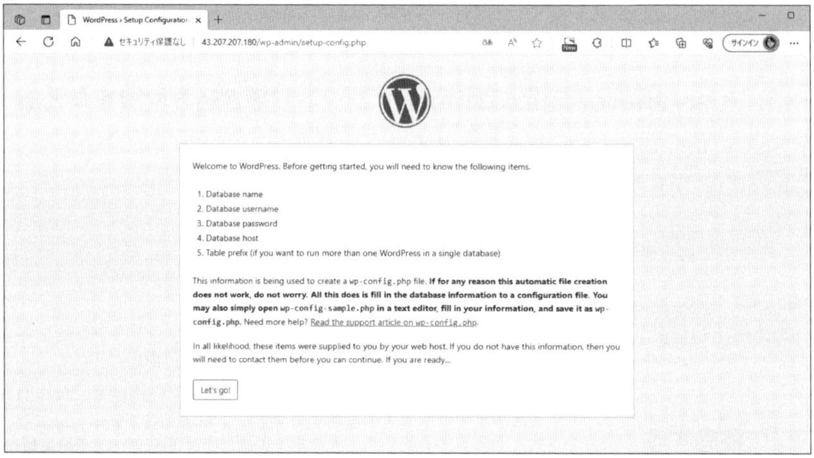
WordPress › Setup Configuration
セキュリティ保護なし
43.207.207.180/wp-admin/setup-config.php
サインイン
Welcome to WordPress. Before getting started, you will need to know the following items.
1. Database name
2. Database username
3. Database password
4. Database host
5. Table prefix (if you want to run more than one WordPress in a single database)
This information is being used to create a wp-config.php file. If for any reason this automatic file creation does not work, do not worry. All this does is fill in the database information to a configuration file. You may also simply open wp-config-sample.php in a text editor, fill in your information, and save it as wp-config.php. Need more help? Read the support article on wp-config.php.
In all likelihood, these items were supplied to you by your web host. If you do not have this information, then you will need to contact them before you can continue. If you are ready...
Let's go!

●図4-49　インストールの開始

Step7　データベース名などを入力

データベース名などを入力します（**図4-50**）。本書の通りにMariaDBを設定してきた場合、設定内容は、**表4-5**の通りです。

●表4-5　データベース名などの設定

設定名	設定値	意味
データベース名	wordpressdb	データベース名。MariaDBにあらかじめ作っておいたデータベースの名前
ユーザー名	wordpress	データベースに接続するときのユーザー名。あらかじめ作っておいたもの
パスワード	mypassword	上記ユーザーに対するパスワード
データベースのホスト名	localhost	接続先のデータベース。自分と同じEC2インスタンスで動作しているMariaDBに接続する場合は「localhost」と入力する。他のEC2インスタンスなどで動いている場合は、そのデータベースが稼働しているIPアドレスやホスト名を入力する（詳細は第5章で説明する）
テーブル接頭辞	wp_	データベースに作成するテーブル（実際にデータを保存するところ）の名称の先頭に付ける文字。ふつうはデフォルトの「wp_」のままでよい。同じデータベースを複数のWordPressで共有するときは、片方を「wp_」、もう片方を「wp2_」のなどのようにして、互いのデータが混じらないようにする目的で使う

以下にデータベース接続のための詳細を入力してください。これらのデータについて分からない点があれば、ホストに連絡を取ってください。
データベース名
wordpressdb
WordPress で使用したいデータベース名。
ユーザー名
wordpress
データベースのユーザー名。
パスワード
表示
データベースのパスワード。
データベースのホスト名
localhost
localhost が動作しない場合には Web ホストからこの情報を取得することができます。
テーブル接頭辞
wp_
ひとつのデータベースに複数の WordPress をインストールしたい場合、これを変えてください。
送信

●図4-50　データベース名などを設定する

Step8 設定の完了

初期設定が完了しました。[インストール実行]をクリックして、インストールを開始してください(**図4-51**)。

この部分のインストールは無事完了しました。WordPress は現在データベースと通信できる状態にあります。準備ができているなら…
インストール実行

●図4-51　設定の完了。インストールに進む

Step9 WordPressの初期設定

WordPressの初期設定が始まります。ここから先は、WordPressの話です。不明な点はWordPressのドキュメントを参照してください。

ブログのタイトルやユーザー名、パスワード、メールアドレスなどを入力します(**図4-52**)。入力を終えたら[WordPressをインストール]ボタンをクリックします。ユーザー名とパスワードは、WordPressを操作するときに必要となる情報です。忘れないように控えておいてください。

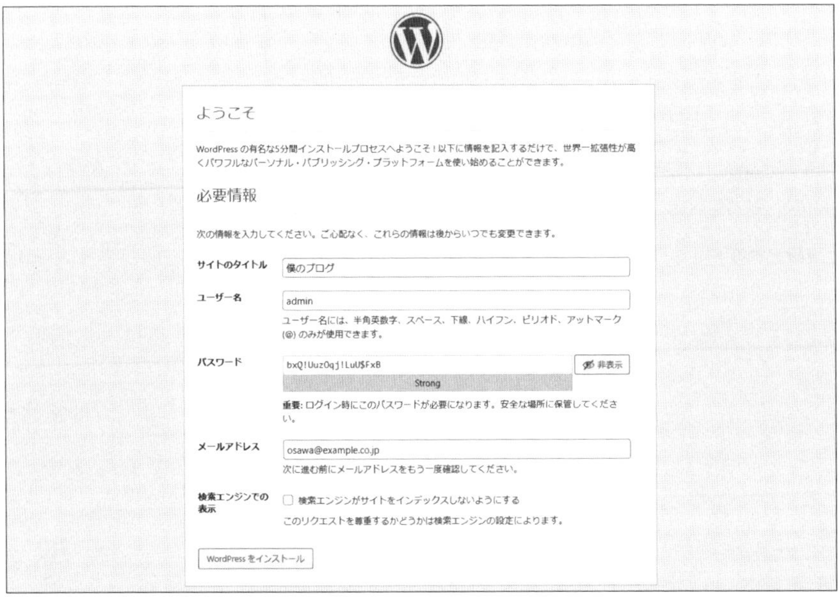
ようこそ
WordPress の有名な5分間インストールプロセスへようこそ！以下に情報を記入するだけで、世界一拡張性が高くパワフルなパーソナル・パブリッシング・プラットフォームを使い始めることができます。
必要情報
次の情報を入力してください。ご心配なく、これらの情報は後からいつでも変更できます。
サイトのタイトル
僕のブログ
ユーザー名
admin
ユーザー名には、半角英数字、スペース、下線、ハイフン、ピリオド、アットマーク (@) のみが使用できます。
パスワード
bxQ!UuzOqj!LuU$FxB
非表示
Strong
重要: ログイン時にこのパスワードが必要になります。安全な場所に保管してください。
メールアドレス
osawa@example.co.jp
次に進む前にメールアドレスをもう一度確認してください。
検索エンジンでの表示
検索エンジンがサイトをインデックスしないようにする
このリクエストを尊重するかどうかは検索エンジンの設定によります。
WordPress をインストール

●図4-52　WordPressの初期設定をする

TIPS
パスワードが単純だと悪意のある攻撃者に突破されてしまう可能性がある。複雑で相応の長さのあるものにする

Step10 インストール完了

インストール完了しました(**図4-53**)。[ログイン]ボタンをクリックします。

●**図4-53　インストールの完了**

Step11 ログイン

ログインページが表示されるので、ログインしてください。入力すべきユーザー名とパスワードは、Step9で設定したものです(**図4-54**)。

●**図4-54　ログインする**

Step12 ログインできた

管理者ページが表示され、WordPressの記事を書かけるようになりました(**図4-55**)。

TIPS

この管理ページをあとから開きたいときは「http:// パブリックIP/wp-admin/」にアクセス

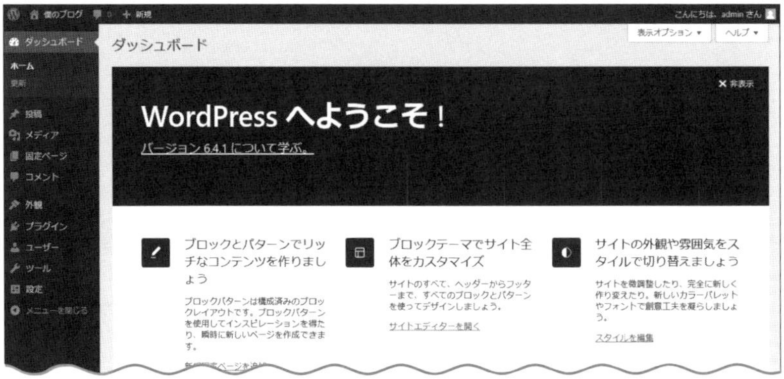

●図4-55　WordPressの管理者メニュー

4-10-2　WordPressの完成

以上でWordPressが動くサーバーが完成しました。

この段階で、WordPressは動いており、http://パブリックIP/にブラウザでアクセスすると、作成されたブログが表示されます（図4-56）。最初は記事がありませんが、管理ページで記事を投稿すれば、その記事が表示されていきます。

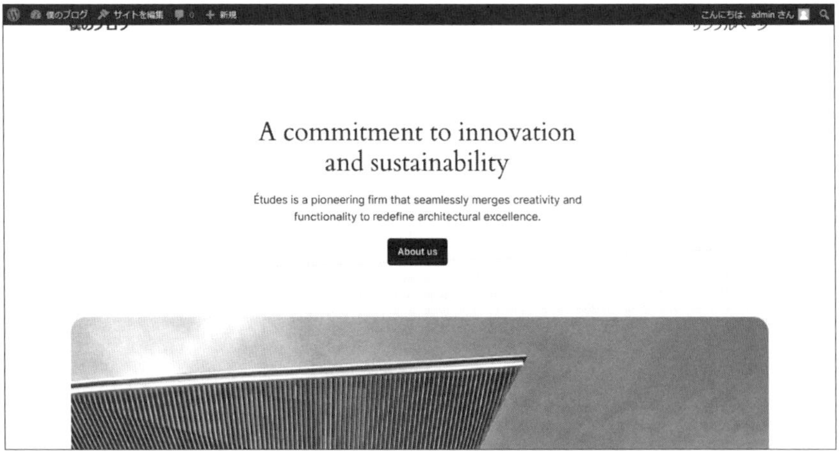

●図4-56　作成されたWordPressのブログ

4-10-3　さらなる発展

以上で、WordPressのインストールは完了です。記事を投稿したり、WordPressをカスタマイズしたりする方法は、AWS固有のことはなく、

WordPressを動かしているサーバーなら、どれも同じです。そうした情報については、WordPressに関する書籍を参考にしてください。

なお、ここで作ったブログは、インターネットを通じて、皆に公開されている状態にある点に注意してください。記事として個人情報など、漏れてはいけないものを記載しないようにしましょう。また、「http://パブリックIP/wp-admin/」のURLで管理ページにも入れるので、**図4-52**で設定したパスワードが漏洩しない（かつ複雑なものを採用しておく）ように注意してください。

さて、ここで作成したブログですが、次の2つの課題が残っています。これらは、第6章、第7章で解決します。

・パブリックIPアドレスが変わる可能性がある

EC2インスタンスを起動し直すと、パブリックIPアドレスが変更されます。この問題を解決するには、第6章で説明する、Elastic IPの機能を使います。

・独自ドメイン名でできない

IPアドレスはわかりにくいので、http://www.example.co.jp/のようなドメイン名でアクセスしたいことでしょう。AWSでは、Route 53を設定することで実現できます。詳細は、第6章で説明します。

・通信を暗号化したい

ときには通信を暗号化したいことがあるかも知れません。その場合には、ELBという機能を使います。詳細は、第7章で説明します。

なおELBは、複数台のEC2インスタンスを作って負荷分散するための機能です。本書では触れませんが、負荷が高くなったときの対策としても有用です。

TIPS
ELB　Elastic Load Balancing。AWSの負荷分散機能。第7章で説明する

COLUMN

自動起動に設定する

このままの状態だと、EC2インスタンスが再起動すると、nginxやMariaDB、php-fpmが停止します。実際に運用する場合は、EC2インスタンスが再起動したときに、これらを自動起動するように構成しておいたほうがよいでしょう。

自動起動するには、rootユーザーで、次のコマンドを入力します。再起動時に、これらが自動起動するようになります。

```
# systemctl enable nginx
# systemctl enable mariadb
# systemctl enable php-fpm
```

TIPS

想像できると思うが、自動起動を無効にするには「enable」の代わりに「disable」を設定

TIPS

WordPressなどWebアプリケーションを公開すると、攻撃者の対象になることがある。Webアプリケーションを公開するなら基本的なセキュリティ対策、常に最新のセキュリティフィックスを反映するといった作業は必須。もしもそういった運用に自信がなければ学習後はサーバーを停止もしくは削除するなどして公開を終了させる

COLUMN

課金を防ぐには

この章で作成したEC2は、第5章以降でも使い続けますが、動かしていれば、課金対象となります。課金を防ぐには、次の2つの方法があります。無駄な課金を防ぐため、下記①の方法をとることを推奨します。

①EC2インスタンスを停止する

ひとつめの方法は、EC2のインスタンス一覧から［インスタンスの状態］—［停止］を選択して、インスタンスを一時停止状態にすることです。

そうすれば、EC2の実行時間に対する課金はかかりません。しかしすでに説明したように、EC2はストレージとしてEBSを使っており、この費用（本書の流れでは8Gバイトのストレージを用意しているので8Gバイト分の使用量）はかかり続けます。ただし、1年間の無料利用枠で毎月30GBまでは使えます。実質、加入して一年間は費用がかかりません。

●図4-57　停止状態にする

再度起動したいときは、[インスタンスの状態] — [インスタンスを開始] を選択します。

このとき注意点として、パブリックIPが変わります。WordPressでは、インストール時とは違うIPアドレスで接続したときには、正しく動きません。そのため、設定ファイルの変更が必要になります。その詳細については、「6-2-6　レイアウトの崩れなどに対応する」を参照してください。

②EC2インスタンスを削除する

完全に使わなくなったときは、EC2インスタンスを削除します。**図4-57**で [インスタンスを終了] を選択すると、**図4-58**の画面が表示されます。[終了] をクリックすれば、EC2インスタンスならびに利用しているEBSも削除されます。学習を終えたら削除しておくと安全でしょう。

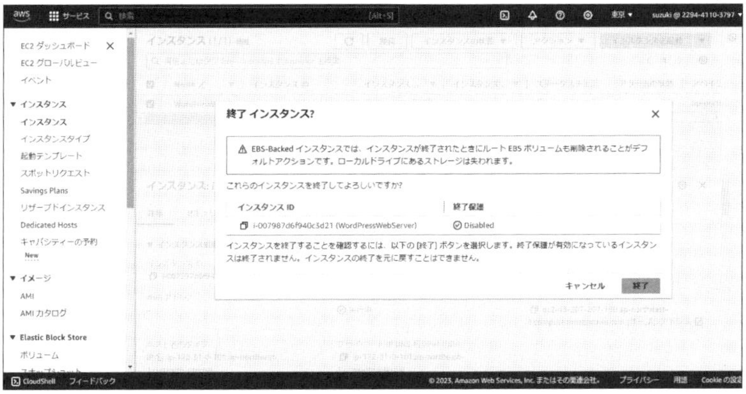

●図4-58　EC2インスタンスを完全に削除する

COLUMN

AWS CloudFormation

AWS CloudFormationは、クラウド上でインフラストラクチャを管理するためのサービスです。サーバーやネットワークなどのリソース（インフラストラクチャ）をコードとして管理できるようになり、手動で設定する必要が軽減されます。開発や運用の自動化が期待できます。

たとえばEC2なら、コードとしてインスタンスタイプやAMIを指定したEC2インスタンスを準備できます。

このようなインフラストラクチャをコードとして管理する手法を、Infrastructure as Code（IaC）と呼びます。

COLUMN

Amazon ECS

Amazon ECS（Amazon Elastic Container Service）はDockerコンテナをクラウド上で実行・管理するためのマネージドサービスです。EC2が仮想マシン（仮想サーバー）を提供するのに対して、ECSではコンテナ（コンテナ化されたアプリケーション）の実行環境を提供します。

ECSを採用すれば、AWS上で、コンテナを中心としたアプリケーション開発を行うことが可能になります。

コンテナ関連ではAmazon EKS（Amazon Elastic Kubernetes Service）というマネージドKubernetesサービスもあります。

COLUMN

dnfの主要なコマンド

dnfの一部のコマンドを紹介します。詳細はdnf サブコマンド --helpで確認してください。

コマンド	内容
dnf install	パッケージのインストール
dnf check-update	パッケージのアップデートの有無を確認する
dnf upgrade	パッケージを更新（アップグレード）する
dnf remove	パッケージを削除する

COLUMN

サーバーレスとAWS Fargate

EC2はアンマネージドサービスで、インスタンスやその内部のOSについてはユーザー（開発者）が管理する必要があります。

コンテナオーケストレーションのサービスAWS Fargateでは、サーバーを管理せずにアプリケーションを運用できます。ユーザーはアプリケーションのコンテナイメージを作成し、それをFargateにデプロイするだけで済みます。

つまり、サーバーの管理やインフラストラクチャの設定が不要ということです。

このように、ユーザーによるサーバーの管理が必要ないことをサーバーレスといいます。

AWSではAWS Lambdaもサーバーレスのサービスとして有名です。イベントに応じて自動的にコードを実行し、コードの実行に際しては実行のためのリソースをユーザーが準備する必要がありません。

要点整理

- ✔ EC2は仮想サーバー機能を提供するアンマネージドサービスです。
- ✔ 構築した仮想サーバーのことを、EC2インスタンスと呼びます。
- ✔ EC2インスタンスは、どこかのVPCならびにサブネットに配置します。
- ✔ デフォルトのVPC、デフォルトのサブネットに配置するとインターネットに接続可能になります。
- ✔ EC2のAMIを選ぶことで、OSが決まります。本書ではAmazon Linux 2023を使っています。
- ✔ ストレージはEBSで作成します。
- ✔ EC2の料金は、インスタンスの使用量＋EBSの費用＋通信量＋その他オプションです。
- ✔ EC2の性能は、インスタンスタイプとインスタンスサイズで決まります。
- ✔ EC2は用途別に、いくつかのファミリーに分かれています。
- ✔ 開発やテスト目的ならTファミリー、本番ならMファミリーを使うのが一般的です。EC2インスタンスにはパブリックIP（パブリックDNS）とプライベートIP（プライベートDNS）が割り当てられます。インターネットから接続するときは前者の値を使います。
- ✔ Webサーバーとして使うには、nginxなどのWebサーバーソフトのインストールが必要です。
- ✔ WordPressを使う場合、PHPとMySQLが必要です。Amazon Linux 2023では、MySQL互換のMaria DBを使います。
- ✔ EC2インスタンスは、SSHなどを使ってリモートから操作します。
- ✔ EC2 Instance Connectを使うと、SSHクライアントを用意せず、ブラウザからログインして操作できます。
- ✔ Amazon Linux 2023の場合、ユーザー名はec2-userです。
- ✔ EC2インスタンスにソフトなどをインストールするときは、「sudo -i」などのコマンドを使ってrootユーザーに切り替えてから操作します。
- ✔ Amazon Linux 2023でソフトをインストールするときは、dnfコマンドを使います。
- ✔ Amazon Linux 2023で各種サービスを起動したり停止したりするには、systemctlコマンドを使います。

CHAPTER

5

データベースを活用しよう

前章ではEC2を使ってLEMPサーバーを構築し、WordPressを動かしました。データはEC2インスタンス上のMariaDB（MySQL派生のデータベース）に保存するように構成しました。
この章では、データベースをEC2で構成するのではなく、マネージドサービスのデータベースサービスであるRDSに置き換えます。データベースはデータを保存する重要なシステムですから、もし壊れてしまうと困ります。そこでメンテナンスをAWSに任せられるマネージドサービスのデータベースを使うのです。そうすれば、データを安全に運用するための冗長化やバックアップについて、あまり考えなくてもデータの信頼性を高められます。本章では、まずRDSサービスを使ってDBインスタンスを作成します。そして、前章で使っていたEC2上のデータベースを、作成したDBインスタンスに移行します。それからWordPressの設定を変更して、DBインスタンスを記事の保存先として使うように構成します。章の後半では、データベースのバックアップについても扱います。

5-1 マネージドのデータベースサービスRDS

データベースには重要なデータが保存されるため、バックアップなどの適切な運用が大切です。マネージドサービスであるRDSを活用すれば、運用をAWSに任せることができます。

前章では、1台（1つ）のEC2インスタンスに、「nginx」「PHP」「MariaDB」をインストールして、WordPressが動くようにしました。AWSで、このようなシステムを構築する場合、もっとよい方法があります。データベースをEC2に導入せず、マネージドサービスのRDSとして運用する方法です。

TIPS

RDS　Amazon Relational Database Service。データベース機能を提供するマネージドサービス。MySQLやMariaDBのほかオープンソースのPostgreSQL、商用のOracleデータベースやMicrosoft SQL Serverデータベースなどもサポートされている

5-1-1 RDSとは

RDSは、マネージドサービスとして提供されるリレーショナルデータベースサービスの総称です。マネージドサービスなので、運用管理はAWSが担います。自分でセットアップせずに、出来合のデータベースサーバーを借りるのが、RDSです。いくつかの項目を選ぶだけでデータベースサーバーが起動し、すぐに利用できるようになります（**図5-1**）。

作成したデータベースサーバーのことを「DBインスタンス」と言います。

TIPS

DBインスタンス　データベース機能を提供する仮想的なサーバーのこと

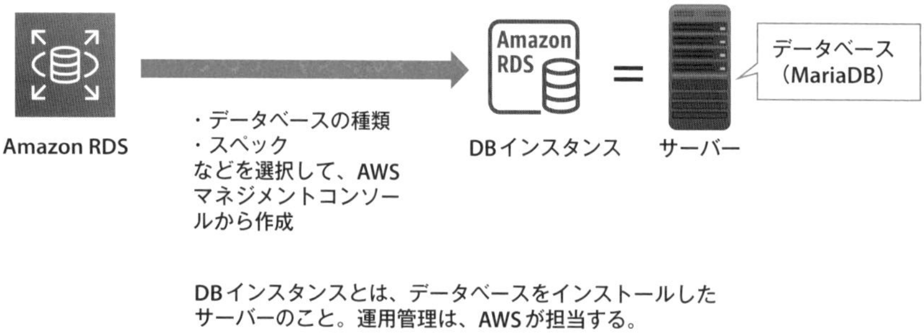

Amazon RDS
・データベースの種類
・スペック
などを選択して、AWSマネジメントコンソールから作成
Amazon RDS
DBインスタンス
=
サーバー
データベース（MariaDB）
DBインスタンスとは、データベースをインストールしたサーバーのこと。運用管理は、AWSが担当する。

●図5-1　マネジメントコンソールで操作するだけでデータベースサーバーが作れる

5-1-2 RDSが対応するデータベース製品

RDSは、リレーショナルデータベースを提供するサービスの総称であり、特定のデータベース製品を指しているわけではありません。

RDSは、本書の執筆時点において、フリーのものから商用のものまで、全6

種類のデータベースに対応しています（**表5-1**）。

RDSはAWSが運用してくれるデータベースというだけで、使い方はEC2インスタンスにインストールしたものとほぼ同じです。たとえば、MariaDBの構成をしたDBインスタンスは、EC2インスタンスにインストールしたMariaDBと同じようなコマンドやツールを使って操作できます。

TIPS

どれを利用するのかは、AWSマネジメントコンソールからDBインスタンスを作成するときに決める

●**表5-1　RDSが対応するデータベース製品**

データベース製品	概要
MySQL	オープンソースのデータベース
MariaDB	MySQLからスピンアウトしたオープンソースのデータベース
PostgreSQL	オープンソースのデータベース
Amazon Aurora	MySQLやPostgreSQLと互換性がある、高パフォーマンスなデータベース。MySQLやPostgreSQLを前提としたシステムをエンタープライズシステムで運用したいときに向く
Oracle	オラクル社が提供する商用データベース
Microsoft SQL Server	マイクロソフト社が提供する商用データベース

TIPS

Amazon Aurora　Amazonが提供するクラウド向けデータベース。高速さなどから人気

5-1-3 RDSの料金

RDSの料金は、次の合計金額です。

RDSの料金 = ①ストレージ費用 + ②DBインスタンスの費用 + ③バックアップストレージの費用 + ④通信費用

①ストレージ費用

確保しているストレージ（ディスク）に対する費用です。実際に使っている量ではなく、確保した量に対する課金なので注意してください。

1年間のAWS無料枠では月に20Gバイト分利用できます。

TIPS

RDSインスタンスには、EC2インスタンスと同様に、パブリックなIPアドレスを割り当てることもできる。その場合は、そのIPアドレスの使用料金（0.005ドル／時間）が追加でかかる

②DBインスタンスの費用

EC2インスタンスと同様に、時間当たりの稼働費用です。DBインスタンスもEC2インスタンスと同様に、そこそこの性能のものから高性能なものまであり、性能によって費用が異なります。

DBインスタンスを作るときは、冗長性がない「シングルAZ構成」と、冗長性がある「マルチAZ構成」があり、費用が異なります。

また、インスタンスの費用は利用するデータベース製品によっても異なります。たとえば、Microsoft SQL ServerやOracleなど、商用の有料データベースを使う場合は、そのライセンス費用が加算されるため、オープンソースのデ

TIPS

AZはアベイラビリティゾーンの略。シングルAZ構成では、1つのアベイラビリティゾーンに配置するので、万一、そのアベイラビリティゾーンに障害が発生するとデータが失われる可能性がある。対してマルチAZ構成では、複数のアベイラビリティゾーンで冗長構成をとるため、万一、1つのアベイラビリティゾーンに障害が発生しても、処理を継続できる。本番環境ではマルチAZ構成を使うべき。ただしマルチAZ構成は、シングルAZ構成の、約2倍の費用がかかる

ータベースを利用するときと比べて高価です。1年間のAWS無料枠ではdb.t3.microインスタンスが毎月750時間分利用できます。

③バックアップストレージの費用

DBインスタンスでは、スナップショット（バックアップ）をとれます。スナップショットはバックアップストレージと呼ばれる場所に作られ、その容量に応じて費用がかかります。1年間のAWS無料枠では月に20Gバイト分利用できます。

TIPS
スナップショットの費用は、リージョン総データベースストレージの100%を超えたときだけ発生する。たとえば20Gバイトのデータベースを運用している場合、スナップショットの容量が20Gバイトを超えなければ課金されない

④通信費用

DBインスタンスがインターネットと通信する場合、転送量に応じた費用がかかります。本章のように、同一アベイラビリティゾーン内のEC2インスタンスとしか通信しない場合、費用はかかりません。

5-1-4 RDSを利用するメリットとデメリット

RDSとしてMariaDBのDBインスタンスを使うと、どのようなメリット・デメリットがあるのでしょうか？　このときのメリットやデメリットは、ずばり、アンマネージドサービスとマネージドサービスの違いです。

第1章で説明したように、アンマネージドサービスとマネージドサービスとでは、責任分界点が違います。アンマネージドサービスであるEC2インスタンスを使ってデータベースを構成する場合、データベースソフトウェアのアップデートなどの保守管理、データのバックアップや冗長化などは、すべて自分で面倒をみなければなりません。それに対して、マネージドサービスであるRDSを利用すれば、そうした面倒はすべてAWSに任せられます。

データベースにおいて、データの消失は大事故につながります。自分でしっかりと管理できる自信があるなら別ですが、一般には、AWSが安定した運用をしてくれるRDSのほうが信頼できます。実際、RDSは設定次第で容易に冗長化構成にできますし、デフォルトでは5分間隔で自動的にスナップショットが作られており、万一、故障したときには、その時点まで戻すことができます。

一方で、RDSを使うデメリットもあります。主なもの2つを挙げます。

①コスト面のデメリット

EC2で運用するのに比べて、コストが少し余計にかかります。

②構成の自由度がない

構成の自由度が制限されます。EC2にデータベースを構成する場合、データベースサーバーのオプション変更でパフォーマンスチューニングを実施できます。一方RDSではカスタム設定で動かすことはできません。RDSでも、いくつかのオプションは変更できるものの、基本的には、AWSによって構成されている標準的な構成のデータベースを利用することになり、高度なカスタムチューニングは困難です。

しかしこうしたデメリットと、先述のメリットを比べた場合、安定運用のメリットのほうが重要視されることがほとんどです。こうした理由から、AWSでデータベースを利用するときは、RDSを利用するのが一般的です。

COLUMN

RDSの運用とアップデート

RDSは、AWSが実際に、MariaDBなどがインストールされたサーバーを動かして、ユーザーにサービスを提供しています。ときには稼働中のMariaDBなどのソフトウェアに脆弱性が発見されて更新しなければならないこともあります。また、新しいバージョンが登場したときは、それに追従していく必要もあります。

こうした更新はAWSによって実施されるので、何か操作しなければならないなどの手間はありません。しかし無意識でいるわけにはいきません。なぜなら、更新の際、対象のDBインスタンスが、一時的（1～2分程度）に利用できなくなることがあるからです。停止しなければならないメンテナンスが生じる場合、AWSから「いつまでに実施するので、都合のよい日時の範囲を設定して欲しい」という旨のメールが届きます。

そのような通知が届いたときは、3つの選択肢があります。

1つめは、AWSマネジメントコンソールにログインして即座にアップデートする方法です。2つめは、時間帯を設定して、その時間内に更新するようにする方法です。どちらも更新の際はDBインスタンスが一時的に利用できなくなります。

最後の方法は、その更新を無視する方法です。つまりアップデートしないという選択肢もあります。しかし、セキュリティ関連など致命的な更新については無視できません。また、いずれ古くなったバージョンはAWSによってサポートされなくなるため、どこかで更新しなければなりません。つまり、更新しないという選択肢は、問題を先送りするだけに過ぎません。永遠に何もしないという選択肢はありません。

TIPS

DBインスタンスが完全に使えなくなるのが困るときは、マルチAZ構成にして、それぞれのDBインスタンスの停止時間をズラして運用する

5-2 この章での操作の流れ

この章では、前章で作成したWordPressのシステムのデータベース部分を、RDSに変更します(図5-2)。そのために必要となる手順を、まず、説明します。

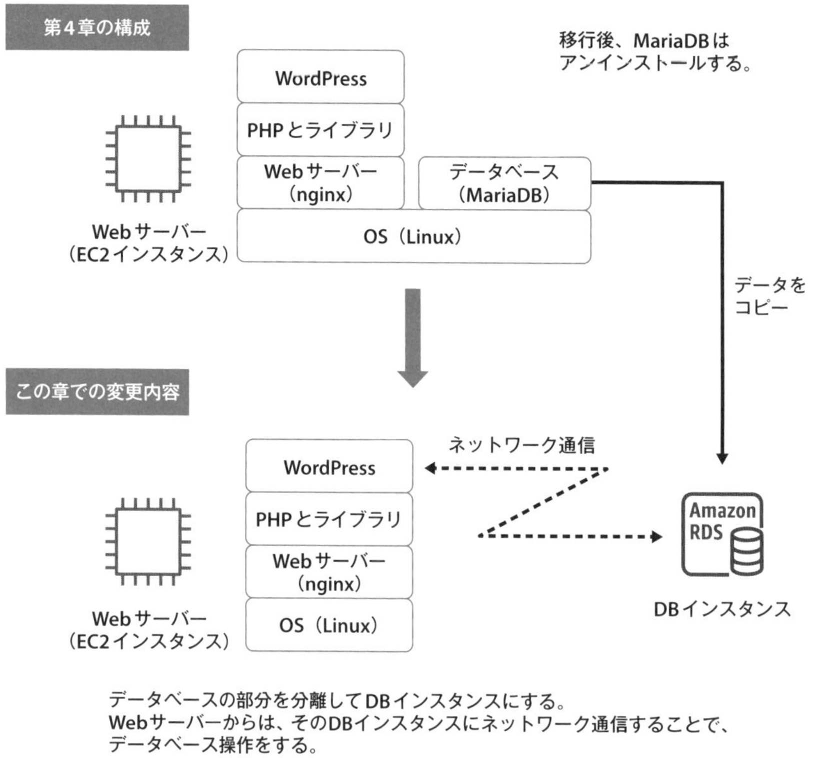

●図5-2　WordPressのデータ格納先をRDSにする

5-2-1 DBインスタンスの作成

まずは、RDSのDBインスタンスを作成します。DBインスタンスとは、いわゆる「データベースサーバー」のことです。作成のポイントは、以下の通りです。

①管理者のユーザー名とパスワード

DBインスタンスを作成する際には、データベース管理者(admin)のユーザ

TIPS
WordPressが要求するのは、MySQL互換のデータベース。MariaDBのDBインスタンスではなく、MySQLを使ってもかまわない。また、Amazonが提供するAmazon Auroraを使うこともできる

ー名とパスワードを決めます。このアカウントで、アプリケーション（今回はWordPressのプログラム）から接続します。

②配置先

DBインスタンスは、EC2インスタンス同様、いずれかのVPC・サブネットに配置します。本書では第4章のEC2インスタンスを配置したのと同じVPC・サブネットに配置します。

③パブリックIPは割り当てない

EC2インスタンスと同様に、DBインスタンスにもIPアドレスが付き、そこから通信できます。パブリックIPアドレスを割り当てれば、インターネットと直接通信できますが、そうはしません。そのような構成にすると、ユーザー名とパスワードが漏洩すると、誰でもアクセスできてしまいますし、いたずらで接続・切断を大量に繰り返して負荷を高める攻撃に遭う可能性もあります。そうしたことがないよう、この章の構成ではパブリックIPアドレスを割り当てません。今回の用途では、DBインスタンスに接続してデータを読み書きしたいのは、WordPressがインストールされたEC2インスタンスだけです。

EC2インスタンスとDBインスタンスを同一のVPCにおけば、パブリックIPがなくても内部的に通信できます。ですから、パブリックIPアドレスを割り当てなくても問題ありません。実際、RDSを使うときには、DBインスタンスにはパブリックIPアドレスを割り当てない運用がほとんどです。

TIPS

もしくはパブリックIPアドレスを割り当てる場合は、セキュリティグループを設定して社内のIPアドレスなど限られたところからしか接続できないようにファイアウォールを構成するようにする

④エンドポイント

DBインスタンスを作成すると、そのインスタンスの「エンドポイント」が決まります。エンドポイントとは、接続先のことです。アプリケーション（WordPress）から接続するときの、接続先データベースサーバー名に相当します。

TIPS

エンドポイント　endpoint。接続先のこと

⑤セキュリティグループ

DBインスタンスは、EC2インスタンスからアクセスします（**図5-2**）。そこでDBインスタンスのセキュリティグループを構成して、EC2インスタンスから接続できるよう構成します（**図5-3**）。

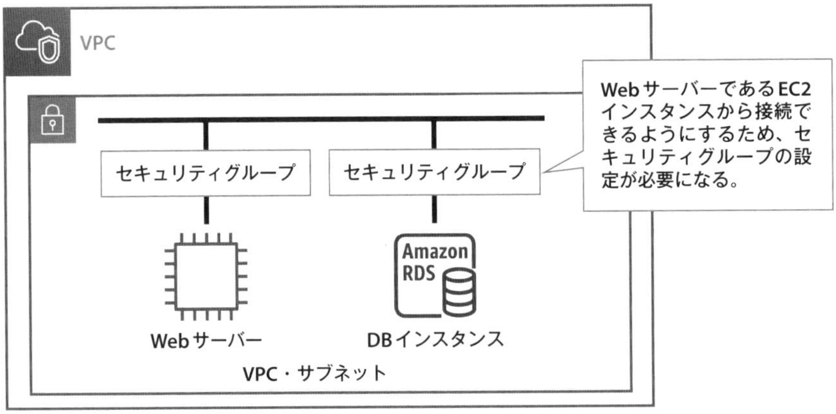

●図5-3　セキュリティグループを構成する

5-2-2 EC2インスタンス上のMariaDBからの移行

DBインスタンスの構成後、EC2インスタンス上でWordPressのデータの保存先をDBインスタンスに変更します。

①現在のデータをDBインスタンスにコピーする

EC2インスタンス上でのMariaDBのデータを、作成したDBインスタンスにコピーします。MariaDBのデータをバックアップして、それをDBインスタンスにリストアします(**図5-4**)。

TIPS
ダンプファイル　dump file。データをあとで戻せるような形式で書き出したファイルのこと

TIPS
リストア　restore。バックアップしたデータを復元する操作

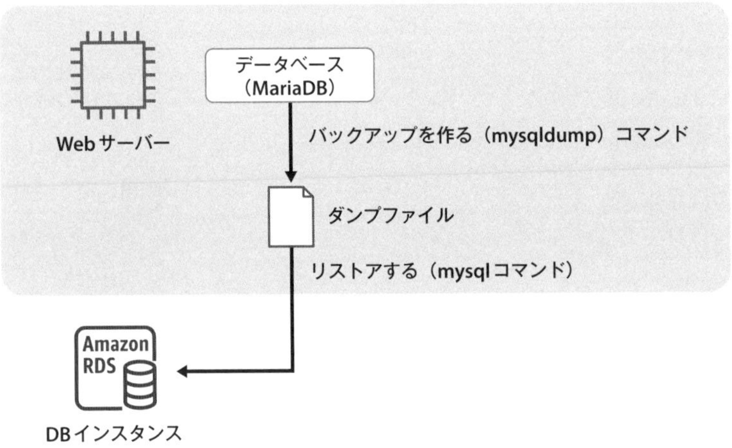

●図5-4　EC2インスタンス上のMariaDBデータをDBインスタンスにコピーする

②WordPressの設定を変更してDBインスタンスに接続できるようにする

WordPressの設定を変更して、DBインスタンスに接続するように修正し

ます。

　そして動作テストして、問題ないことを確認します。

③EC2インスタンス上のMariaDBを停止する

　EC2インスタンス上のMariaDBは必要ないので停止します。まったく利用しないのであれば、アンインストールすることもできます。

TIPS

ただし、アンインストールする際には、データベース本体のみのアンインストールとし、mysqlなどのコマンドやPHPから操作するためのライブラリなどはアンインストールしないようにする。そうしないと、EC2インスタンスからDBインスタンスのデータ操作ができなくなる

COLUMN

WordPressを新規に構築する場合

　本文中の手順では、前章でEC2インスタンスに構成したMariaDBを移行することを前提としていますが、そうではなく、もちろん、最初からDBインスタンスを使うようにもできます。最初からDBインスタンスを使うようにするには、あらかじめDBインスタンスを作っておき、WordPressをインストールするときに、そのDBインスタンスを指定して初期設定します。

　mysqlコマンドで-hオプションを指定すると、接続先にホスト名を指定できます。次のようにすると、DBインスタンスに対して操作できます。ここで指定するユーザー名とパスワードは、DBインスタンスの管理者のユーザー名とパスワードです。

```
# mysql -h DBインスタンスのエンドポイント-u ユーザー名 -p
```

　「4-9-5 データベースとユーザーを作成する」での操作をDBインスタンスに対して行います。その後、「http://パブリックIP/wp-admin/install.php」にアクセスしてインストールページを開き、データベースとしてDBインスタンスのエンドポイントを選びます。これで、RDSのDBインスタンスを利用するように構成できます。

5-3 RDSのDBインスタンスを作成する

DBインスタンスを作成していきましょう。ここでは、DBインスタンスをEC2インスタンスと同じサブネットに作成します。

5-3-1 DBインスタンスを作るのにあたって決めること

操作を始める前に、DBインスタンスを作るのにあたって、いくつか決めておかなければならないことがあります。ここでは、**表5-2**に示すようにDBインスタンスを作成します。項目の意味は、実際の手順をする際に説明します。

●表5-2　この章で作成するDBインスタンスの仕様

項目	設定値	意味
データベースエンジン	MariaDB	データベースの種類
インスタンスのクラス	db.t3.micro	DB インスタンスのスペック
マルチ AZ 配置	しない	アベイラビリティゾーンをまたいで冗長化するかどうか
ストレージタイプと割り当て	汎用（SSD）／ 20GiB	ストレージの種類と容量
DB インスタンス識別子	wordpressdb	DB インスタンスの AWS における管理上の名前
マスターユーザーの名前	root	DB インスタンスの管理者のユーザー名。任意の値
マスターユーザーのパスワード	myrdspassword	上記のパスワード。任意の値
VPC	デフォルト VPC	配置する VPC。第 4 章で作成した EC2 インスタンスと同じ場所にする
サブネットグループ	デフォルト	配置するサブネットグループ。第 4 章で作成した EC2 インスタンスと同じ場所にする
パブリックアクセシビリティ	いいえ	この DB インスタンスにパブリック IP を割り当てるかどうか
アベイラビリティゾーン	EC2 インスタンスと同じ（後述の図 5-6 で確認した値）	配置するアベイラビリティゾーン

5-3-2 アベイラビリティゾーンの確認

この章の構成では、**図5-2**に示したように、Webサーバーとして構成したEC2インスタンスとDBインスタンスとがネットワーク通信します。このとき、EC2インスタンスとDBインスタンスは、同じアベイラビリティゾーンであることが望ましいです。というのは、異なるアベイラビリティゾーンだとわずかにコストがかかるのと、わずかながらの通信の遅延があるからです。

そこで、いま第4章で作成したEC2インスタンスが、どのアベイラビリティゾーンに配置されているのかを確認しておきましょう。そして、これと同じアベイラビリティゾーンに、DBインスタンスを作成していくことにしましょう。

TIPS
2024年3月現在、アベイラビリティゾーン間の通信は、1GB当たり、0.01ドル

手順 EC2インスタンスが配置されているアベイラビリティゾーンを調べる

Step1 EC2ダッシュボードを開く

AWSマネジメントコンソールから、EC2ダッシュボードを開きます(**図5-5**)。

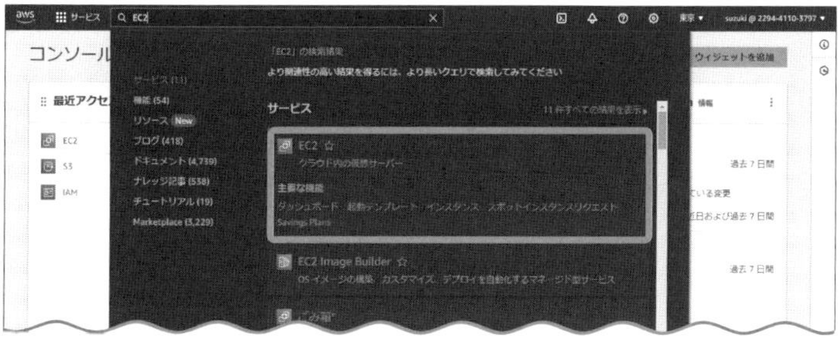

●図5-5 EC2ダッシュボードを開く

Step2 アベイラビリティゾーンを確認する

[インスタンス]メニューをクリックしてインスタンス一覧を表示します。確認したいEC2インスタンスをクリックしてチェックを付けます。[ネットワーキング]タブをクリックして、[アベイラビリティゾーン]を確認します。**図5-6**の場合は、「ap-northeast-1c」ですが、ほかのアベイラビリティゾーンのこともあります。

●図5-6　アベイラビリティゾーンを確認する

COLUMN

同一アベイラビリティゾーンに置くか否か

第1章で説明したように、アベイラビリティゾーンは、データセンターを示す単位です。アベイラビリティゾーンをまたぐ通信をするかどうかは冗長構成をするかどうかにもよります。本書の構成の場合は、Webサーバーと DBサーバーは一心同体で、どちらかが止まればシステムは利用できません。そのため両方とも同じアベイラビリティゾーンに置くことにしています。別のアベイラビリティゾーンに置くこともできますが、余計なコストがかかるだけで無駄です。

どちらかが止まってもサービスが継続できるような場合には、異なるアベイラビリティゾーンに置くことは意味があります。いつでも異なるアベイラビリティゾーンに置くことが望ましくないというわけではなく、目的によります。

5-3-3 RDSダッシュボード

DBインスタンスを作成しましょう。RDSダッシュボードから操作します。

手順 RDSダッシュボードを開いてリージョンを確認する

Step1 RDSダッシュボードを開く

［サービス］メニューまたはホーム画面で「RDS」を検索し、見つかったRDS

サービスをクリックします(図5-7)。

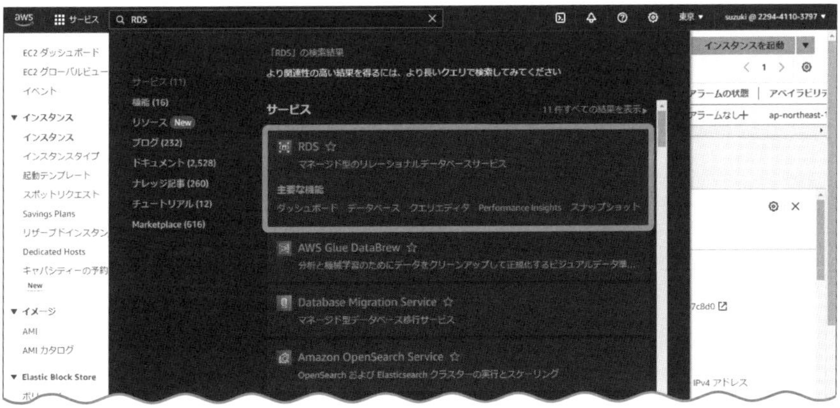

●図5-7　RDSダッシュボードを開く

Step2 リージョンを確認する

RDSダッシュボードが開きます(図5-8)。

対象とするリージョンは右上で選択します。EC2インスタンスと同様に、東京リージョンにDBインスタンスを作りたいので、リージョンは「東京」です。もし、そうでなければ東京に変更してください。

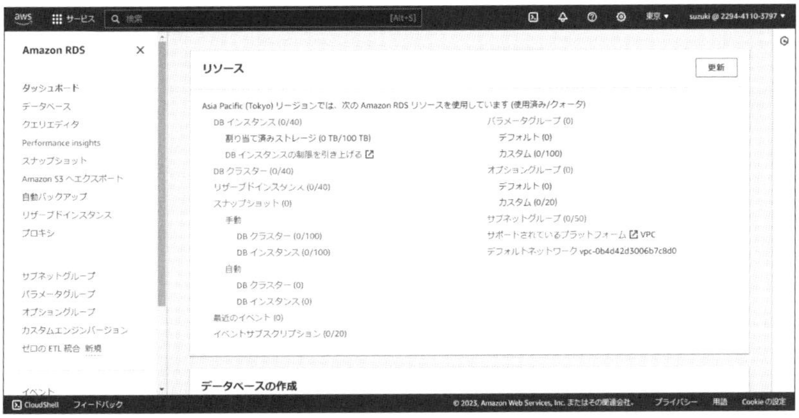

●図5-8　RDSダッシュボード画面

5-3-4 DBインスタンスの作成

RDSダッシュボードを操作して、DBインスタンスを作成しましょう。

手順 ➜ RDSでDBインスタンスを作成する

Step1 DBインスタンスの作成を開始する

［データベース］メニューをクリックします。データベースのインスタンス一覧画面が表示されたら、［データベースの作成］をクリックします（**図5-9**）。

●図5-9　データベースの作成をはじめる

Step2 データベースの作成方法の選択

［標準作成］か［簡単に作成］かを選びます。ここでは［標準作成］を選択します（**図5-10**）。

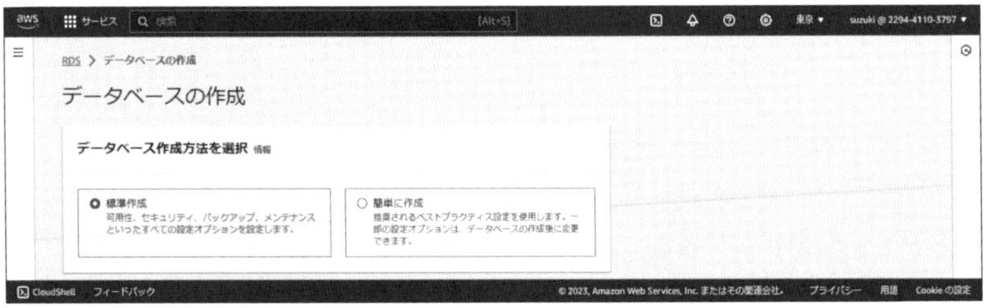

●図5-10　データベースの作成方法を選択

Step3 エンジンの選択

データベースエンジンの選択画面が表示されます。ここでは［MariaDB］を選択します。

一番下に［エンジンバージョン］があるので、利用したいバージョンを選択します。ここでは、本書の執筆時点において最新版となる［MariaDB 10.6.14］とします（**図5-11**）。

TIPS

MariaDBの代わりにMySQLを使うこともできる。また一部、設定の流れが大きく違うが、Amazon Auroraを使うこともできる

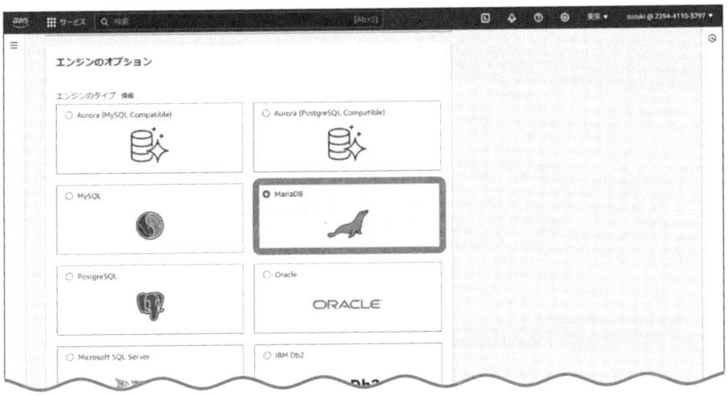
サービス
検索
[Alt+S]
東京
エンジンのオプション
エンジンのタイプ 情報
Aurora (MySQL Compatible)
Aurora (PostgreSQL Compatible)
MySQL
MariaDB
PostgreSQL
Oracle
ORACLE
Microsoft SQL Server
IBM Db2

●図5-11　エンジンの選択

Step4 テンプレートを選択する

利用環境を選択します。3つの選択肢があり、何を選択するかによって、以降の設定項目が違ってきます。ここでは、[無料利用枠]を選択します（図5-12）。

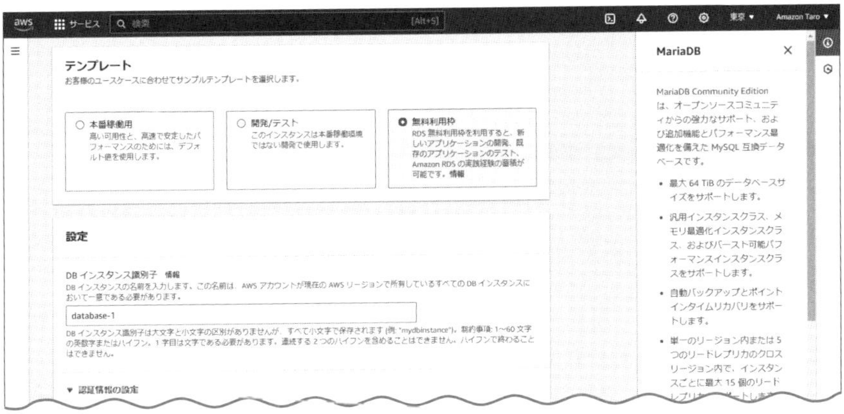
aws
サービス
検索
[Alt+S]
東京
Amazon Taro
テンプレート
お客様のユースケースに合わせてサンプルテンプレートを選択します。
本番稼働用
高い可用性と、高速で安定したパフォーマンスのためには、デフォルト値を使用します。
開発/テスト
このインスタンスは本番稼働環境ではない開発で使用します。
無料利用枠
RDS 無料利用枠を利用すると、新しいアプリケーションの開発、既存のアプリケーションのテスト、Amazon RDS の実践経験の蓄積が可能です。情報
設定
DB インスタンス識別子 情報
DB インスタンスの名前を入力します。この名前は、AWS アカウントが現在の AWS リージョンで所有しているすべての DB インスタンスにおいて一意である必要があります。
database-1
DB インスタンス識別子は大文字と小文字の区別がありませんが、すべて小文字で保存されます (例: "mydbinstance")。制約事項: 1~60 文字の英数字またはハイフン。1 字目は文字である必要があります。連続する 2 つのハイフンを含めることはできません。ハイフンで終わることはできません。
認証情報の設定
MariaDB
MariaDB Community Edition は、オープンソースコミュニティからの強力なサポート、および追加機能とパフォーマンス最適化を備えた MySQL 互換データベースです。
最大 64 TiB のデータベースサイズをサポートします。
汎用インスタンスクラス、メモリ最適化インスタンスクラス、およびバースト可能パフォーマンスインスタンスクラスをサポートします。
自動バックアップとポイントインタイムリカバリをサポートします。
単一のリージョン内または 5 つのリードレプリカのクロスリージョン内で、インスタンスごとに最大 15 個のリード

●図5-12　ユースケースを選択する

Step5 DBの設定

DBインスタンスのホスト名やユーザー名、パスワードなどを設定します（図5-13）。

TIPS
設定項目は、選択したエンジンやテンプレートによって異なる

①DBインスタンス識別子

DBインスタンスの名前です。ここでは「wordpressdb」という名前にします。RDSダッシュボードの一覧に表示される、AWS管理上の名前です。エンドポイント名は、ここで入力した名前とランダムなドメイン名の組み合わせとなります。

②マスターユーザー名とマスターパスワード

このDBインスタンスにログインするときの管理者のユーザー名とパスワードです。本書では解説を目的としてユーザー名は「root」、パスワードは「myrdspassword」としておきますが、読者の皆さんは第三者に推測されないようなものにしておくのがよいでしょう。

●図5-13　DBインスタンス識別子、ユーザー名、パスワードの設定

Step6 インスタンスの設定

インスタンスの種類を選択します。[無料利用枠]を選択した場合は、無料枠で使えるオプション構成およびインスタンスタイプとして「db.t3.micro」が選択されているので、変更しないようにします(**図5-14**)。

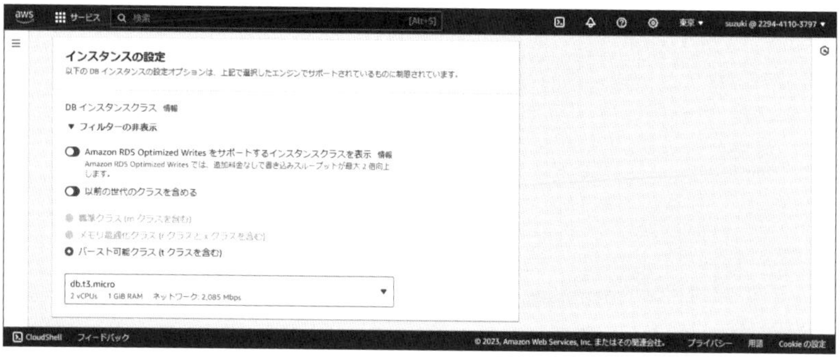

●図5-14　インスタンスの設定

Step7 ストレージの設定

ストレージの種類と割り当てサイズを設定します。[無料利用枠] を選択した場合は、無料枠で使えるサイズになっているので、変更しないようにします (図5-15)。

> **TIPS**
> [ストレージの自動スケーリング] を設定すると、容量が足りなくなったときに自動で容量が増える

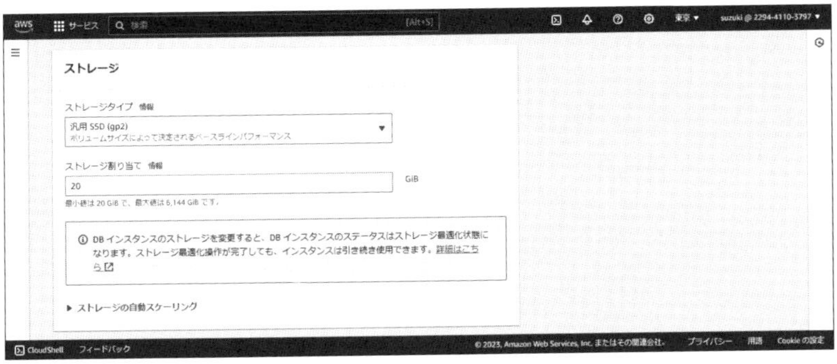

●図5-15 ストレージの設定

Step8 可用性と耐久性

マルチAZ構成を設定します。[無料利用枠] の場合は、設定できないので、そのままにしておきます (図5-16)。

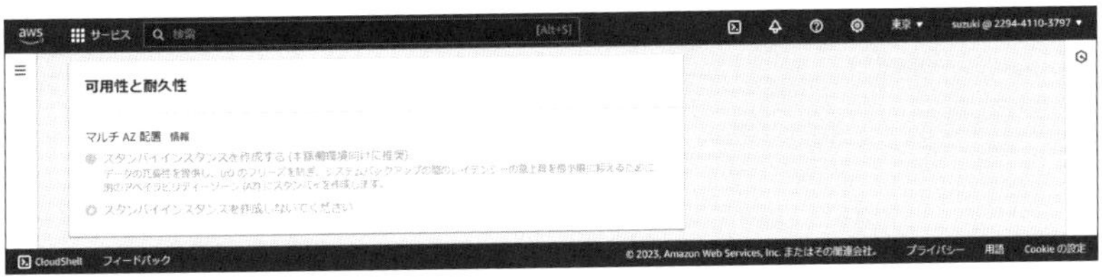

●図5-16 可用性と耐久性

Step9 接続

DBインスタンスを、どのネットワークに配置するか、セキュリティをどのように構成するかを設定します。

いくつかの設定項目があり、ここでは次のように設定します (図5-17)

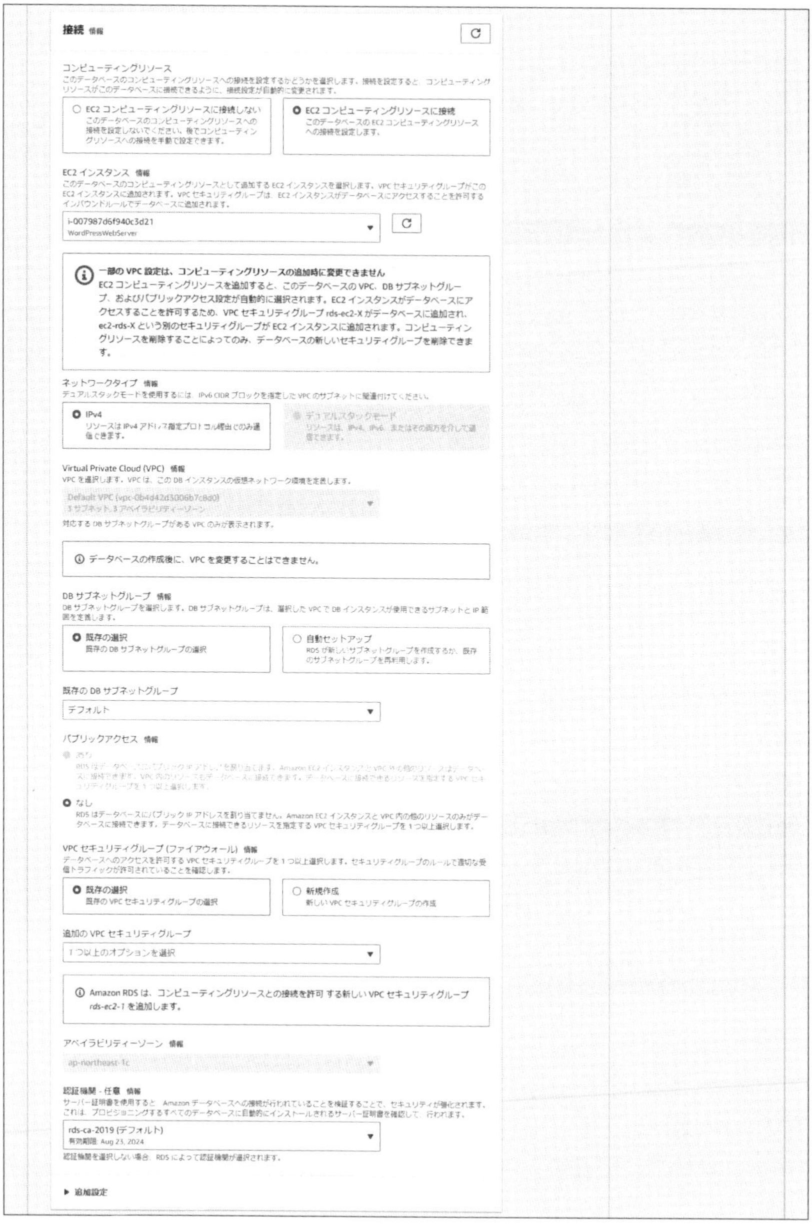
接続 情報
コンピューティングリソース
このデータベースのコンピューティングリソースへの接続を設定するかどうかを選択します。接続を設定すると、コンピューティングリソースがこのデータベースに接続できるように、接続設定が自動的に変更されます。
EC2 コンピューティングリソースに接続しない
このデータベースのコンピューティングリソースへの接続を設定しないでください。後でコンピューティングリソースへの接続を手動で設定できます。
EC2 コンピューティングリソースに接続
このデータベースの EC2 コンピューティングリソースへの接続を設定します。
EC2 インスタンス 情報
このデータベースのコンピューティングリソースとして追加する EC2 インスタンスを選択します。VPC セキュリティグループがこの EC2 インスタンスに追加されます。VPC セキュリティグループは、EC2 インスタンスがデータベースにアクセスすることを許可するインバウンドルールでデータベースに追加されます。
i-007987d6f940c3d21
WordPressWebServer
一部の VPC 設定は、コンピューティングリソースの追加時に変更できません
EC2 コンピューティングリソースを追加すると、このデータベースの VPC、DB サブネットグループ、およびパブリックアクセス設定が自動的に選択されます。EC2 インスタンスがデータベースにアクセスすることを許可するため、VPC セキュリティグループ rds-ec2-X がデータベースに追加され、ec2-rds-X という別のセキュリティグループが EC2 インスタンスに追加されます。コンピューティングリソースを削除することによってのみ、データベースの新しいセキュリティグループを削除できます。
ネットワークタイプ 情報
デュアルスタックモードを使用するには、IPv6 CIDR ブロックを指定した VPC のサブネットに関連付けてください。
IPv4
リソースは IPv4 アドレス指定プロトコル経由でのみ通信できます。
デュアルスタックモード
リソースは、IPv4、IPv6、またはその両方を介して通信できます。
Virtual Private Cloud (VPC) 情報
VPC を選択します。VPC は、この DB インスタンスの仮想ネットワーク環境を定義します。
対応する DB サブネットグループがある VPC のみが表示されます。
データベースの作成後に、VPC を変更することはできません。
DB サブネットグループ 情報
DB サブネットグループを選択します。DB サブネットグループは、選択した VPC で DB インスタンスが使用できるサブネットと IP 範囲を定義します。
既存の選択
既存の DB サブネットグループの選択
自動セットアップ
RDS が新しいサブネットグループを作成するか、既存のサブネットグループを再利用します。
既存の DB サブネットグループ
デフォルト
パブリックアクセス 情報
なし
RDS はデータベースにパブリック IP アドレスを割り当てません。Amazon EC2 インスタンスと VPC 内の他のリソースのみがデータベースに接続できます。データベースに接続できるリソースを指定する VPC セキュリティグループを 1 つ以上選択します。
VPC セキュリティグループ (ファイアウォール) 情報
データベースへのアクセスを許可する VPC セキュリティグループを 1 つ以上選択します。セキュリティグループのルールで適切な受信トラフィックが許可されていることを確認します。
既存の選択
既存の VPC セキュリティグループの選択
新規作成
新しい VPC セキュリティグループの作成
追加の VPC セキュリティグループ
1 つ以上のオプションを選択
Amazon RDS は、コンピューティングリソースとの接続を許可 する新しい VPC セキュリティグループ rds-ec2-1 を追加します。
アベイラビリティーゾーン 情報
ap-northeast-1c
認証機関 - 任意 情報
サーバー証明書を使用すると、Amazon データベースへの接続が行われていることを検証することで、セキュリティが強化されます。これは、プロビジョニングするすべてのデータベースに自動的にインストールされるサーバー証明書を確認して、行われます。
rds-ca-2019 (デフォルト)
有効期限: Aug 23, 2024
認証機関を選択しない場合、RDS によって認証機関が選択されます。
追加設定

●図5-17　接続の設定

①コンピューティングリソース

EC2インスタンスなどから、このDBインスタンスに接続するかどうかを設定します。[EC2コンピューティングリソースに接続]を選択すると、自動でセキュリティグループなどを適切に設定して、DBインスタンスに接続できるように調整できるので、それを選択します。

②EC2インスタンス

①で［EC2コンピューティングリソースに接続］を選択したときは、そのEC2インスタンスを選択します。第4章で作成済みの［WordPressWeb Server］を選択します。

③ネットワークタイプ

IPv6を使うかどうかを選択します。ここでは［IPv4］を選択しておきます。

③VPC

配置するVPCを選択します。②でEC2インスタンスを選択したときは、そのEC2インスタンスが存在するVPCが自動的に選択されるので、とくに変更する必要はありません。

④DBサブネットグループ

DBインスタンスを作成するサブネットを選択します。ここでは［既存の選択］を選択して、すでに存在するサブネットを選択します。

［既存のDBサブネットグループ］では［デフォルト］を選択します。

⑤パブリックアクセス

パブリックIPを割り当てて、インターネットからの接続を許可するかどうかを選択します。ここでは［なし］を選択します。

⑥アベイラビリティゾーン

配置するアベイラビリティゾーンを選択します。②で選択したEC2インスタンスと同じアベイラビリティゾーンが自動で選択されます。**図5-6**で確認した、EC2インスタンスのアベイラビリティゾーンが選択されているはずですが、相違ないか、念のため確認してください。

⑦VPCセキュリティグループ（ファイアウォール）

DBインスタンスに設定するセキュリティグループを構成します。ここでは［既存の選択］を選択しておきます。

なお①や②で、このDBインスタンスに接続するEC2インスタンスを選択している場合は、これとは別に、EC2インスタンスから、このDBインスタンスに接続できるようにするセキュリティグループが別に作られ、このDBインスタンスに適用されます。

⑧証明機関

サーバー証明書を使って、正しく接続されていることを確認する仕組みです。デフォルトの設定のままでかまいません。

Step10 データベース認証

データベースと認証する方法を設定します。[パスワード認証] を選択しておきます (図5-18)。

TIPS

[パスワードとIAMデータベース認証] を選択すると、パスワードでの認証に加えて、AWSのIAMロールと呼ばれる認証方式を使った認証も使える

●図5-18　データベース認証

Step11 モニタリングおよび追加設定

モニタリングと追加の設定をします。デフォルトのまま変更する必要はありません (図5-19)。

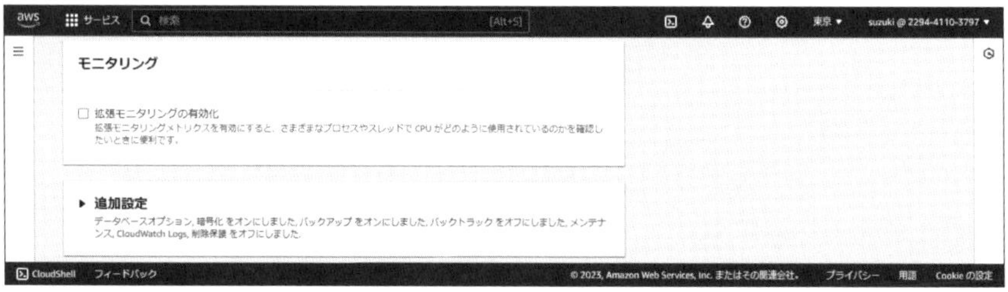

●図5-19　モニタリングおよび追加設定

Step12 コストの確認とデータベースの作成

一番下に、コストの概算が表示されます。無料利用枠の範囲であれば、費用はかかりません。

[データベースの作成] をクリックして、DBインスタンスを作成します (図5-20)。

●図5-20　コストの確認とデータベースの作成

Step13 DBインスタンスの作成が始まる

DBインスタンスの作成が始まります（**図5-21**）。DBインスタンスをクリックすると、その詳細が表示されます（**図5-22**）。ステータスが「利用可能」に変わるまで待ちましょう。

TIPS

状況によっては、ステータスが「利用可能」ではなく「バックアップ中」となることもあるが、その場合でも、問題なく利用できる

●図5-21　DBインスタンスの作成が始まる

●図5-22　DBインスタンスの詳細表示

5-3-5 セキュリティグループのルールを確認する

EC2インスタンスからDBインスタンスに接続するには、セキュリティグループの設定が必要です。具体的には、MariaDB（もしくはMySQL）の場合は、TCPのポート3306番で通信するため、この通信を許可する設定をしておかなければなりません。

前項の手順では、DBインスタンスを作成する際、[EC2コンピューティングリソースに接続]を選択したため、指定したEC2インスタンスと通信可能にするセキュリティグループが構成されているため、手作業で何か追加で設定しなければならないことはありませんが、念のため、自動設定が正しく適用されているかを確認しておきましょう。

手順 セキュリティグループのルールを確認する

Step1 セキュリティグループの設定を開く

DBインスタンスの概要の[接続とセキュリティ]タブの[セキュリティ]の項目にある[VPCセキュリティグループ]をクリックして開きます（**図5-23**）。

●図5-23　セキュリティグループを開く

Step2 セキュリティグループを確認する

図5-24のように2つのセキュリティグループが表示されます。

DBインスタンスに対する設定の「rds-ec2-1」と、EC2インスタンスに対する設定の「ec2-rds-1」の2つです。

それぞれチェックを付けて、設定を確認しておきます。

TIPS

セキュリティグループ名は一例。番号の「-1」などは、環境によって異なる

TIPS

あとからEC2インスタンスを追加して、そのEC2インスタンスからもDBインスタンスに接続でるきようにするには、これらのセキュリティグループを参考に、新しいセキュリティグループを追加する

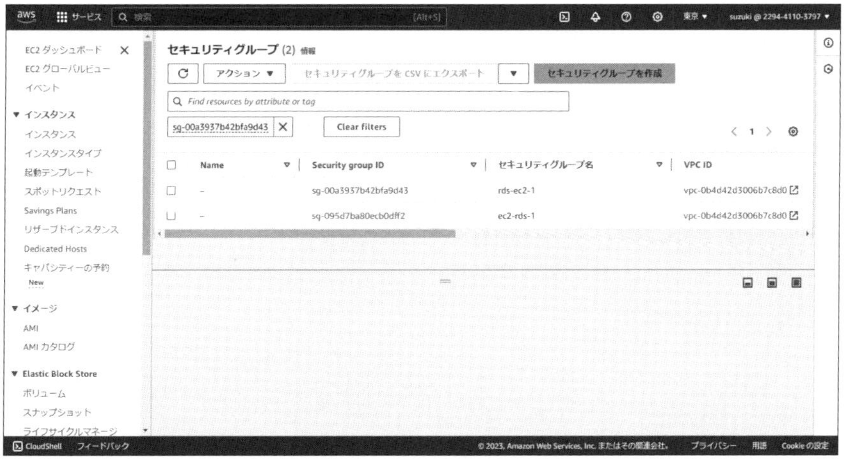

●図5-24　セキュリティグループの確認

①rds-ec2-1（DBインスタンスに対する設定）

インバウンドとして、TCPの3306番の受信を、次の②のセキュリティグループが設定されたインスタンスから許可する設定です（図5-25）。

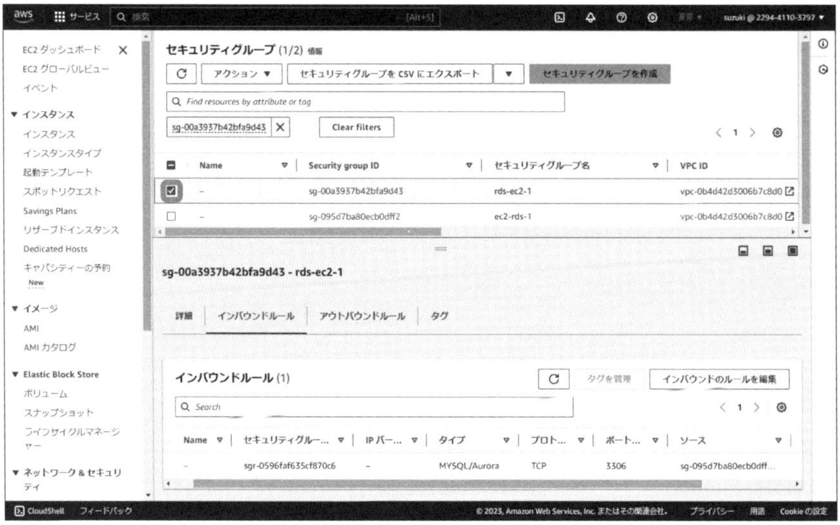

●図5-25　DBインスタンスに対する設定

②ec2-rds-1（EC2インスタンスに対する設定）

アウトバウンドとして、TCPの3306番の送信を、先の①のセキュリティグループが設定されたインスタンスに対して許可する設定です（**図5-26**）。

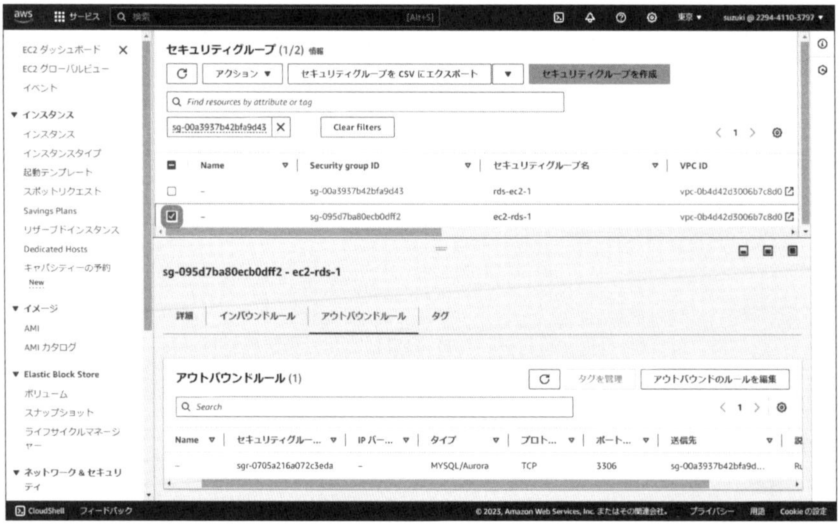

●図5-26　EC2インスタンスに対する設定

5-4 WordPressのデータベースをDBインスタンスに変更する

DBインスタンスの構成が終わりました。次に、WordPressで利用するデータベースを、このDBインスタンスに変更していきましょう。

5-4-1 エンドポイントを確認する

操作前にDBインスタンスのエンドポイントを確認します。エンドポイントは、アプリケーションから接続するときのホスト名です。DBインスタンスの詳細画面の「接続とセキュリティ」から確認できます（**図5-27**）。

●**図5-27　エンドポイントの確認**

5-4-2 MariaDBからDBインスタンスに移行する

EC2インスタンス上のMariaDBから、このDBインスタンスに移行していきます。EC2インスタンス上のMariaDBのバックアップをとり、それをDBインスタンスにリストアします。

手順 ➡ EC2上のMariaDBからDBインスタンスにデータを移行する

Step1 EC2インスタンスでバックアップをとる

EC2インスタンスにログインし、そのEC2インスタンス上で稼働しているデータベースのバックアップをとります。

MariaDBではmysqldumpコマンドを使います。第4章では、WordPressのデータを入れるデータベース名を「wordpressdb」としました。次のように入力することで、バックアップを作ります。ここでは、バックアップを「/tmpディレクトリ」のwordpressdb.sqlというファイルとして作成します。

TIPS
EC2 Instance ConnectやSSHなどを使って接続する（本書は前者、第4章参照）

TIPS
MariaDBだが、バックアップのコマンド名はmysqldump

```
$ mysqldump --databases wordpressdb -u root -p > /tmp/wordpressdb.sql
```

「--databases wordpressdb」を指定することで、wordpressdbデータベース全体がバックアップされます。上記のコマンドを入力すると、rootユーザーのパスワードが尋ねられます。これは第4章でMariaDBに設定したもので、いま作成したDBインスタンスに設定したものではありません。

COLUMN

CREATE DATABASE文による データベースの作成

mysqldumpコマンドに「--database」のオプションを付けてバックアップを作ると、そのバックアップには、データベースを作成するための「CREATE DATABASE」という文も出力されます。

この章の手順では、DBインスタンスを作る際に、データベースを一緒に作成していません。そのため、CREATE DATABASEという文を実行してデータベースを作ることが必要です。

Step2 DBインスタンスにリストアする

Step1で作成したバックアップをDBインスタンスにリストアすることで、データを移行します。バックアップしたデータは、mysqlコマンドで流し込めます。次のように入力します。

TIPS
リストア　restore。バックアップから元に戻すこと。復元

```
$ mysql -h wordpressdb.cuwv9nfh4rgr.ap-northeast-1.rds.amazonaws.com -u ↵
root -p < /tmp/wordpressdb.sql
```

-hオプションで指定しているのは、DBインスタンスのエンドポイントです。**図5-27**で確認した値を入力してください。「-u」はユーザー名です。DBインスタンスを作るときに設定したマスターユーザー名（**図5-13**）です。実行すると、パスワードが尋ねられます。DBインスタンスでマスターパスワードとして設定したものを入力してください。

TIPS
紙面の都合で1行の記述を複数行にしている場合↵で示す

TIPS
エンドポイントは5-3-4で確認済

COLUMN

リストアし直したいときは

間違えてリストアしたときは、DBインスタンスのデータベースを削除してから再実行してください。バックアップする際に、「mysqldump --add-drop-database --databases wordpressdb -u root -p > /tmp/wordpressdb.sql」のように「--add-drop-database」オプションを付けるのが簡単です。このオプションを付けると、作成した/tmp/wordpress.db.sqlには、データベースを削除するためのDROP DATABASEという命令が追加されるようになります。つまり、こうして作った/tmp/wordpress.db.sqlからリストアすると、先に削除するので、まっさらの状態でリストアできるようになります。

5-4-3 WordPressの設定を変更する

以上で移行は完了です。EC2のWordPressの設定を変更して、RDSのDBインスタンスを参照するように変更します。WordPressのDBインスタンスの設定は、wp-config.phpというファイルに記載されています。第4章のようにインストールした場合、/usr/share/nginx/htmlディレクトリにあります。次の設定があります。

```
/** The name of the database for WordPress */
define('DB_NAME', 'wordpressdb');

/** MySQL database username */
define('DB_USER', 'wordpress');

/** MySQL database password */
```

```
define('DB_PASSWORD', 'mypassword');

/** MySQL hostname */
define('DB_HOST', 'localhost');
```

これらを、DBインスタンスのデータベース名やユーザー名、パスワード、DBインスタンスのエンドポイント名に変更します(**表5-3**)。

```
/** The name of the database for WordPress */
define('DB_NAME', 'wordpressdb');

/** MySQL database username */
define('DB_USER', 'root');

/** MySQL database password */
define('DB_PASSWORD', 'myrdspassword');

/** MySQL hostname */
define('DB_HOST', '図5-27で確認したエンドポイント');
```

●表5-3　変更する項目

項目名	意味
DB_NAME	データベース名。変更しなくてよい
DB_USER	DB インスタンスのマスターユーザー名
DB_PASSWORD	DB インスタンスのマスターパスワード
DB_HOST	DB インスタンスのエンドポイント

変更には、好きなエディタを使ってかまいません。Linuxになれている人なら、viエディタなどを使います。なれていない人は、nanoエディタを使うとよいでしょう。nanoエディタで変更するには、次のようにします。

手順 → nanoエディタでwp-config.phpファイルを変更する

Step1 nanoエディタで開く

nanoエディタで、/usr/share/nginx/html/wp-config.phpファイルを開きます。管理者権限が必要です。

```
# nano /usr/share/nginx/html/wp-config.php
```

TIPS
nanoはLinuxで広く使われるCLI（コマンドラインインターフェイス）のテキストエディタ

Step2 該当箇所を編集する

nanoエディタが起動して編集画面になります。カーソルキーで下方向に動かし、各種部分を変更してください（図5-28）。

aws
サービス
[Alt+S]
東京 ▼
suzuki @ 2294-4110-3797 ▼
GNU nano 5.8
/usr/share/nginx/html/wp-config.php
Modified
* * Database settings
* * Secret keys
* * Database table prefix
* * ABSPATH
* @link https://wordpress.org/documentation/article/editing-wp-config-php/
* @package WordPress
// ** Database settings - You can get this info from your web host ** //
/** The name of the database for WordPress */
define('DB_NAME', 'wordpressdb');
/** Database username */
define('DB_USER', 'wordpress');
/** Database password */
define('DB_PASSWORD', 'myrdspassword');
/** Database hostname */
define('DB_HOST', 'wordpressdb.cuwv9nfh4rgr.ap-northeast-1.rds.amazonaws.com');
/** Database charset to use in creating database tables. */
define('DB_CHARSET', 'utf8mb4');
/** The database collate type. Don't change this if in doubt. */
define('DB_COLLATE', '');
^G Help ^O Write Out ^W Where Is ^K Cut ^T Execute ^C Location M-U Undo M-A Set Mark M-] To Bracket
^X Exit ^R Read File ^\ Replace ^U Paste ^J Justify ^/ Go To Line M-E Redo M-6 Copy ^Q Where Was
i-007987d6f940c3d21 (WordPressWebServer)
PublicIPs: 43.207.207.180 PrivateIPs: 172.31.0.101
CloudShell
フィードバック
© 2023, Amazon Web Services, Inc. またはその関連会社。
プライバシー
用語
Cookie の設定

●図5-28　wp-config.phpを編集する

Step3 保存して終了する

変更したら、Ctrlを押しながらXを押します。すると画面下に「Save modified buffer?」と尋ねられるので、Yを押します（図5-29）。ファイル名が尋ねられるので、そのままEnterキーを押して、保存終了します（図5-30）。

aws
サービス
[Alt+S]
東京 ▼
suzuki @ 2294-4110-3797 ▼
GNU nano 5.8
Modified
* * Database settings
* * Secret keys
* * Database table prefix
* * ABSPATH
* @link https://wordpress.org/documentation/article/editing-wp-config-php/
* @package WordPress
// ** Database settings - You can get this info from your web host ** //
/** The name of the database for WordPress */
define('DB_NAME', 'wordpressdb');
/** Database username */
define('DB_USER', 'root')
/** Database password */
define('DB_PASSWORD', 'myrdspassword');
/** Database hostname */
define('DB_HOST', 'wordpressdb.cuwv9nfh4rgr.ap-northeast-1.rds.amazonaws.com');
/** Database charset to use in creating database tables. */
define('DB_CHARSET', 'utf8mb4');
/** The database collate type. Don't change this if in doubt. */
define('DB_COLLATE', '');
Save modified buffer?
Y Yes
N No ^C Cancel

●図5-29　終了する

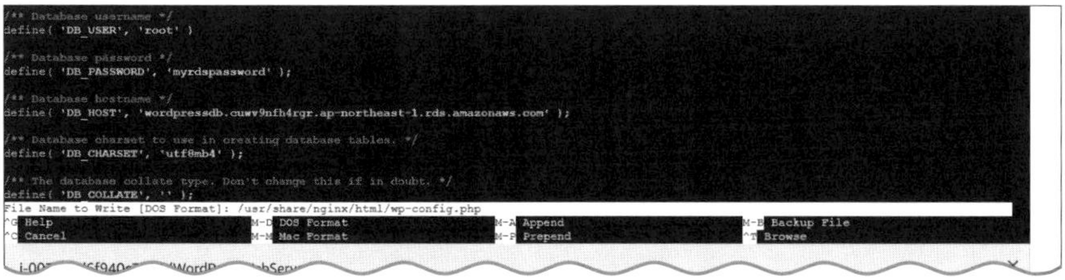
/** Database username */
define('DB_USER', 'root')
/** Database password */
define('DB_PASSWORD', 'myrdspassword');
/** Database hostname */
define('DB_HOST', 'wordpressdb.cuwv9nfh4rgr.ap-northeast-1.rds.amazonaws.com');
/** Database charset to use in creating database tables. */
define('DB_CHARSET', 'utf8mb4');
/** The database collate type. Don't change this if in doubt. */
define('DB_COLLATE', '');
File Name to Write [DOS Format]: /usr/share/nginx/html/wp-config.php
^G Help
^C Cancel
M-D DOS Format
M-M Mac Format
M-A Append
M-P Prepend
M-B Backup File
^T Browse

●図5-30　ファイル名を入力する（そのまま Enter キーを押す）

保存したら、設定を反映させるため、nginxを再起動しましょう。

```
# systemctl restart nginx
```

EC2インスタンスのパブリックIPアドレスを確認してWebブラウザでアクセスしてWordPressの画面が問題なく表示されることを確認します。

TIPS

WordPressのページ表示について手順の詳細は4-10参照

5-4-4 MariaDBの停止とアンインストール

以上で移行は完了しました。最後に、EC2インスタンス上のMariaDBを停止し、アンインストールしましょう。

TIPS

MariaDBはインストールしっぱなしにしておいてもすぐに実害ないが、もう必要ない。無駄な処理をさせる必要もないし、また不必要なサービスを動かすことは、そこを攻撃されるリスクにもなる

手順 EC2インスタンス上のMariaDBの停止とアンインストール

Step1 MariaDBの停止

MariaDBを停止するには、次のように入力します。

```
# systemctl stop mariadb
```

Step2 MariaDBのアンインストール

アンインストールするには、次のように入力します。削除してよいか尋ねられるので Y と Enter を押すと、削除できます。

```
# dnf remove mariadb105-server
```

```
[ec2-user@ip-172-31-38-27 ~]# dnf remove mariadb105-server
…略…
Is this ok [y/N]:
```

5-5 DBインスタンスの管理

RDSを使うまでの説明は以上です。最後に、DBインスタンスを管理する方法を、簡単に説明しておきます。

5-5-1 DBインスタンスの操作

DBインスタンスの操作は、EC2インスタンスの場合とほとんど同じです。RDSダッシュボードの［データベース］に一覧があり、クリックして選択した状態で［アクション］メニューから、DBインスタンスの変更や停止、再起動、削除などの操作ができます（**図5-31**）。

●図5-31　インスタンス一覧から操作する

たとえば、DBインスタンスのタイプ（性能、メモリ）やディスク容量を変更するには、［変更］ボタンをクリックします（**図5-32**）。

●図5-32　インスタンスを変更する

またDBインスタンスはEC2インスタンスと同様に、停止中はインスタンスの費用はかかりません(データを保存しているストレージの費用はかかります)。データベースを停止することは、実運用ではあまりないですが、開発や実験中などは、使っていないときに停止してコスト削減するとよいでしょう。

5-5-2 バックアップとリストア

データベースの運用では、バックアップは必須です。RDSでは、スナップショットとして、その瞬間の状態を保存しておけます。

TIPS

スナップショット snapshot。ある瞬間の状態を保存したもののこと

COLUMN

コマンドでバックアップする

DBインスタンスは、そのデータベースサーバーソフトがインストールされたデータベースサーバーと同じです。ですから、たとえばMariaDBやMySQLの場合は、mysqldumpなどのコマンドを使ってバックアップをとることもできます。

● スナップショットの作成

スナップショットを作成するには、**図5-31**のメニューにある[スナップショットの取得]を選択します。スナップショット名が尋ねられるので、適当なスナップショットの名前を入力して、[スナップショットの取得]をクリックすると、スナップショットを作れます。名前としては、現在の日時などわかりやすいものを付けておくとよいでしょう(**図5-33**)。

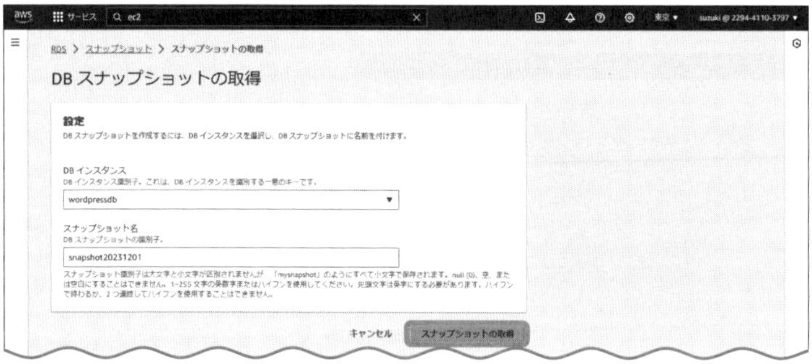
aws
サービス
ec2
東京
suzuki @ 2294-4110-3797
RDS > スナップショット > スナップショットの取得
DB スナップショットの取得
設定
DB スナップショットを作成するには、DB インスタンスを選択し、DB スナップショットに名前を付けます。
DB インスタンス
DB インスタンス識別子。これは、DB インスタンスを識別する一意のキーです。
wordpressdb
スナップショット名
DB スナップショットの識別子。
snapshot20231201
スナップショット識別子は大文字と小文字が区別されませんが、「mysnapshot」のようにすべて小文字で保存されます。null (0)、空、または空白にすることはできません。1~255 文字の英数字またはハイフンを使用してください。先頭文字は英字にする必要があります。ハイフンで終わるか、2 つ連続してハイフンを使用することはできません。
キャンセル
スナップショットの取得

●図5-33 スナップショットを作成する

作成したスナップショットは、RDSマネジメントコンソールの［スナップショット］に表示されます（**図5-34**）。スナップショットの作成完了までには、少し時間がかかります。

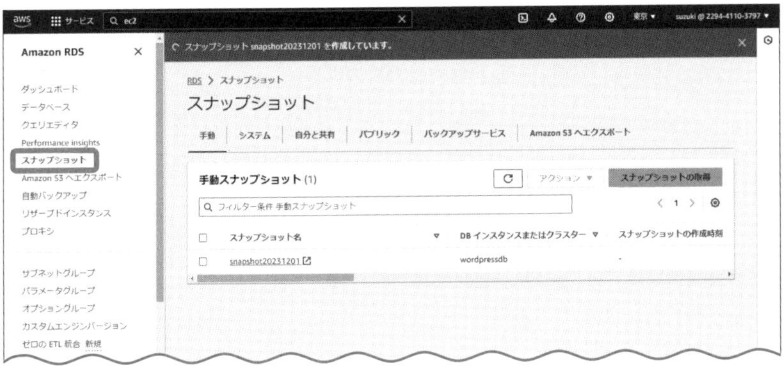

●**図5-34　作成されたスナップショット**

● スナップショットからの復元

復元したいときは、スナップショットにチェックを付け、［アクション］から［スナップショットを復元］を選択します（**図5-35**）。

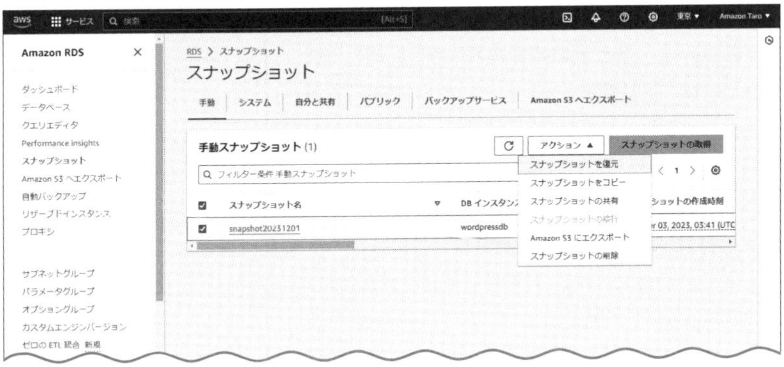

●**図5-35　スナップショットから復元する**

スナップショットの復元とは、もとのDBインスタンスにリストアするのではなく、このスナップショットから「新しいDBインスタンスを作る」という動作をとります。ですから、復元するときの設定画面は、新しいDBインスタンスを作るときと同じ画面で構成されます（**図5-36**）。

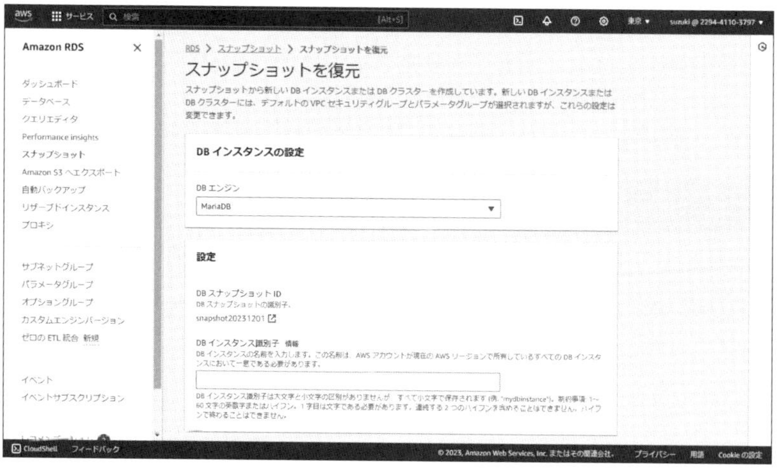

●図5-36　スナップショットから復元する

RDSには、既存のDBインスタンスに復元する機能はありません。既存のDBインスタンスを削除して、復元して作り直します。

COLUMN

課金を防ぐには

この章で作成したDBインスタンスは、第6章以降でも使い続けます。動かしていれば、課金対象となります。課金を防ぐには、次の3つの手順があります。無駄な課金を防ぐため、まずは、下記①の方法をとることを推奨します（ただし1年間の無償利用枠の範囲では、費用はかかりません）。

①DBインスタンスを停止する

DBインスタンスの一覧から［アクション］—［一時的に停止］を選択して、インスタンスを一時停止状態にします（**図5-37**）。すると確認画面が表示され、［はい、今すぐ停止します］をクリックすると停止します（**図5-38**）。

そうすれば、RDSの実行時間に対する課金はかかりませんし、もう一度、起動したいときは、［アクション］—［開始］を選択するだけです。エンドポイントが変わることもないのでお手軽で、使わないときに、積極的に使いたい方法です。

ただしDBインスタンスの最大停止期間は7日間です。7日を超えると、開始操作をしなくても、自動で起動するので注意してください。なおDBインスタンスを停止した状態でも、ストレージの費用（本書の流れでは20Gバイトのストレージを使っているので20Gバイト分の使用量。これは1年間の無料利用枠に収まる）はかかり続けるので注意してください。また後述のように、スナップショットを作ったときは、そのスナップショットの料金も加算されます。

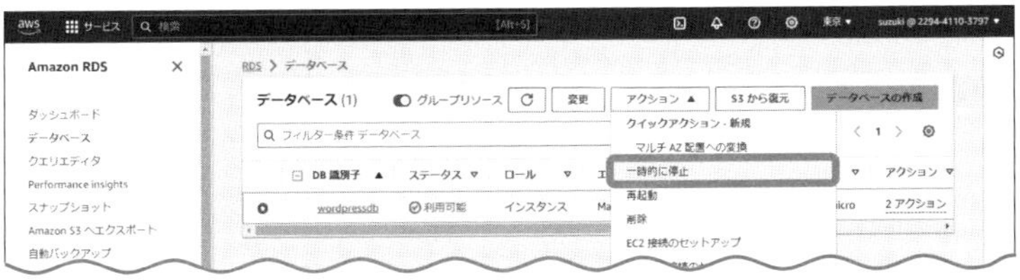

●図5-37　DBインスタンスを停止する

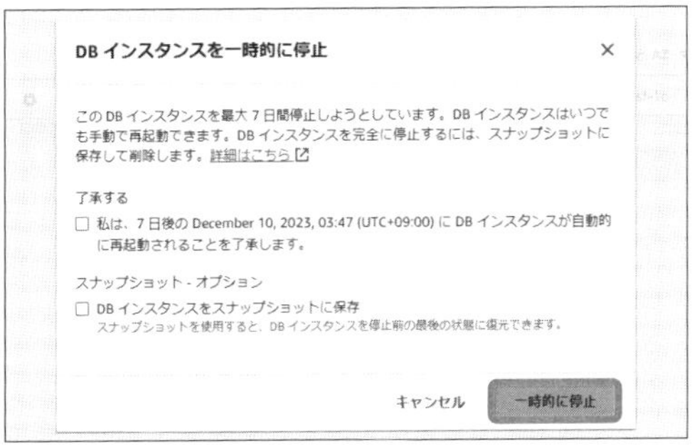

●図5-38　停止の確認

②DBインスタンスを削除する

完全に使わなくなったときは、DBインスタンスを削除します。**図5-37**で［削除］を選択すると、**図5-39**の画面が表示されます。この画面で「delete me」と入力して［削除］をクリックすれば、DBインスタンスとストレージが削除されます。

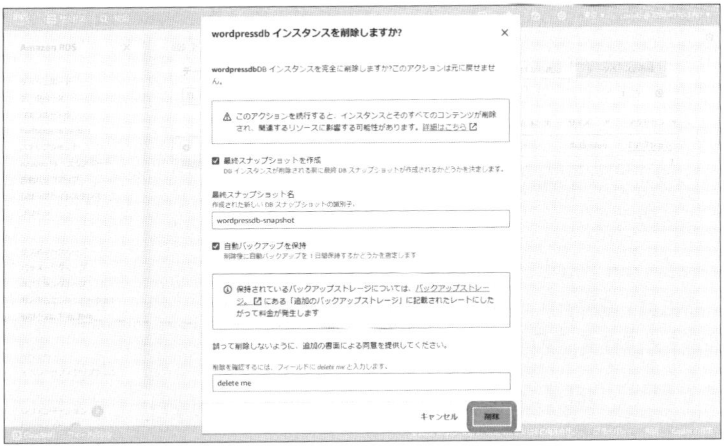

●図5-39　削除の確認

③スナップショットの削除

スナップショットも課金の対象です。必要がなくなったスナップショットは、削除するとよいでしょう。[スナップショット] メニューを開き、削除したいスナップショットにチェックを付け、[アクション] メニューから [スナップショットの削除] を選択すると削除できます (**図5-40**)。

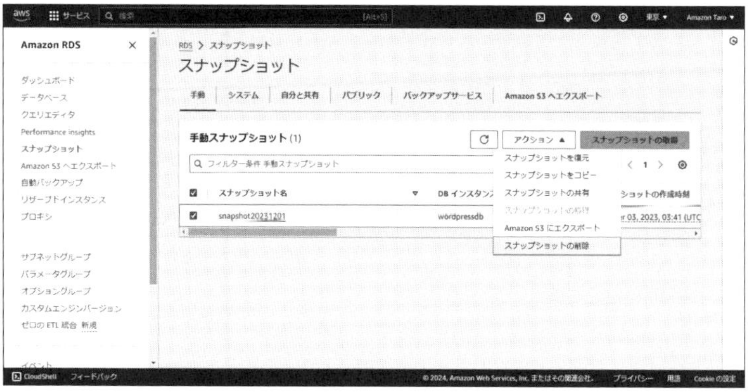

●図5-40　スナップショットの削除

要点整理

- ✔ RDSはマネージドのデータベースサービスです。ユーザーは運用管理する必要がなく、RDSマネジメントコンソールから操作するだけで、簡単にデータベースサーバーを起動できます。
- ✔ RDSで作成するデータベースサーバーが、DBインスタンスです。DBインスタンスはEC2インスタンスと同様に、どこかのVPC・サブネットに配置します。配置すると、接続先となるエンドポイントが決まります。
- ✔ EC2インスタンスとだけ接続すればよいのであれば、DBインスタンスにはパブリックIPを割り当てず、インターネットと通信できないようにしてセキュリティを高めます。
- ✔ EC2インスタンスとDBインスタンスで通信できるようにするには、セキュリティグループの設定が必要です。
- ✔ EC2インスタンス上のデータベースなど、既存のデータベースからDBインスタンスに移行するには、既存のデータベースでバックアップを作り、それをDBインスタンスにリストアします。
- ✔ スナップショットという機能を使うとDBインスタンスの、その瞬間の状態を保存できます。

CHAPTER

6

固定IPアドレスとドメイン名を使おう

ウェブサイトを構築するときは、www.example.co.jpのようなドメイン名でアクセスできるようにするのが一般的です。そこでこの章で、こうしたドメイン名を使えるようにする方法を説明します。
ドメイン名を使うには、AWSのRoute 53というマネージドサービスを使います。
この章では、ドメイン名の申請から設定の方法までを説明し、第３章で作ったS3のサーバーや第４章･第５章で作ったEC2のサーバーを、それぞれ、ドメイン名でアクセスできるようにしていきます。

6-1 IPアドレス・ドメイン名を設定するには

これまで作成してきたWebサーバーやブログサーバーにhttp://www.example.co.jp/のようなドメイン名で接続できるようにします。Elastic IPとRoute 53サービスを使います。

6-1-1 ドメイン名によるアクセス

ふだん私たちは、Webサイトを見るのに、「http://www.example.co.jp/」ようなアドレスを使っています。この「example.co.jp」の部分がドメイン名です。

TIPS

ドメイン名　domain name。インターネット上で利用できる分かりやすい名前。サイトにアクセスするときやメールアドレスとして利用できる

私たちが第3章で作成してきたS3バケットによるWebサーバーや第4章・第5章で作成してきたEC2インスタンスによるブログサーバーも、こうしたドメイン名が使えると便利です。

そこでこの章では、これらのサーバーにドメイン名でアクセスできるようにすることを目指します。

6-1-2 この章での操作の流れ

この章では、「awsexample0123.com」というドメイン名を取得します（このドメイン名は、筆者が実際に取得したドメイン名なので、皆さんは利用できません。皆さんが実際に試すときは、他のドメイン名を使ってください）。

このとき、第3章で作成したS3バケットによるWebサーバーや第4章・第5章で作成したEC2インスタンスによるWebサーバーを、次のアドレスでアクセスできるように構成するというのが、本章の内容です（**図6-1**）。

①第3章で作成したS3バケットによるWebサーバー
http://www.awsexample0123.com/

②第4章・第5章で作成したEC2インスタンスによるWebサーバー
http://blogs.awsexample0123.com/

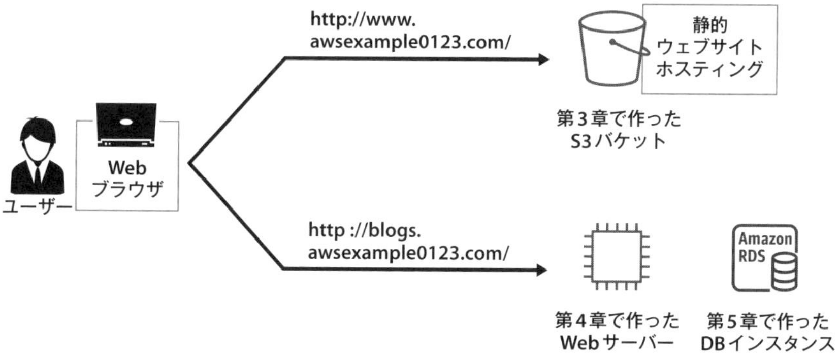

●図6-1　この章でやること

①固定IPアドレスを割り当てる

ドメイン名を割り当てるには、パブリックIPアドレスやパブリックDNSが、いつも同じ値でなければなりません。

第3章のS3バケットはエンドポイントが固定化されていますが、第4章・第5章の構成のEC2インスタンスは、停止して起動し直すと変わってしまうため、まずは、このEC2インスタンスのパブリックIPやパブリックDNSを固定化します。そのためには、Elastic IPという機能を使います。

②ドメインを取得する

次に、ドメインを取得します。本書では例として、「awsexample0123.com」というドメインを取得します。

ドメインはAWSマネジメントコンソールから操作して取得できます。

③ドメインを関連付ける

ドメインをS3バケットやEC2インスタンスと関連付けます。ドメインを関連付けるには、Route 53というサービスを使います。

AWSマネジメントコンソールを操作し、Route 53ダッシュボードから、「www」という名前をS3バケットに、「blogs」という名前をEC2インスタンスに、それぞれ関連付けます。

すると、「http://www.awsexample0123.com」や「http://blogs.awsexample0123.com」で、それぞれのサーバーを参照できるようになります。

6-2 Elastic IPで固定IPを割り当てる

まずは、固定IPの割り当てから始めます。Elastic IPを利用します。

6-2-1 EC2インスタンスのIPアドレスは変わる

作成したEC2インスタンスにアクセスするのに、AWSでは「http://ec2-43-207-207-180.ap-northeast-1.compute.amazonaws.com/」のようなパブリックDNS名や、「http://43.207.207.180/」のようなパブリックIPが使えます。

この値は変わる可能性があります。EC2インスタンスのパブリックDNS名やパブリックIPは、ずっと同じ値であることが保証されていないのです。

AWSにおいては、EC2インスタンスを停止し、それから起動し直すと、パブリックDNS名やパブリックIPアドレスが変わってしまいます。つまり、メンテナンスや不具合などで、一度、EC2インスタンスを停止して、それから起動し直すと、これらの値が変わるので、いままで通り、「http://ec2-43-207-207-180.ap-northeast-1.compute.amazonaws.com/」や「http://43.207.207.180/」と入力したのでは、つながらなくなってしまうのです。

TIPS
SSHで接続する場合はパブリックDNS名やパブリックIPを利用するケースがある

TIPS
パブリックDNSやパブリックIPは、環境によって異なる値。EC2インスタンスのプロパティで確認できる

TIPS
少し回りくどい言い方をしているのに注意。パブリックDNSやパブリックIPは、再起動では変わらない。停止して起動し直したときだけ変わる。これは、使用していたパブリックIPアドレスが、停止時に解放されるのが理由

6-2-2 Elastic IPアドレス

EC2インスタンスなどに割り当てるパブリックIPやパブリックDNSの値を変えないようにする機能が、Elastic IPアドレス（以下Elastic IP）です。Elastic IPは、矢印のアイコンで示されます（**図6-2**）。

Elastic IPを使うときは、まず、IPアドレスを確保する操作をします。すると、その時点でパブリックIPとパブリックDNSが確定します。そのElastic IPをEC2インスタンスに割り当てることで、EC2インスタンスが停止してもIPアドレスが変わらないようにできるのです。

EC2インスタンスにElastic IPを割り当てるなどのように、いつも同じIPアドレスを設定することを「静的IPアドレス（または固定IPアドレス）で運用する」と言います。逆に同じでないIPアドレスで運用すること（Elastic IPを使わず、IPアドレスが変わる可能性がある運用）を「動的IPアドレスで運用する」と言います。

TIPS
Elastic IP　エラスティックアイピー。AWSにおいて、固定のIPアドレスを割り振る機能。EIPとも略される

TIPS
パブリックIPやパブリックDNSはリージョン単位。確保したIPアドレスを別のリージョンに持っていくことはできない

TIPS
Elastic IPは取り外して、別のEC2インスタンスに割り当て直すこともできる。この方法は、EC2インスタンスが壊れたときに、新しいEC2インスタンスを起動して差し替えるときに、よく使われる

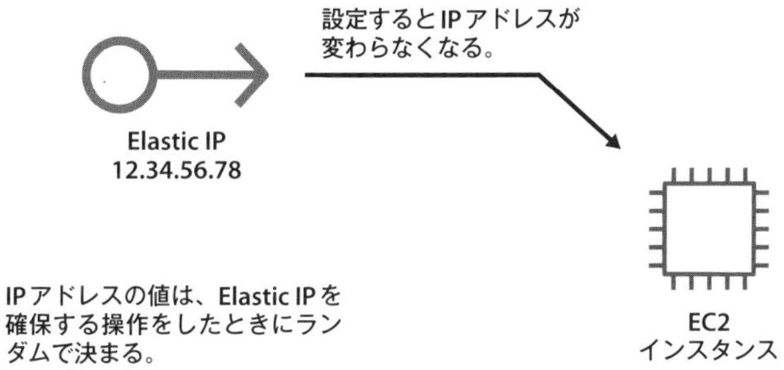

●図6-2　Elastic IP

6-2-3 Elastic IPの料金

Elastic IPアドレスの料金は、1時間あたり0.005ドルです。

6-2-4 IPアドレスを確保する

まずは、Elastic IPの機能を使って、IPアドレスを確保します。Elastic IPはEC2ダッシュボードにあるので、その画面から操作します。

手順 IPアドレスを確保する

Step1 新しいアドレスの割り当てを始める

EC2ダッシュボードを開き、[Elastic IP]を開きます。この画面が静的IPアドレスを管理する画面です。[Elastic IPアドレスを割り当てる]をクリックして、新しいアドレスの割り当てを始めます(図6-3)。

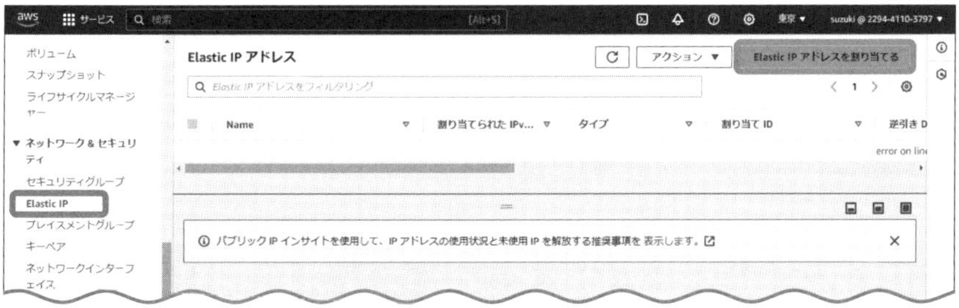

●図6-3　新しいアドレスの割り当てを始める

Step2 使用範囲を決める

どの範囲で使う静的IPアドレスなのかを選択します。本書の構成では、

「ap-northeast-1」（東京リージョンのこと）しかないはずです。そのまま［割り当て］ボタンをクリックします（**図6-4**）。

●図6-4　使用範囲を決める

Step3 IPアドレスが確保される

IPアドレスが確保されます（**図6-5**）。このIPアドレスは、次の作業で必要になるので控えておきます。

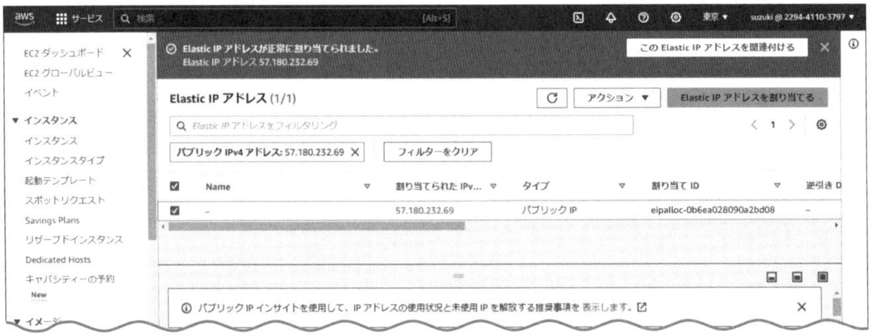

●図6-5　IPアドレスが確保された

6-2-5 IPアドレスを割り当てる

次に、確保したIPアドレスをEC2インスタンスに割り当てます。

手順 確保したIPアドレスをEC2インスタンスに割り当てる

Step1 アドレスの関連付けを始める

［Elastic IP］メニューには、確保しているIPアドレスの一覧が表示されます。ここで割り当てたいIPアドレスをクリックしてチェックを付け、［アクション］メニューから［Elastic IPアドレスの関連付け］を選択します（**図6-6**）。

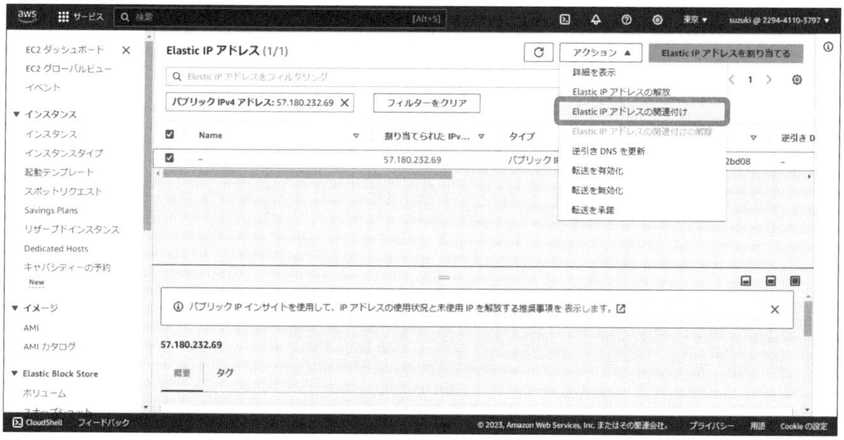

●図6-6　アドレスの関連付け

Step2　インスタンスを選択する

アドレスを割り当てたいインスタンスを選択します。[インスタンス]の部分で、第4章や第5章でWordPressをインストールしたEC2インスタンスを選択し、[関連付ける]をクリックします(**図6-7**)。

●図6-7　インスタンスを選択する

Step3　割り当ての完了

EC2インスタンスへの割り当てが完了します。インスタンスへの割り当て状況は、表の[関連付けられたインスタンスID]に表示されます(**図6-8**)。

また［インスタンス］メニューをクリックしてインスタンス一覧を表示して、該当インスタンスを確認すると、［パブリックIPv4アドレス］が、このElastic IPになっていることがわかります（**図6-9**）。

以降は、Webブラウザで接続する場合、この新しいIPアドレスに変える必要があります。いままでのパブリックIPやパブリックDNSでは接続できないので注意してください。

●**図6-8　割り当ての完了**

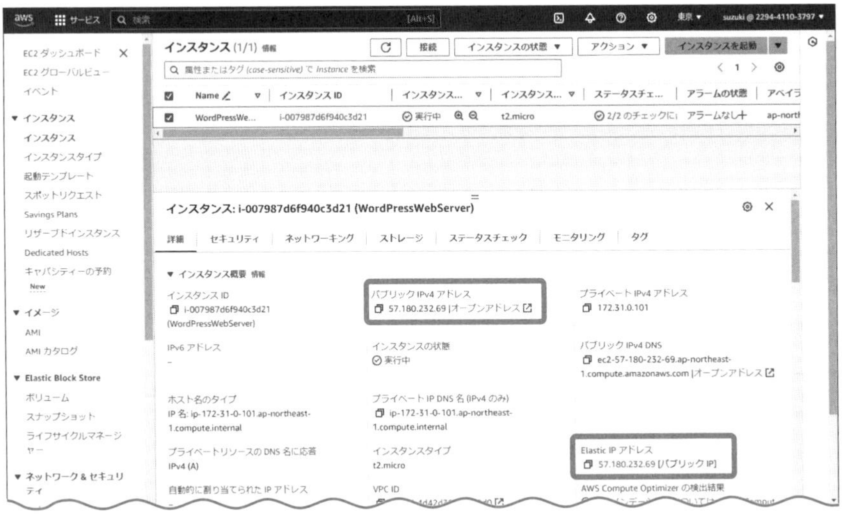

●**図6-9　インスタンスのパブリックIPv4アドレスを確認したところ**

TIPS

図6-9でパブリックIPv4アドレスのリンクをクリックするとブラウザで開くが、このリンクは「https://」と、「s」がある暗号化ありのプロトコルで接続しようとする。ここまでの構成では暗号化の設定をまだしていないので、このアドレスでは接続できない。ブラウザのアドレス欄で「http://」のように「s」を削除して接続し直すと、正しく接続できる

6-2-6 ＞ レイアウトの崩れなどに対応する

AWS上の設定は、以上です。この状態で、ブラウザから「http://ElasticIPアドレス/」にアクセスすると、WordPressの画面が表示されるはずです。

しかし実際に確認すると、**図6-10**のようにレイアウトが崩れたり、画像が表示されなかったりすることがわかります。

僕のブログ
サンプルページ
A commitment to innovation and sustainability
Études is a pioneering firm that seamlessly merges creativity and functionality to redefine architectural excellence.
About us
Building exterior in Toronto, Canada

●図6-10　レイアウトが崩れ、画像が見えない

これはAWSの問題ではなく、WordPressの問題です。WordPressは、インストール時のIPアドレスやドメイン名での自動設定をするからです。

この場合は、サイトURLを変更すると直ります。修正には、いくつかの方法があります。ここでは、wp-config.phpを変更する方法を説明します。

TIPS
その他の方法については、WordPressのドキュメント、https://ja.wordpress.org/support/article/changing-the-site-url/を参照

手順 WordPressのIPアドレス設定を変更する

Step1 ログインする

第3章を参考にして、EC2 Instance Connectなどで接続します。

TIPS
SSHで接続して操作してもかまわない。その場合、Elastic IPアドレスの設定に伴い、接続先のIPアドレスが変わっている点に注意すること

Step2 wp-config.phpファイルを開く

wp-config.phpファイルを開きます。このファイルは/usr/share/nginx/htmlディレクトリにあります。nanoエディタで開くなら、次のようにコマンド入力します。

```
# nano /usr/share/nginx/html/wp-config.php
```

TIPS
ここでは管理者権限でnanoを使っているが、sudo nanoで実行してもよい

Step3 URLの設定を記述する

wp-config.phpの1行目の「<?php」の下の2行目に、次の2行を追記します（**図6-11**）。IPアドレスは、**図6-9**で確認してください。また、末尾に「/」は付けないようにしてください。

```
<?php
define('WP_HOME','http://自分のElasticIPアドレス');
define('WP_SITEURL','http://自分のElasticIPアドレス');
…略…
```

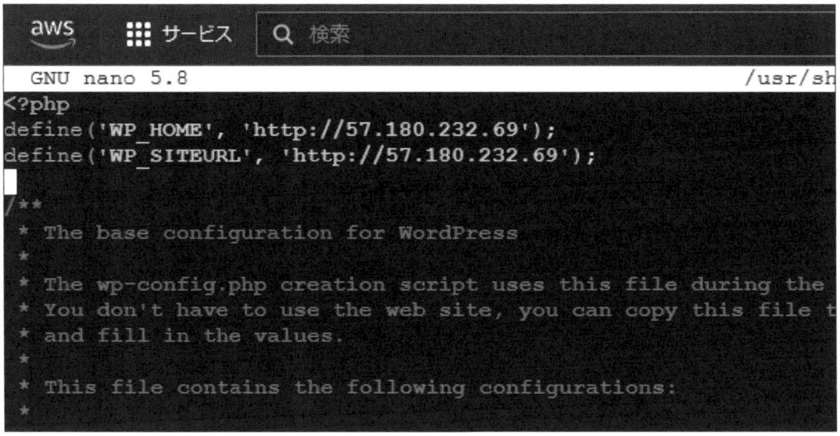
aws
サービス
検索
GNU nano 5.8
/usr/sh
<?php
define('WP_HOME', 'http://57.180.232.69');
define('WP_SITEURL', 'http://57.180.232.69');
/**
* The base configuration for WordPress
*
* The wp-config.php creation script uses this file during the
* You don't have to use the web site, you can copy this file t
* and fill in the values.
*
* This file contains the following configurations:
*

●図6-11　URLの設定を記述する

Step4 保存する

編集を保存します。nanoエディタの場合は、Ctrl + X キーを押して終了メニューを表示、保存するかどうかを尋ねられたら Y キーを押します。ファイル名が尋ねられたら Enter キーを押して保存します。

以上で設定は完了です。ブラウザの［更新］（リロード）ボタンをクリックすると、今度は、崩れがなく、正しく表示されるのがわかります（**図6-12**）。

僕のブログ
サンプルページ
A commitment to innovation and sustainability
Études is a pioneering firm that seamlessly merges creativity and functionality to redefine architectural excellence.
About us

●図6-12　正しく表示された

6-3 ドメイン名を使えるようにするには

www.example.co.jpのようなドメイン名を利用するには、ドメイン名を取得するところから始めます。ドメイン名を取得したら、DNSサーバーを構成し、サーバーとの関連付けを設定します。

いつも同じパブリックIPやパブリックDNSでアクセスできるようになりました。次に、このサイトにドメイン名でアクセスできるようにしていきましょう。

ドメイン名でアクセスできるようにするには、ドメイン名を取得し、そのドメイン名を利用するためのDNSサーバーを設定します。

6-3-1 ドメイン名の取得

example.co.jpのようなドメイン名を使うには、まず、そのドメインを取得します。

ドメインの取得とは、レジストラと呼ばれるドメインを管理する事業者にお金を支払って、1年間もしくは数年の利用権を購入することを言います。

レジストラは、たくさんあります。たとえば日本国内では、GMOの「お名前.com」やNTTPCコミュニケーションズの「名づけてねっと」などがあります。

実は、AWSもレジストラです。AWSマネジメントコンソールから操作するだけで、ドメインを取得できます。取得したドメインをAWSだけで使うのであれば、この方法が簡単です。

> **TIPS**
> レジストラ　registrer。ドメインの登録代行業者のこと

> **TIPS**
> 他のレジストラから取得したドメインを持ち込むこともできる。ただし、その場合はAWSだけでの設定は完結せず、持ち込み元のレジストラ側での移行設定が必要

6-3-2 ドメインとホスト名

実際にドメインを取得するときは、アクセスするときのwww.example.co.jpなどを取得するのではなく、「example.co.jp」のような名前で申請します。アクセスするときの左側に付けた「www.」は、ドメインを取得した人が付ける、好きな名前です。この部分をホスト名と言います。そして「www.」がついた全体の名前のことは完全修飾ドメイン名（FQDN）と言います（**図6-13**）。

> **TIPS**
> ホスト名　hostname。コンピューターやネットワーク機器など通信する機器に付ける名前

> **TIPS**
> FQDN　Fully Qualified Domain Name。ホスト名からドメイン名までを完全に記した名称のこと

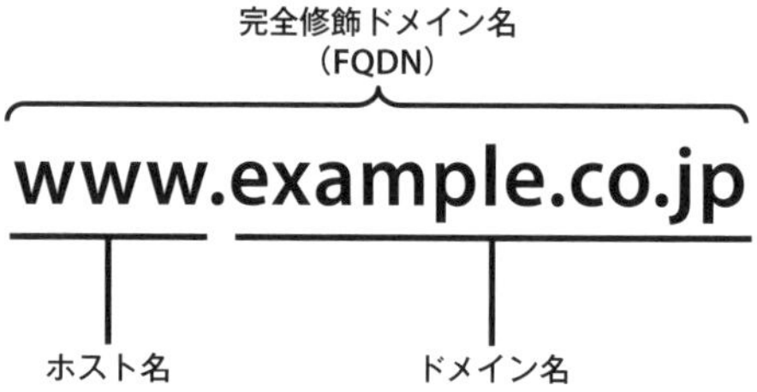

●図6-13　ドメインとホスト名

「www.」は、慣例的に付けた名前であり、www.である必要はありません。たとえば、「web.example.co.jp」や「webserver.example.co.jp」のような名前でもかまいません。

ドメインの所有者は、好きなだけ、こうしたホスト名を作ることができます。たとえば、「mail.example.co.jp」のような、いかにもメールサーバーに使いそうな名前も作れます。

TIPS

「www」や「webserver」は、名前にすぎず、役割を示すものではない。www.example.co.jpでWebサーバーにアクセスできるようにするのは慣例に過ぎず、設定上は、Web機能を提供しない、全然関係ないサーバーに割り当てることもできる

COLUMN

サブドメイン

ドメインは「.」で区切って、階層的に使うこともできます。

たとえば会社で使う場合に、「tokyo.example.co.jp」や「osaka.example.co.jp」というように、それぞれ、東京支店や大阪支店で使いわける場合などです。このように階層的に分岐したドメインのことを、サブドメインと言います。

サブドメインの前には、さらにホスト名を付けて利用します。たとえば、「tokyo.example.co.jp」に対しては、「www.tokyo.example.co.jp」や「mail.tokyo.example.co.jp」、「osaka.example.co.jp」に対して、「www.osaka.example.co.jp」のような名前を使うことができます（**図6-14**）。

TIPS

サブドメインは、さらに階層化することもできる。たとえば、東京支店の経理部を「keiri.tokyo.example.co.jp」とするなど

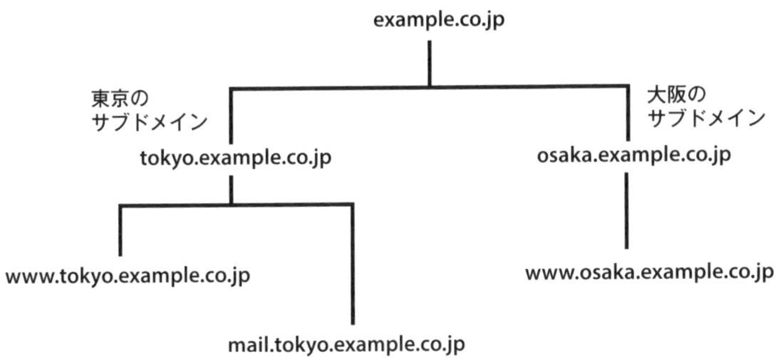

●図6-14　サブドメイン

ホスト名とサブドメインは、どちらも「.」で区切られた表記をしており、見た目は同じです。

その名前をサーバーなどに割り当てて使うのであればホスト名、そうではなくて、東京支店や大阪支店など、さらに分けて使うのであればサブドメインという言い方をするのに過ぎません。

TIPS

ただし、運用面で言うと、「サブドメイン」と呼称する場合、そのサブドメインに対して別のDNSサーバーを構築して、管理権限を分ける（委譲すると言う）という意味を含む

6-3-3 ドメインを使うためのDNSサーバー

ドメイン（およびサブドメイン）を使うには、インターネット上に、DNSサーバーと呼ばれるサーバーを構築します。

DNSサーバーは、「ドメイン名」と「IPアドレス、もしくは別のドメイン名」の対応表を持つサーバーです。

「6-1　IPアドレス・ドメイン名を設定するには」で説明したように、本章では、awsexample0123.comというドメイン名を取得し、「blogs.awsexample0123.com」で、EC2インスタンスに接続できるようにします。

すでに「6-2 Elastic IPで固定IPを割り当てる」で説明したように、EC2インスタンスには、静的なIPアドレスを設定しています。

このとき、awsexample0123.comというドメインを管理するDNSサーバーを構築し、そのDNSサーバーで、「blogs→割り当てたElasticIP」という割り当て表を設定すると、blogs.awsexample0123.comでアクセスできるようになります（図6-15）。

TIPS

DNSサーバー　Domain Name Systemサーバー。ドメイン名とIPアドレスなどの対応付けを管理するサーバー

●図6-15　DNSサーバーに対応表を設定することで、ドメイン名でアクセスできるようになる

TIPS

図中に表記している「57.180.232.69」は、図6-9で確認したElasticIPに合わせている。実際の値は環境によって異なる

COLUMN

メールの設定

本書では説明しませんが、メールアドレスとして使う場合も、DNSサーバーの設定が必要です。

たとえば、「ユーザー名@example.co.jp」のようなメールアドレスを使いたいときは、「example.co.jp」に対して、「MXレコード」と呼ばれる設定項目を追加し、そのドメイン宛のメールを受信するメールサーバーの名前を記述します。

また近年では、そのドメインを使ったメール送信を許可するサーバーを限定したり、正当性を確認するための電子署名を設定したりして、送信元の偽装を防ぐことで、迷惑メールを防ぐ運用もされています。

6-4 Route 53で DNSサーバーを作る

AWSでは、DNSサーバーとしてAmazon Route 53を使います。Route 53サービスに使いたいドメイン名の設定をすることで、そのドメインが利用できるようになります。

AWSでは、「Route 53」というマネージドサービスを使うとDNSサーバーを作れます。Route 53サービスは、AWSシンプルアイコンでは、**図6-16**に示す形をしています。対応表のことは、「ルートテーブル」と言います。

すぐあとに説明しますが、AWSマネジメントコンソールからRoute 53ダッシュボードを開くと、そこには、新規ドメインの取得や、取得したドメインを管理するメニュー項目があります。

ドメインを管理する項目では、ホスト名とIPアドレス（もしくは別のホスト名）とを割り当てる設定があり、その割り当てをすることで、ドメイン名が使えるようになります。

TIPS

ルートテーブルの「172.16.0.0」などの数値は、アイコンのイラストに過ぎず、何か特別な意味を持っているわけではありません。ただの図柄です

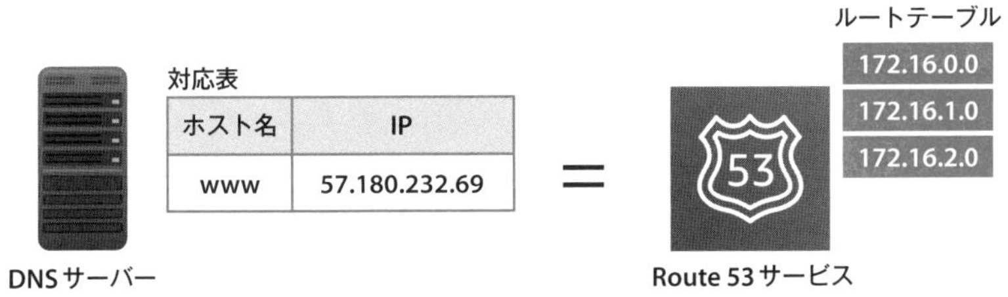

●図6-16　Route 53サービスのアイコン

6-4-1 Aレコードを構成する

DNSサーバーにおけるホスト名やIPアドレスを関連付ける設定項目のことを、レコードと言います。ホスト名とIPアドレスとを結び付けるときに使われるのは、Aレコードです。

これまでは表として、それとなく説明してきましたが、整理してみましょう。たとえば、blogs.awsexample0123.comという名前で、IPアドレスが57.180.232.69であるEC2インスタンスに接続できるようにしたいのであれば、awsexample0123.comというドメイン名に対して、「blogs→57.180.232.69」という設定をしたAレコードを構成します（**図6-17**）。

TIPS

Aレコード　ホスト名からIPアドレスへの対応付けを管理する項目

ルートテーブル

ホスト名	レコードの種類	IP
blogs	A	57.180.232.69

awsexample0123を
管理するRoute 53サービス

●図6-17　Aレコードを設定するとドメイン名で接続できるようになる

6-4-2 S3バケットの場合はエイリアス機能を使う

EC2の場合は、これでうまくいきますが、第3章で行ったS3バケットの静的ウェブホスティングを有効にして作ったWebサーバーの場合には、うまくいきません。なぜならS3にはパブリックIPが付いておらず、接続先となるエンドポイントがドメイン名だからです。

S3バケットのプロパティを確認すると、バケットウェブサイトエンドポイントとして、パブリックIPではなく「http://www.awsexample0123.com.s3-website-ap-northeast-1.amazonaws.com」のようなドメイン名が付いているのがわかるかと思います（**図6-18**）。

いま説明したAレコードは、IPアドレスと関連付けるための機能なので、割当先がIPアドレスではなくドメイン名である場合には、使えません。

●図6-18　S3バケットのエンドポイントはIPアドレスではない

これに対応するには、次の2つの方法があります。

①エイリアス機能を使う

Route 53には、Aレコードに対して、「エイリアス」と呼ばれる拡張機能があり、S3バケットなどのエンドポイントを選択すると、そのIPアドレスを内部的に変換したものを設定できます。

この方法を使ってAレコードを構成すると、S3バケットなどIPアドレスとして接続先が指定されないものに対しても、ホスト名の割り当てができます。

エイリアス機能は、Route 53独自のものです。汎用的なDNSサーバーの機能にはありません。

TIPS
エイリアス　alias。別名のこと

②CNAMEを使う

もうひとつは、Aレコードの代わりに、CNAMEレコードを使う方法です。

CNAMEレコードは、DNSにおける別名を示すレコードで、あるホスト名に対して、別のホスト名（ドメイン名）を指定できます。ですからCNAMEを使って、図6-19で確認したエンドポイントを設定すると、接続できるようになります。

この方法は汎用的な方法であり、Route 53以外でDNSサーバーを構成する場合にも使えます。

TIPS
CNAMEレコード　ホスト名に対して別名を設定する項目

どちらの方法を使ってもかまいませんが、Route 53を使うのであれば①が推奨されます。設定が簡単で、②よりも運用コストが若干安くなるためです。

TIPS
それぞれの優位点については https://docs.aws.amazon.com/ja_jp/Route53/latest/DeveloperGuide/resource-record-sets-choosing-alias-non-alias.html を参考にする

COLUMN

ホスト名なしのドメイン名を使うときの注意

長いURLを入力するのは煩雑です。一般には、短いURLが好まれます。「www.example.co.jp」のような名前ではなく、もっと短い、ホスト名なしの「example.co.jp」でアクセスできるようにすることも多くなりました。

こうしたホスト名なしの名前のことを「ゾーンAPEX（エイペックス）」や「ネイキッドドメイン（Naked Domain）」「ルートドメイン（Root Domain）」などと呼びます。

ホスト名なしのものは、ひとつ制限があります。それはCNAMEレコードが使えないという点です。Route 53なら、Aレコードでエイリアスすれば CNAMEレコードの代わりになるので問題ありませんが、そうでないときは注意してください。

6-4-3 S3バケット名とドメイン名の関係

DNSそのものではなく、S3側の仕様として注意すべき点があります。すでに第3章でも少し触れましたが、「バケット名は、アクセスするときのドメイン名と合致しなければならない」という制約です。S3バケットに対して自分のドメイン名でアクセスできるように構成する場合は、この制約を忘れてはいけません。

たとえば、S3バケットの静的ウェブサイトホスティング機能を有効にしてWebサーバーを構成し、そのWebサーバーに対して「http:// www.awsexample0123.com/」でアクセスできるようにする場合は、S3バケット名が「www.awsexample0123.com」でなければなりません（**図6-19**）。

別の名前だと、アクセスしたときにエラーが発生します。

これを見越して、第3章ではバケット名をwww.awsexample0123.comとしています。

もし、アクセスさせたいドメイン名とS3バケット名とが違うときは、そのドメイン名と同名のS3バケットを新たに作ってください。

S3バケットの名前は、変更できません。そのため、既存のS3バケットの名前を変更することで、この条件を満たすように対応することはできません。バケット名を変えたいときは、新規にS3バケットを作り、いまのS3バケットに保存されているファイルを全部コピーして、作成し直す方法しかありません。

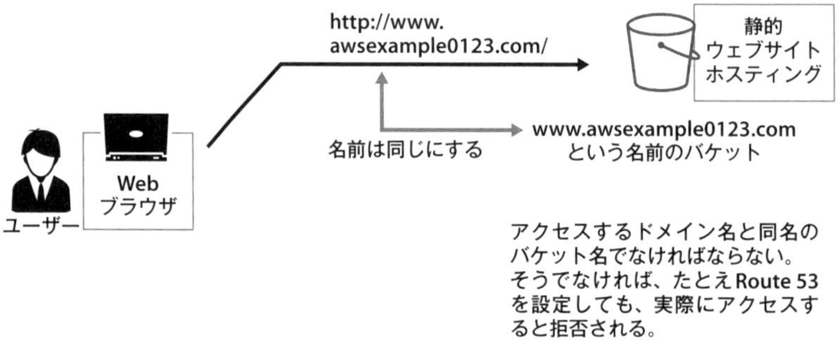

●図6-19　S3バケット名の制約

6-4-4 ドメイン名でアクセスできるようになるまでの操作

以下、ここまでの説明を元に、「EC2インスタンス（ブログ）はblogs.awsexample0123.com」「S3インタンス（静的ページ）はwww.awsexample0123.com」という名前でアクセスできるようにしていきます。

その流れは、以下の通りです。

①ドメインを申請する

awsexample0123.comというドメインを申請して使えるようにします。

②EC2インスタンスに接続できるようにする

blogs.awsexample0123.comという名前でEC2インスタンスにアクセスできるようにするため、blogsに対するAレコードを設定します。設定値は、EC2インスタンスのElastic IPです。

③S3バケットに接続できるようにする

www.awsexample0123.comという名前でS3バケットにアクセスできるようにするため、wwwに対してS3バケットへのエイリアスを設定します。

6-4-5 Route 53の費用

具体的な手順に入る前に、費用についても説明しておきます。Route 53の費用は、1年間の無料利用枠には含まれていません。Route 53を使う場合、①ドメイン名の申請費用、②運用費用の2種類の料金がかかります。

①ドメインの申請費用

example.jpやexmaple.com、example.netなどのドメインの申請費用です。言い換えると、そのドメインの「1年間の使用料金」です。

費用は、末尾の「.jp」「.com」「.net」などの種類によって変わります。安いものだと数ドルから、高いものだと100ドル以上するものもあります。

②運用費用

運用費用は、次の合計です。

運用費用 = 月額固定費 + アクセスされた回数に対する変動費

月額固定費は、1つのレコード（ホスト名とIPアドレスとの割り当て）に対して0.50ドルです。本書で設定するように「blogs」と「www」を割り当てる場合は2レコード登録するので、0.50 × 2 = 1ドルかかります。

アクセスされた回数に対する変動費は、100万アクセス当たり0.40ドル。

DNSの問い合わせはキャッシュされるので、ユーザーがドメインにアクセスするたびに発生するわけではないのですが、よほどアクセスが多いサイトでなければ、100万アクセスに収まるでしょう。

ですから、全体の運用費としては、数ドル程度に収まるはずです。

6-5 ドメイン名を申請する

それでは、ドメインの設定をしていきましょう。まずは、今後設定していくドメイン名の申請から始めます。

6-5-1 Route 53ダッシュボード

ドメイン名の申請は、Route 53ダッシュボードから行います。AWSマネジメントコンソールから、Route 53ダッシュボードを開きます(図6-20)。

まだ管理下のドメイン名がないときは、ウェルカムページが開きます。ドメイン管理をしたいので、[開始する]をクリックしてください(図6-21)。

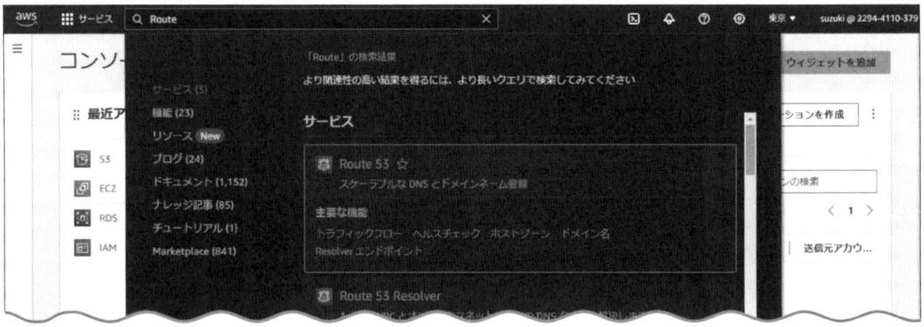

●図6-20　Route 53ダッシュボードを開く

●図6-21　Route 53のウェルカム画面

6-5-2 Route 53でドメイン名を申請する

［開始する］のページが開きます。

新しいドメイン名を申請するには、次のようにします。

手順 新しいドメイン名を申請する

Step1 ドメイン名の登録をはじめる

ドメイン名の申請をはじめるため、［ドメインを登録］をクリックし、開始するをクリックしてください（図6-22）。

TIPS

ウェルカム画面が開かないときは、［ドメイン］—［登録済みドメイン］をクリックし、登録済みドメインの一覧を開く。

登録済みドメインの一覧には、［ドメインを登録］というボタンがあるので、それをクリックする。すると、Step2から始められる

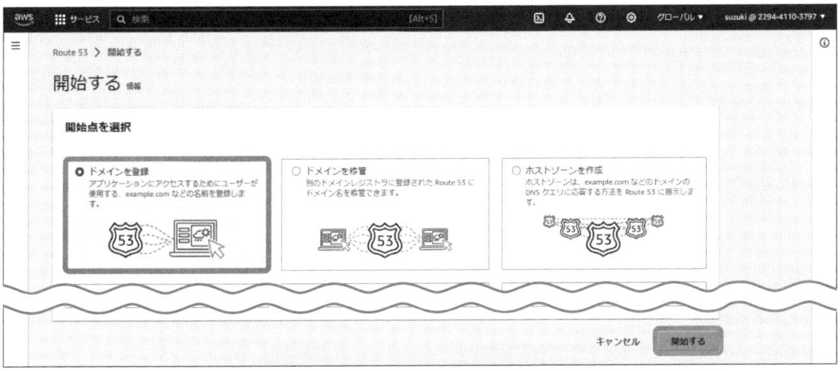

●図6-22 ［ドメインを登録］をクリックしてドメインの申請をはじめる

TIPS

TLD top-level domain。「.com」「.net」「.jp」など、一番右側の名前のこと

Step2 ドメイン名を決める

取得したいドメイン名を決めます。

希望のドメイン名を入力して、［検索］ボタンをクリックします（図6-23）。

TIPS

法人で使う「.co.jp」はAWSからでは申請できない。「.co.jp」のドメインの取得には登記簿謄本の提示などが必要なので、日本国内のレジストラでの申請が必要。ドメインをとってからAWSに移転することは可能

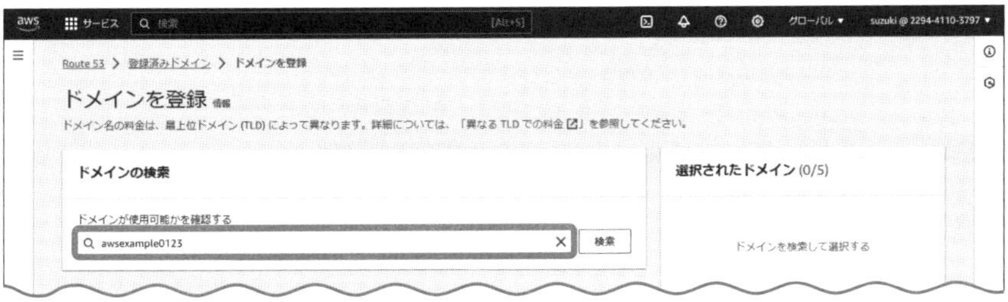

●図6-23 希望のドメイン名を入力する

TIPS

ここで入力するのはドメイン名なので、「www」などのホスト名は含まずにドメイン名のみ入力する

Step3 ドメイン名をカゴに入れる

希望のドメインが使えるかどうかチェックされます。よければ、［選択］をク

リックしてカゴに入れます(図6-24)。

●図6-24　希望のドメイン名をカゴに入れる

Step4 年数を選択して次に進む

画面右のカゴに入ります。希望する年数を選択し、[チェックアウトに進む]ボタンをクリックします(図6-25)。

●図6-25　チェックアウトに進む

Step5 料金オプションの設定

契約期間と自動更新を有効にするかを決めます。デフォルトでは[1年]、自動更新オンになっているので、希望のものに変更し、[次へ]をクリックします(図6-26)。

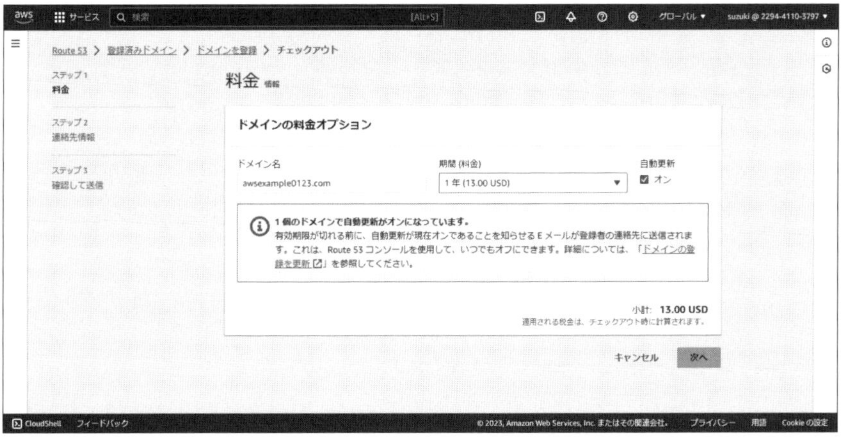

●図6-26　料金オプションの設定

Step6 連絡先を入力する

氏名やメールアドレス、電話番号、住所など、連絡先の情報を入力し、[次へ]をクリックします（**表6-1**、**図6-27**）。入力内容は、すべて英語です。

●表6-1　連絡先に入力する内容

入力項目	意味
連絡先のタイプ	連絡先の種類。個人、法人など
名	名
姓	姓
組織	部署名
E メール	メールアドレス
電話番号	電話番号（日本は「+81」から始まる。電話番号の先頭の「0」は付けない）
住所 1	町名、番地など
住所 2	ビル名、階数など
国	国名
州 / 地域	州（日本の場合は不要）
市区町村	市区町村
郵便番号	郵便番号
プライバシーの保護	個人情報掲載保護機能を使うかどうか。チェックを付けると個人情報が隠される

●図6-27　連絡先の入力

Step7 規約に同意する

確認画面が表示されます。[Amazon Route 53 ドメイン名登録エンドユーザー契約を読んで同意します。] にチェックを付けて、[送信] ボタンをクリックします（**図6-28**）。

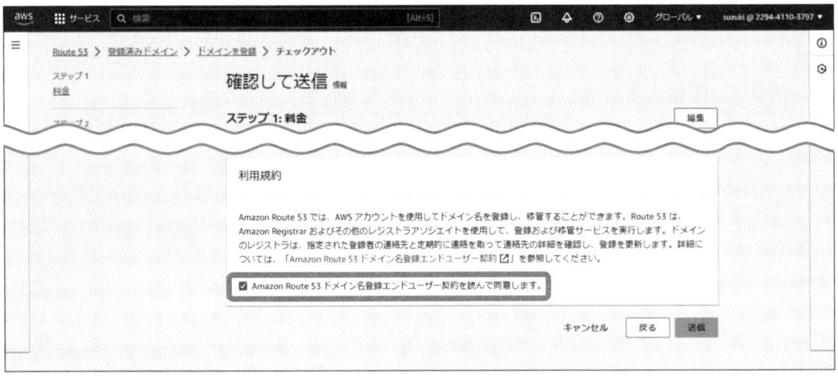

●図6-28　確認画面で送信する

Step8 ドメイン申請の完了

ドメインの申請が完了します。[ステータスを確認] をクリックしてください（図6-29）。図6-30のように進行中である旨が表示されます。申請の完了には、しばらく時間がかかります。

TIPS

間違って閉じてしまったときは、左メニューから [ドメイン] ― [リクエスト] をクリックすると、図6-29の画面に遷移する

●図6-29　ドメイン申請の完了

●図6-30　ドメイン申請中

6-6 EC2にドメイン名でアクセスできるようにする

申請が完了したら、ドメインでアクセスできるようにしていきましょう。WordPressのEC2インスタンスに、「http://blogs.awsexample0123.com/」というURLを設定します。

6-6-1 Aレコードを設定する

EC2インスタンスには、Elastic IPの機能を使って、静的なIPアドレスを設定しています。そのIPアドレスを再確認しておきましょう（**図6-31**）。確認できたらRoute 53を操作して、「blogs」というホスト名を、このIPアドレスに設定します。

●**図6-31　EC2インスタンスのElastic IPアドレスを確認しておく**

手順 EC2インスタンスに自分のドメイン名でアクセスできるようにする

Step1 ゾーンの設定画面を開く

Route 53からドメインを申請した場合、そのドメインが［ホストゾーン］メニューに登録されています。それをクリックして開きます（**図6-32**）。

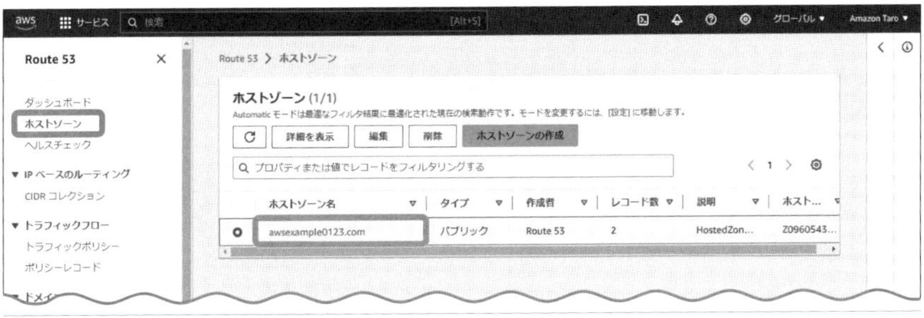

●図6-32　ゾーンの設定画面を開く

> **TIPS**
> ゾーン　zone。ドメインの設定範囲、設定単位のこと

> **TIPS**
> 他のレジストラで申請したドメイン名をRoute 53で管理したいときは、この画面で［ホストゾーンの作成］ボタンをクリックして、ゾーンとして登録する

Step2　レコードを作成する

レコードを作成するため、［レコードを作成］をクリックします（図6-33）。

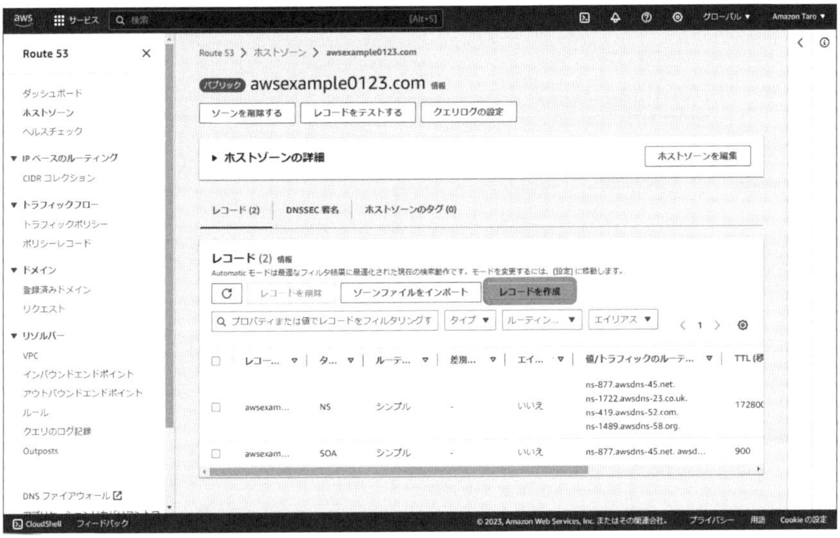

●図6-33　レコードを作成する

Step3　Aレコードを登録する

レコードの登録画面が表示されます。次のように入力します。

①レコード名

ホスト名を入力します。「blogs」と入力します。

②レコードタイプ

レコードの種類です。Aレコードを追加するので［A］を選択。

③Value

レコードに割り当てる値です。このAレコードには結び付けるIPアドレスを設定するので、**図6-31**で確認しておいたElastic IPを入力します。

以上の設定が完了したら［レコードを作成］ボタンをクリックします（**図6-34**）。

●図6-34　Aレコードを登録する

以上で設定は完了です。ブラウザから、「http://blogs.awsbookexample.com/」にアクセスするとWordPressのページが見られるはずです。

なお、DNSの設定は仕組み上、反映するのにしばらくかかります。もしうまくいかない場合は、5分ほど待ってから試してみてください。

COLUMN

レコードのその他の設定値

図6-34において、他の設定項目の意味は、次の通りです。

・エイリアス
　エイリアス機能を使うかの設定です。ここではエイリアス機能を使わず、IPアドレスを設定するので、[No] を選択します。

・TTL
　キャッシュの持続時間を指定します。単位は秒です。デフォルトは300秒（＝5分）なので、そのままにしておきます。

・値
　割り当てる値です。Elastic IPのIPアドレスを記入します。

・ルーティングポリシー
　[値] の項目に複数のIPアドレスを記入して、冗長構成や負荷分散するときの振り分け方を決める項目です。1つしか指定しないときは意味がありません。ここでは [シンプルルーティング] に設定しておきます。

TIPS

TTLを長く設定しておくと、その時間だけキャッシュされるので、Route 53への問い合わせ回数が減り、パフォーマンス的にもコスト的にもメリットが高くなるが、IPアドレスを変更したときは、それが反映されるまでに、最大でTTLだけの時間がかかる恐れがある

6-7 S3バケットにドメイン名でアクセスできるようにする

S3バケットを「http://www.awsexample0123.com/」でアクセスできるようにしましょう。

6-7-1 S3バケット名の注意点

繰り返しになりますが、S3バケットにドメイン名でアクセスする場合、そのS3バケット名は、ドメイン名と合致しなければなりません。

つまり今回の例であれば、バケット名がwww.awsexample0123.comでない場合は、以下の設定をしてもアクセスできないので注意してください。

6-7-2 エイリアスを設定する

S3バケットの場合は、エイリアスの機能を使います。エイリアス機能を使ってwww.awsexample0123.comを、S3バケットに設定します。

手順 S3バケットに自分のドメイン名でアクセスできるようにする

Step1 レコードの登録画面を開く

Aレコードを登録したときと同じように、レコードの追加まで操作します。

Step2 エイリアスを登録する

レコードの登録画面が表示されたら、次のように入力します。

①レコード名

ホスト名を入力します。ここではwww.awsexample0123.comでアクセスさせたいので「www」と入力します。

②レコードタイプ

レコードのタイプを設定します。エイリアスですが、IPアドレスとして内部的に設定するため、[A]を選択します。

③エイリアスとトラフィックのルーティング先

エイリアスとして登録したいので、[エイリアス]にチェックを付けます。そしてAlias TargetでS3バケットを選択します。

以上の設定が完了したら［レコードを作成］をクリックします（**図6-35**）。

●図6-35　エイリアスを登録する

以上で設定は完了です。ブラウザから、「http://www.awsexample0123.com/」にアクセスすると、S3バケットに置いたページが見られるはずです。

なお、DNSの設定は、その仕組み上、反映するのにしばらくかかります。もしうまくいかない場合は、5分ほど待ってから試してみてください。

要点整理

- ✔ パブリックIPやパブリックDNSは、ECインスタンスを停止して再度起動すると変わります。いつも同じ値にしたいのなら、Elastic IPを設定します。
- ✔ ドメイン名でアクセスできるようにしたければドメイン名の申請が必要です。ドメインの運用にはDNSサーバーが必要です。AWSでは、Route 53サービスがDNSサーバーとして機能します。
- ✔ ホスト名とIPアドレスを関連付けるにはAレコードを使います。S3バケットのようにIPアドレスではなくドメイン名の場合には、エイリアスという機能を使います。

COLUMN

HTTPSが当たり前の時代

かつてはHTTPSはネットバンクなど通信の安全性が高いレベルで求められる領域を中心に使われていました。ただ、現在では一般的なWebサイトでも広く使われています。

Google ChromeではサイトのΗ接続がHTTPSを用いていない場合は警告が表示されます。

もしもWebサービスなどをAWSを用いて構築するなら、覚えておきましょう。HTTPSに対応するには、CloudFrontを構成します。その方法は、第7章で説明します。

CHAPTER

7

安全な通信を使おう

最近では、より安全に通信するために、SSL/TLSを使って通信を暗号化することが多いです。
この章では、EC2インスタンスやS3バケットに対して、SSL/TLSで暗号化して通信するための方法を説明します。あわせて、通信を複数のサーバーに割り振りできるロードバランサーも解説します。

7-1 通信をSSL/TLSで暗号化するには

Webブラウザでは、「https://www.awsexample0123.com/」のように、「https://」から始めるURLでアクセスすると、暗号化通信できます。暗号化で使う手法が、SSL/TLSです。

7-1-1 SSL/TLSによる暗号化の基本

HTTPSで暗号化通信する場合、Webサーバー側に「秘密鍵」と「証明書」(サーバー証明書) という2つのデータをインストールします (図7-1)。

秘密鍵は、次のようなテキスト形式のデータで、暗号化の鍵です。このデータは第三者に見られてはいけません。

```
-----BEGIN PRIVATE KEY-----
MIIEvQIBADANBgkqhkiG9w0BAQEFAASCBKcwggSjAgEAAoIBAQCvXZ2WdB695Hjk
…略…
-----END PRIVATE KEY-----
```

証明書は、次のようなテキスト形式のデータで、その鍵が正しいことを証明するデータが含まれています。

```
-----BEGIN CERTIFICATE-----
MIIDZzCCAk+gAwIBAgIJQgAAAN1cXpt9MA0GCSqGSIb3DQEBCwUAMFQxGTAXBgNV
…略…
-----END CERTIFICATE-----
```

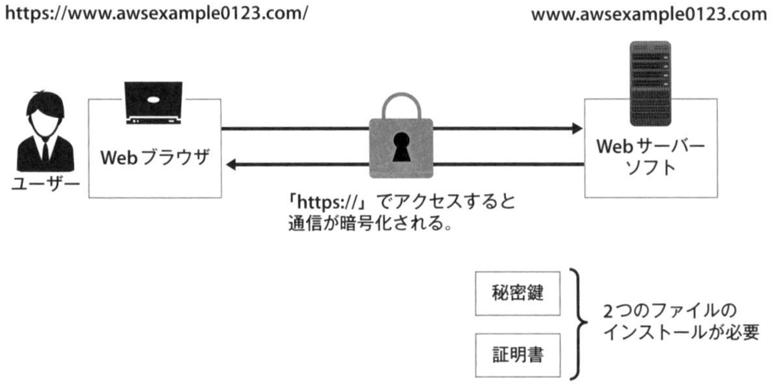

●図7-1 Webサーバーにインストールしなければならないもの

TIPS

SSL/TLS Transport Layer Security/Secure Socket Layer。Webやメールなどを暗号化するときに使われる手順（プロトコル）。TLSはSSLの後継。SSLには脆弱性があるため、現在はもっぱらTLSが使われる。しかしSSLという名称が長く使われてきた経緯があり、実際はTLSによる暗号化でもSSLと称されることがある

TIPS

鍵 key。暗号化や復号（暗号化を戻すこと）に使うパスワードのようなもの

7-1-2 秘密鍵と証明書の作成

証明書は、認証局と呼ばれる第三者が鍵の正当性を保証したデータです。証明書を作るための流れは、図7-2の通りです。

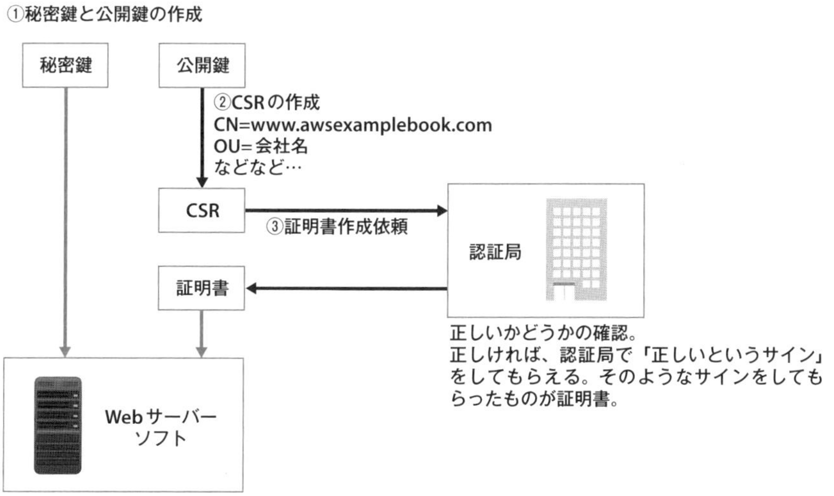

●図7-2　証明書を作るまでの流れ

①秘密鍵と公開鍵の作成

まずは暗号化に使う、秘密鍵と公開鍵を作ります。これはランダムなデータで、専用ツールを使って作ります。

TIPS
たとえば、Linuxサーバーにインストールされているopensslコマンドなどを使う

②CSRを作る

①は単純に暗号化に使うための鍵でしかありません。①の公開鍵に、それを使うドメイン名や企業名、部署名などの、「どこで使うのか」というデータを追加して、CSR（Certificate Signing Request。日本語で言うと「証明書署名要求」）と呼ばれるファイルを作ります。

③証明書を作ってもらう

②のファイルを認証局と呼ばれる、いわゆる、「サーバー証明書の作成を業とする企業」に送ります。すると、内容の正当性が確認され、確認が済むと、証明書がもらえます。

TIPS
どの程度の確認をするのかは認証局による。メールとDNSを組み合わせて、正当なユーザーからの申請かどうかを確認するだけのこともあれば、法人向けの証明書では登記簿謄本など書類の確認がされることもある

この流れで抑えておきたいのは、認証局の存在です。SSL/TLSで暗号化するには、認証局に依頼して、サーバー証明書を作ってもらう必要があります。

これには、もちろん費用がかかります。

ただし、AWSでは、特定の条件を満たす場合に限り、AWS Certificate Managerという機能を使って無料で証明書を作れます。

7-1-3 AWSにおいてSSL/TLSを使うための構成

AWSにおいて、SSL/TLSを使うための構成は2通りあります。

①EC2インスタンスなどに証明書をインストールする

ひとつめの方法は、EC2インスタンスにインストールしたnginxなどに、秘密鍵と証明書をインストールして構成する方法です(**図7-3**)。

この構成は、すでに**図7-1**に示したものと同じで、AWS以外でも使われる一般的な方法です。

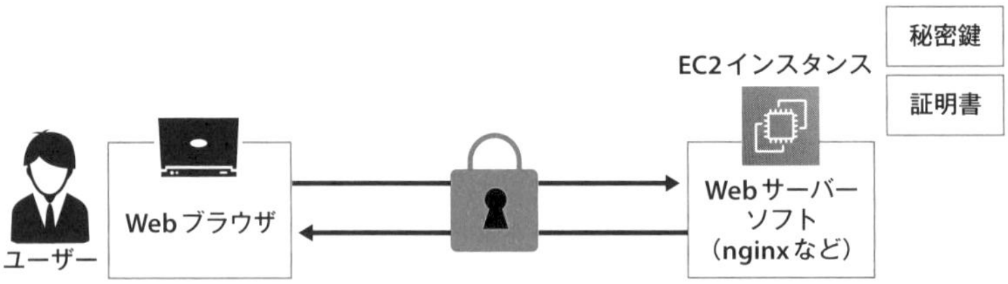

●図7-3　EC2インスタンスなどに証明書をインストールする

②ロードバランサー（ELB）やCloudFrontを使う

もうひとつの方法は、ユーザーとEC2インスタンスやS3バケットとの間に、通信を暗号化して中継する機能を持つ、「Elastic Load Balancer」や「CloudFront」と呼ばれるサービスを導入する方法です(**図7-4**)。

・ロードバランサー（Elastic Load Balancing）

EC2インスタンスの前に配置するもので、複数のEC2インスタンスに処理を振り分ける機能を持ちます。一般にロードバランサーと呼ばれる機能です。

TIPS

ロードバランサー　load balancer。配下に複数台のサーバー（インスタンス）を置き、それぞれに通信を割り振ることで負荷を分散する装置

・CloudFront

S3バケットの前に配置するもので、データをキャッシュすることで、コンテンツへのアクセスを高速化できます。一般にCDNと呼ばれる機能を担います。

TIPS

Amazon CloudFront　コンテンツデータをキャッシュするマネージドサービス

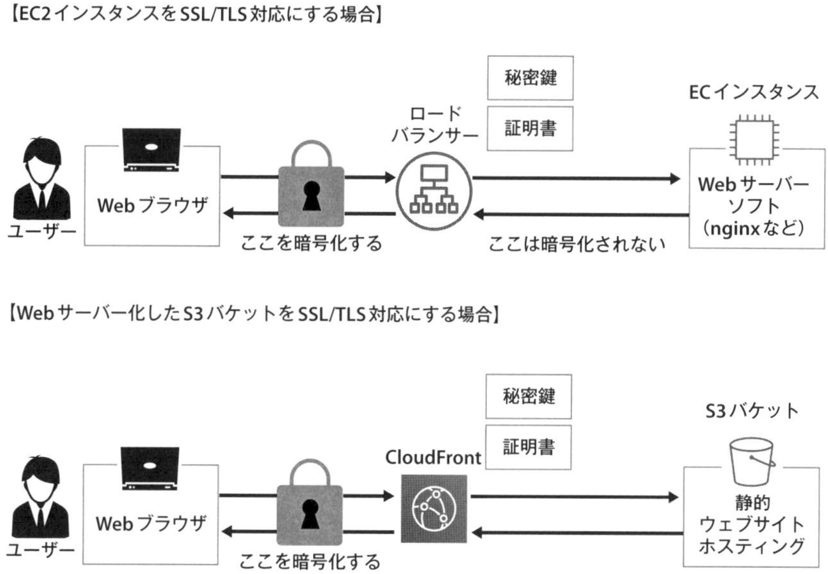

●図7-4　ロードバランサーやCloudFrontを使って暗号化する

②の方法でSSL/TLS化する場合、暗号化されるのは、「ユーザーとロードバランサー」もしくは「ユーザーとCloudFront」の間だけです。言い換えると、EC2インスタンスやS3バケットの構成は変更しなくて済みます。

このとき、秘密鍵や証明書は、ロードバランサーやCloudFrontにインストールします。そして、その操作は、AWS Certificate Managerを使って簡単に行うことができ、証明書を作るための追加の費用もかかりません（図7-5）。

●図7-5　秘密鍵や証明書はAWS Certificate Managerで作成する

この①②の方法は、どちらも一長一短ですが、本書では、比較的簡単にSSL/

TLS化できる②の方法を採用します。

❶EC2インスタンスなどに証明書をインストールする場合のメリット・デメリット

［メリット］

- ・AWSではない従来のオンプレミスの場合と設定が同じ。
- ・ロードバランサーの費用がかからない。

［デメリット］

- ・AWS Certificate Managerが使えないので証明書発行のコストがかかる。
- ・S3バケットの静的ウェブサイトホスティングでは使えない（S3バケットに証明書をインストールすることができないため）。

❷ロードバランサーやCloudFrontを使う場合のメリット・デメリット

［メリット］

- ・AWS Certificate Managerが使えるので証明書発行のコストがかからない。
- ・EC2インスタンスやS3バケットの設定変更が必要ない。

［デメリット］

- ・全体が暗号化されるわけではなくロードバランサーやCloudFrontから先は暗号化されない。その先はAWS網なので第三者により盗聴される恐れはないが、気になることもあるかも知れない。
- ・EC2インスタンスやS3バケットはユーザーが直接アクセスしているのではなくロードバランサーやCloudFrontから接続されているように見える（そのためアクセスログを記録しているような場合には、ロードバランサーやCloudFrontから渡されるユーザーのIPアドレスを集計するように修正しなければならないことがある）。
- ・ロードバランサーやCloudFrontの費用がかかる。

TIPS

ただし、非営利団体のInternet Security Research Groupが運営するLet's Encryptというサービスを使うと、無償で証明書を取得することもできる。

COLUMN

ロードバランサーやCloudFrontの価格

ロードバランサーやCloudFrontの価格は、以下の通りです。

①ロードバランサー

いくつかの種類がありますが、本書では、ALBを使います。ALBの料金は、時間当たりの料金と、LCUと呼ばれる稼働数に対する料金で決まります。750時間分および15LCUの1年間無料利用枠があります。

ALBの料金 ＝ 時間あたりの料金 ＋ LCUの料金

(a) 時間当たりの料金

東京リージョンの場合、1時間当たり、0.0243ドルです。仮に、1ヶ月稼働させるとすると、0.0243 × 24 × 30 ≒ 17.5ドルです。

(b) LCU

LCUは、「新しい接続」「アクティブ接続」「処理タイプ」「ルール評価」の4つの処理のうち、「最も大きいものに対してかかる課金」です。1LCU単位は、次の通りです。

・1秒あたり25個の新しい接続
・1分あたり3,000個のアクティブ接続
・ターゲットがEC2インスタンス、コンテナおよびIPアドレスの場合は1時間あたり1GB、ターゲットがLambda関数の場合は1時間あたり0.4GB
・1秒あたり1,000個のルール評価

わかりにくいですが、たとえば1秒間に50の新しい接続があるなら、「2LCU」の費用がかかります。同様に、1分当たり9000個のアクティブ接続があるのなら、「3LCU」の費用がかかるという意味で、どちらか多いほうがかかるということです。

東京リージョンの場合、1LCUに対して、1時間当たり0.008ドルです。仮に1LCUしか必要ない場合は、1ヶ月で、0.008 × 24 × 30 ＝ 5.76ドルとなります。

TIPS
LCU Load Balancer Capacity Unit。ロードバランサーの課金単位

TIPS
Lambda ラムダ。EC2などのインスタンスを用意することなく、登録したプログラムを実行してくれるマネージドサービス。このような環境はサーバーを自分で構築する必要がないことから、サーバーレス環境と呼ばれる

②CloudFrontの価格

リクエスト数とユーザーとエッジロケーション、エッジロケーションとS3などのオリジンサーバー間の通信量で決まります。

CloudFrontの料金 = リクエスト数 + エッジロケーションからユーザーへの通信量 + エッジロケーションからオリジンサーバーへの通信量

(a) リクエスト数

エッジロケーションによって異なりますが、暗号化しない場合は1万リクエスト当たり0.009ドル、暗号化する場合は0.12ドルです。

(b) エッジロケーションからユーザーへの通信量

この費用はエッジロケーションの場所によって異なり、たとえば、日本の場合、1GB当たり約0.11ドルです。つまり、10Gバイトで1ドル強というところです。

(c) エッジロケーションからオリジンサーバーへの通信量

この費用はエッジロケーションの場所によって異なり、たとえば、日本の場合、1GB当たり約0.06ドルです。つまり、10Gバイトで0.6ドルです。この金額は、ユーザーからのデータの送信（POSTやPUTなど）を受け入れるときにだけ必要です。

（1年間ではなく）無期限の無料利用枠があり、毎月1Tバイト、1000万件のリクエストまで無料で利用できます。中小規模のサイトなら、この無料利用枠に収まるはずです。

TIPS

エッジロケーション　Edge Location。ユーザーがアクセスする先の場所（サーバー）のこと

TIPS

オリジンサーバー　origin server。元データを保持しているサーバのこと。CloudFrontがキャッシュ元としているサーバーのことであり、この章の構成では、S3が相当する

7-2 この章での操作の流れ

SSL/TLSで通信できるようにするには、証明書を作ります。その証明書をロードバランサーやCloudFrontにインストールします。最後にドメイン名が指すサーバーを、それらに変更します。

この章では、第6章で作成した「blogs.awsexample0123.com」（EC2インスタンスへのアクセス）と「www.awsexample0123.com」（S3バケットへのアクセス）を、それぞれ、ロードバランサーとCloudFrontを使って暗号化します（図7-6）。

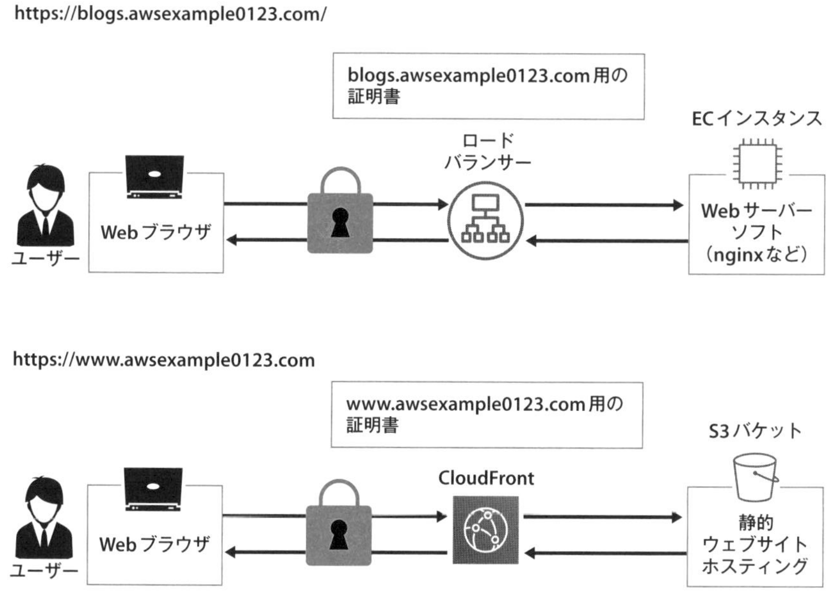

●図7-6　ロードバランサーを使ってEC2インスタンスやS3バケットとの通信を暗号化する

7-2-1 証明書の作成

まずは、AWS Certificate Managerを使って、証明書を作成します。

証明書を作成する場合、リージョンについて、注意があります。

・ロードバランサー用の証明書を作る場合

ロードバランサーを配置するリージョンで操作します。本書では、EC2インスタンスを東京リージョンに作成しているので、ロードバランサーも、それに合わせて東京リージョンに作成していきます。

そこでAWS Certificate Managerを使った証明書の作成も、東京リージョンで操作します。

・CloudFront用の証明書を作る場合

CloudFront用の証明書は、バージニアリージョン(米国東部(バージニア北部))で作成しなければなりません。つまり、この部分だけはバージニアリージョンでAWS Certificate Managerを操作します。

7-2-2 SSL/TLSを有効にしたロードバランサーの配置

EC2向けには、ロードバランサーを配置します。そして、作成しておいた証明書を設定し、SSL/TLS通信を有効にします。

ロードバランサーの下には、EC2インスタンスを配置します。

7-2-3 SSL/TLSを有効にしたCloudFrontの配置

S3バケット向けには、CloudFrontを配置します。そして、作成しておいた証明書を設定し、SSL/TLS通信を有効にします。

CloudFrontでは、「どのデータをキャッシュするのか」という場所として、S3バケットを選択します。

7-3 証明書の作成

まずは、証明書を作成します。AWS Certificate Managerから作成します。

7-3-1 AWS Certificate Managerを開く

AWSマネジメントコンソールから、AWS Certificate Managerを開きましょう（図7-7）。

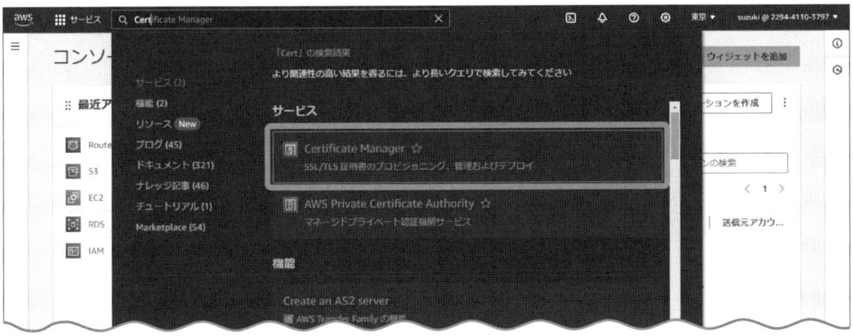

●図7-7　AWS Certificate Managerを開く

管理下の証明書がないときは、ウェルカムページが開きます。証明書作成には、［証明書をリクエスト］をクリックします（図7-8）。

●図7-8　証明書をリクエストする

7-3-2 証明書を作成する（ロードバランサー）

証明書のリクエスト画面が表示されます。まずは、ロードバランサー用の証明書「blogs.awsexamplebook.com」用とし、東京リージョンで作成します。

手順 ロードバランサー用の証明書を作成する

Step1 東京リージョンに切り替える

右上のリージョンを［東京］に切り替えます（**図7-9**）。

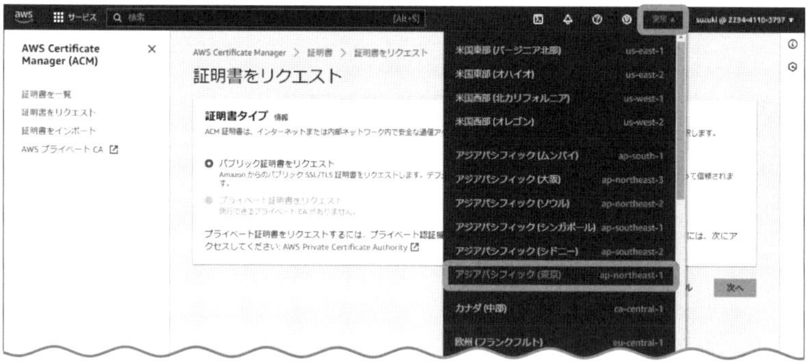

●図7-9　東京リージョンに切り替える

Step2 パブリック証明書のリクエストを始める

［パブリック証明書をリクエスト］を選択し、［次へ］をクリックします（**図7-10**）。

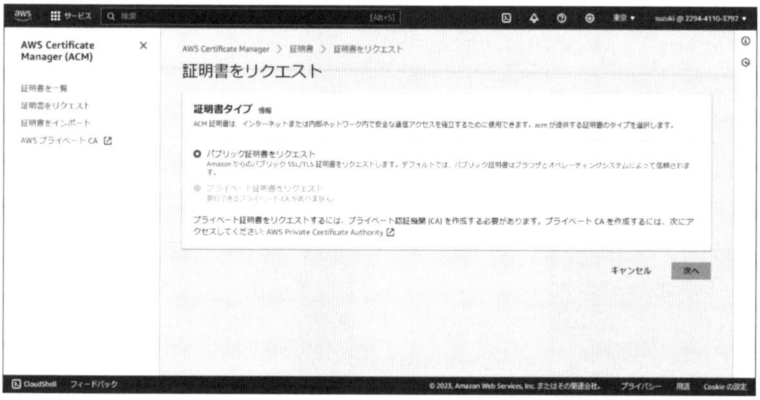

●図7-10　証明書のリクエストを始める

Step3 申請情報の入力

申請情報を入力します。次の3項目があります(**図7-11**)。

下記の3項目を入力したら、[リクエスト]をクリックします。

①ドメイン名

証明書を使うドメイン名を入力します。本書の例では、「blogs.awsexample0123.com」です。

②検証方法

正当なドメイン所有者であることを、どの方法で確認するかを選択します。「DNS検証」と「Eメール検証」の2通りがあります。

DNSにRoute 53を使っているときは、「DNS検証」のほうが簡単なので、これを選択します。

> **TIPS**
> **DNS検証** DNSにCNAMEレコードを追加し、その値が戻ってくるかどうかを検証する。Route 53を使っているときは、このCNAMEレコードは自動で追加されるため、何か追加で作業をする必要はない

> **TIPS**
> **Eメール検証** ドメイン所有者の連絡先として公開されているメールアドレスもしくはadministrator@ドメイン名や、hostmaster@ドメイン名などに確認メールを送信し、そのメール内のリンクをクリックすることで正当性を確認する。いずれかのメール受信の設定が済んでいないと利用できない

③キーアルゴリズム

暗号化アルゴリズムです。デフォルトの「RSA 2048」にします。

aws
サービス
検索
[Alt+S]
東京
suzuki @ 2294-4110-3797
AWS Certificate Manager (ACM)
証明書を一覧
証明書をリクエスト
証明書をインポート
AWS プライベート CA
AWS Certificate Manager > 証明書 > 証明書をリクエスト > パブリック証明書をリクエスト
パブリック証明書をリクエスト
ドメイン名
証明書の 1 つ以上のドメイン名を指定します。
完全修飾ドメイン名 情報
blogs.awsexample0123.com
この証明書に別の名前を追加
この証明書にはさらに名前を追加できます。例えば、「www.example.com」の証明書をリクエストする場合、顧客がいずれかの名前でサイトにアクセスできるように「example.com」という名前を追加できます。
検証方法 情報
ドメインの所有権を検証する方法を選択
DNS 検証 - 推奨
証明書リクエストでドメインの DNS 設定を変更できる場合は、このオプションを選択します。
E メール検証
証明書リクエストでドメインの DNS 設定を変更する許可がない場合、または当該許可を取得できない場合は、このオプションを選択します
キーアルゴリズム 情報
暗号化アルゴリズムを選択します。一部のアルゴリズムは、一部の AWS サービスでサポートされていない場合があります。
RSA 2048
RSA は、最も広く使用されているキータイプです。
ECDSA P 256
暗号化強度は RSA 3072 と同等です。
ECDSA P 384
暗号化強度は RSA 7680 と同等です。
タグ 情報
証明書の管理に役立つように、オプションで各リソースには独自のメタデータをタグの形式で割り当てることができます。
このリソースに関連付けられたタグはありません。
タグの追加
さらに 50 のタグを追加できます。
キャンセル
戻る
リクエスト
CloudShell
フィードバック
© 2023, Amazon Web Services, Inc. またはその関連会社。
プライバシー
用語
Cookie の設定

●**図7-11 申請情報の入力**

Step4 検証の追加設定をする

リクエストした旨が表示されるので、[証明書を表示] をクリックします(**図7-12**)。

TIPS

[×] ボタンをクリックしてメッセージを閉じてしまったときは、左メニューの [証明書をリクエスト] をクリックしてもよい

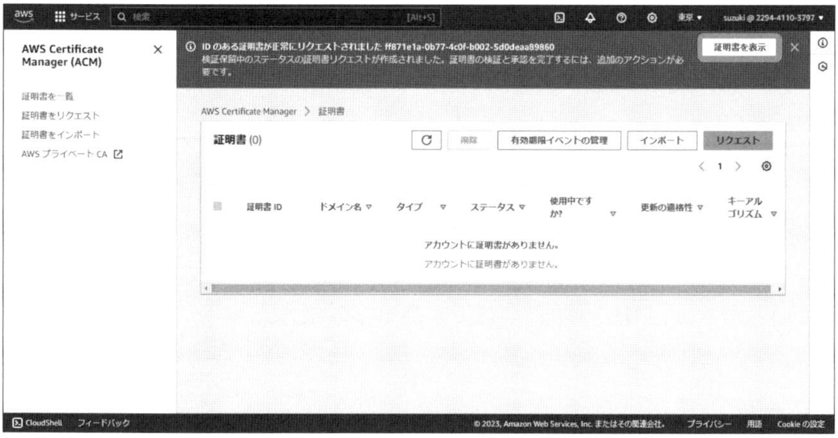

●**図7-12　リクエストの完了**

すると、証明書のリクエストが表示されます。この時点では、[ステータス] が「保留中の検証」となっており、検証が済んでいない状態です(**図7-13**)。

DNS検証するため、CNAMEレコードを追加します。そのためには、[Route 53でレコードを作成] をクリックします。

確認画面が表示されたら、[レコードを作成] をクリックします(**図7-14**)。すると証明書のリクエスト画面に戻り、DNSレコードが追加された旨のメッセージが表示されます(**図7-15**)。

●**図7-13　証明書のリクエスト**

●図7-14　レコードを作成する

●図7-15　DNSレコードが作成された

Step5 検証完了を待つ

これで検証が進みます。何度かブラウザで再読込し、［ステータス］が「成功」に変わるまで待ちます（**図7-16**）

●図7-16　証明書作成の完了

7-3-3 証明書を作成する(CloudFront)

同様にして、CloudFront用の証明書を作成します。この証明書は「www.awsexample0123.com」用とし、バージニアリージョンで作成します。

手順 CloudFront用の証明書を作成する

Step1 CloudFrontに切り替える

右上のリージョンを[バージニア]に切り替えます(**図7-17**)。

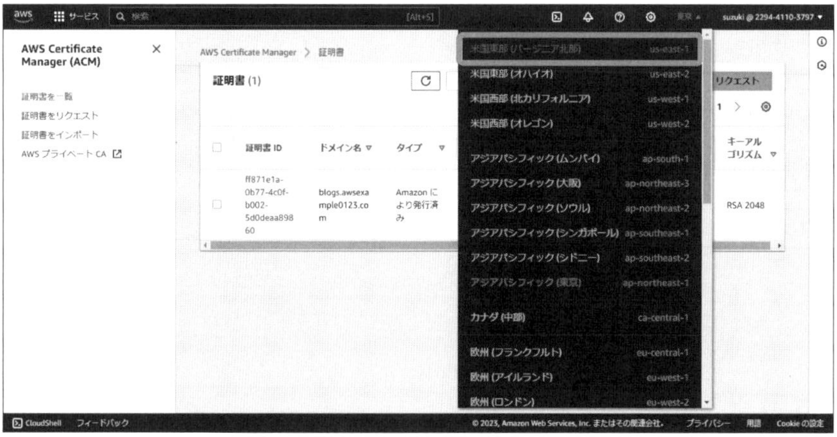

●図7-17　バージニアリージョンに切り替える

Step2 www.awsexample0123.com用の証明書を作成する

同じ手順で証明書を作成し、www.awsexample0123.comの証明書を作成します(**図7-18**)。検証なども同様に済ませて、証明書の作成を完了します。

aws
サービス
検索
[Alt+S]
バージニア北部
suzuki @ 2294-4110-3797
AWS Certificate Manager (ACM)
証明書を一覧
証明書をリクエスト
証明書をインポート
AWS プライベート CA
AWS Certificate Manager > 証明書 > 証明書をリクエスト > パブリック証明書をリクエスト
パブリック証明書をリクエスト
ドメイン名
証明書の 1 つ以上のドメイン名を指定します。
完全修飾ドメイン名 情報
www.awsexample0123.com
この証明書に別の名前を追加
この証明書にはさらに名前を追加できます。例えば、「www.example.com」の証明書をリクエストする場合、顧客がいずれかの名前でサイトにアクセスできるように「example.com」という名前を追加できます。
検証方法 情報
ドメインの所有権を検証する方法を選択
DNS 検証 - 推奨
証明書リクエストでドメインの DNS 設定を変更できる場合は、このオプションを選択します。
E メール検証
証明書リクエストでドメインの DNS 設定を変更する許可がない場合、または当該許可を取得できない場合は、このオプションを選択します
キーアルゴリズム 情報
暗号化アルゴリズムを選択します。一部のアルゴリズムは、一部の AWS サービスでサポートされていない場合があります。
RSA 2048
RSA は、最も広く使用されているキータイプです。
ECDSA P 256
暗号化強度は RSA 3072 と同等です。
ECDSA P 384
暗号化強度は RSA 7680 と同等です。
タグ 情報
証明書の管理に役立つように、オプションで各リソースには独自のメタデータをタグの形式で割り当てることができます。
このリソースに関連付けられたタグはありません。
タグの追加
さらに 50 のタグを追加できます。
キャンセル
戻る
リクエスト
CloudShell
フィードバック
© 2023, Amazon Web Services, Inc. またはその関連会社。
プライバシー
用語
Cookie の設定

●図7-18　www.awsexample0123.com用の証明書を作成する

7-4 ロードバランサーを構成する

証明書の作成が終わったら、ロードバランサーを構成します。

7-4-1 ロードバランサーの作成をはじめる

ロードバランサーは、EC2の画面から操作します。EC2ダッシュボードを開き、[ロードバランサー] のメニューをクリックし、設定画面を表示します(**図7-19**)。

TIPS

ここではロードバランサーをEC2インスタンスと同じリージョン、すなわち、東京リージョンに作成する。右上のメニューから [東京リージョン] を選択する

●図7-19　ロードバランサーの設定画面

7-4-2 ロードバランサーを作成する

ロードバランサーを作成します。ここでは、https://blogs.awsexample0123.com/というURLでアクセスし、アクセスされると、背後に置いたWordPressをインストールしたEC2インスタンスに接続されるように構成します。

手順 ロードバランサーを作成する

Step1 ロードバランサーを新規作成する

図7-19の画面で[ロードバランサーの作成]をクリックします。

Step2 ロードバランサーの種類を選ぶ

ロードバランサーには、「ALB（Application Load Balancer）」と「NLB（Network Load Balancer）」、「GLB（Gateway Load Balancer）」の3種類があります。

ここでは、HTTPならびにHTTPSに特化したロードバランサーであるALBを使います。［作成］をクリックしてください（**図7-20**）。

・ALB

Webに特化したロードバランサー。HTTPもしくはHTTPSの通信ならこれを選ぶ。

・NLB

ネットワーク全般のロードバランサー。

・GLB

ファイアウォールや侵入検知システムなどに接続するために通信を分岐するロードバランサー。

TIPS

CLB　これら3つ以外に、CLB（Classic Load Balancer）という、世代が古いロードバランサーもあるが、新規プロジェクトでの利用は推奨されない

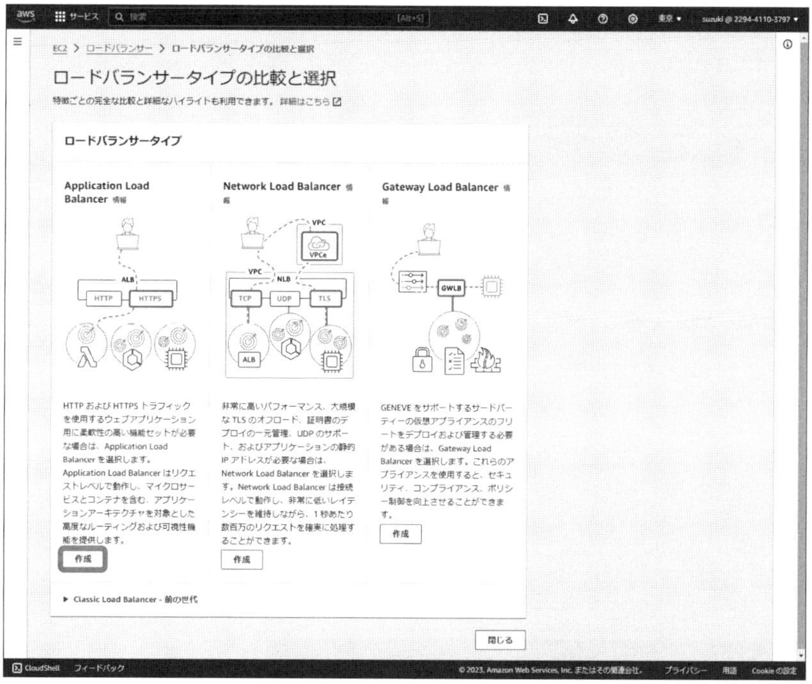
aws
サービス
検索
[Alt+S]
東京 ▼
suzuki @ 2294-4110-3797 ▼
EC2 > ロードバランサー > ロードバランサータイプの比較と選択
ロードバランサータイプの比較と選択
特徴ごとの完全な比較と詳細なハイライトも利用できます。詳細はこちら
ロードバランサータイプ
Application Load Balancer 情報
Network Load Balancer 情報
Gateway Load Balancer 情報
ALB
HTTP
HTTPS
VPC
VPCe
NLB
TCP
UDP
TLS
GWLB
HTTP および HTTPS トラフィックを使用するウェブアプリケーション用に柔軟性の高い機能セットが必要な場合は、Application Load Balancer を選択します。Application Load Balancer はリクエストレベルで動作し、マイクロサービスとコンテナを含む、アプリケーションアーキテクチャを対象とした高度なルーティングおよび可視性機能を提供します。
非常に高いパフォーマンス、大規模な TLS のオフロード、証明書のデプロイの一元管理、UDP のサポート、およびアプリケーションの静的 IP アドレスが必要な場合は、Network Load Balancer を選択します。Network Load Balancer は接続レベルで動作し、非常に低いレイテンシーを維持しながら、1 秒あたり数百万のリクエストを確実に処理することができます。
GENEVE をサポートするサードパーティーの仮想アプライアンスのフリートをデプロイおよび管理する必要がある場合は、Gateway Load Balancer を選択します。これらのアプライアンスを使用すると、セキュリティ、コンプライアンス、ポリシー制御を向上させることができます。
作成
作成
作成
▶ Classic Load Balancer - 前の世代
閉じる
CloudShell
フィードバック
© 2023, Amazon Web Services, Inc. またはその関連会社。
プライバシー
用語
Cookie の設定

●**図7-20　ALBを新規作成する**

Step3 ロードバランサーの情報を入力する

作成するロードバランサーの情報を入力します。設定項目が多いので、項目ごとに分けて説明します。

①基本的な設定

名前や種類などの基本的な項目を設定します（**図7-21**）。

・ロードバランサー名

ロードバランサーの名前です。任意の名前です。ここでは「myelb」としておきます。

・スキーム

［インターネット向け］か［内部］かを選択します。ここではインターネットからアクセスさせる目的で使うので、［インターネット向け］を選択します。

・IPアドレスタイプ

IPアドレスの種類を選択します。ここでは［IPv4］とします。

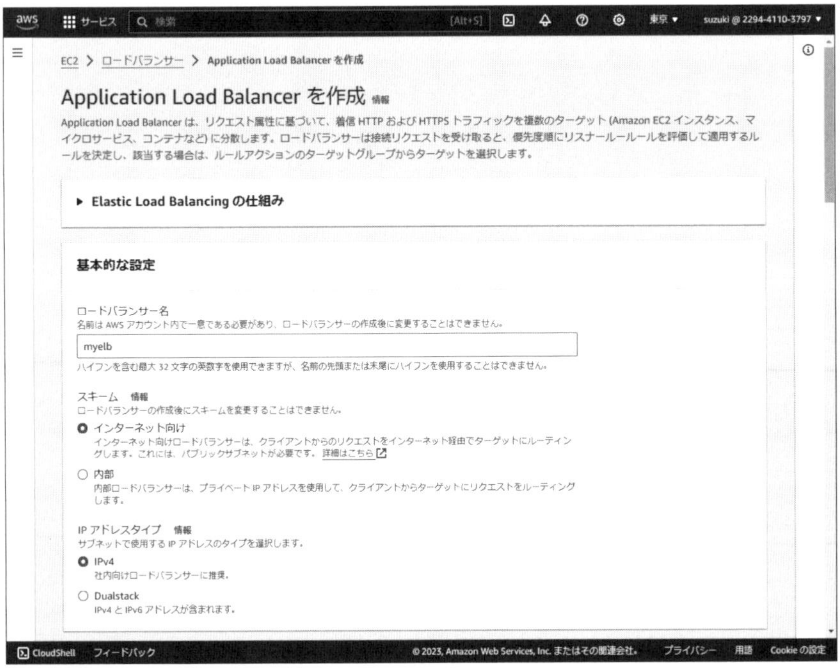
aws
サービス
検索
[Alt+S]
東京
suzuki @ 2294-4110-3797
EC2 > ロードバランサー > Application Load Balancer を作成
Application Load Balancer を作成 情報
Application Load Balancer は、リクエスト属性に基づいて、着信 HTTP および HTTPS トラフィックを複数のターゲット (Amazon EC2 インスタンス、マイクロサービス、コンテナなど) に分散します。ロードバランサーは接続リクエストを受け取ると、優先度順にリスナールールを評価して適用するルールを決定し、該当する場合は、ルールアクションのターゲットグループからターゲットを選択します。
Elastic Load Balancing の仕組み
基本的な設定
ロードバランサー名
名前は AWS アカウント内で一意である必要があり、ロードバランサーの作成後に変更することはできません。
myelb
ハイフンを含む最大 32 文字の英数字を使用できますが、名前の先頭または末尾にハイフンを使用することはできません。
スキーム 情報
ロードバランサーの作成後にスキームを変更することはできません。
インターネット向け
インターネット向けロードバランサーは、クライアントからのリクエストをインターネット経由でターゲットにルーティングします。これには、パブリックサブネットが必要です。詳細はこちら
内部
内部ロードバランサーは、プライベート IP アドレスを使用して、クライアントからターゲットにリクエストをルーティングします。
IP アドレスタイプ 情報
サブネットで使用する IP アドレスのタイプを選択します。
IPv4
社内向けロードバランサーに推奨。
Dualstack
IPv4 と IPv6 アドレスが含まれます。
CloudShell
フィードバック
© 2023, Amazon Web Services, Inc. またはその関連会社。
プライバシー
用語
Cookie の設定

●**図7-21　基本的な設定**

②ネットワークマッピング

どのVPCの、どのアベイラビリティゾーンに配置するのかを選択します。ここでは、EC2インスタンスを配置したVPCである「デフォルトのVPC」を選択し、表示されるすべてのアベイラビリティゾーンにチェックを付けます(図7-22)。

●図7-22　ネットワークマッピング

③セキュリティグループ

セキュリティグループを設定します。

HTTPSで通信したいので、その通信を通すためのセキュリティグループを構成します。[新しいセキュリティグループを作成]をクリックすると、セキュリティグループの作成画面が開きます(図7-23)。

●図7-23　セキュリティグループを新規作成する

セキュリティグループの作成画面では、[基本的な詳細]の部分で、適当なセキュリティグループ名と説明文を入力し、作成するVPCを選択します。ここでは「HTTPS-Enable-SG」という名前とし、VPCには「デフォルトのVPC」を選択します。

そして[インバウンドルール]で、[ルールを追加]をクリックしてルールを追加します（**図7-24**）。

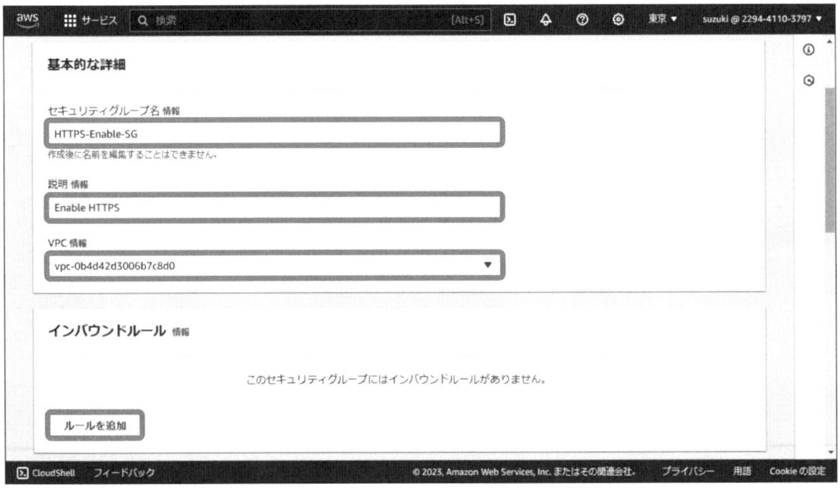

●図7-24　セキュリティグループ名とVPCを選び、インバウンドルールを追加する

インバウンドルールの[タイプ]に[HTTPS]を選択します。どこからでも接続できるようにするため、[リソースタイプ]に[Anywhere-IPv4]を選択します（**図7-25**）。

●図7-25　HTTPSを通すためのインバウンドルールを設定する

下のほうにスクロールして、[セキュリティグループを作成] をクリックします(図7-26)。

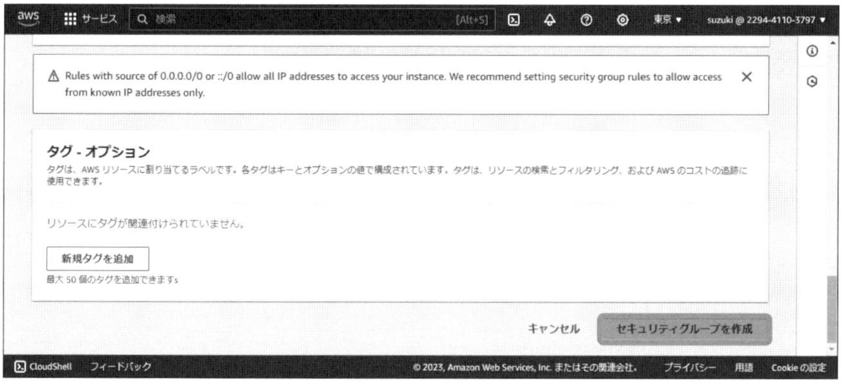

●図7-26　セキュリティグループを作成

セキュリティグループ作成後、ロードバランサー作成画面に戻り、作成した[HTTPS-Enable-SG] のセキュリティグループを追加します(図7-27)。

TIPS
追加したセキュリティグループが表示されないときは、ドロップダウンリストの右側の [再読込] のボタンをクリックしてください

●図7-27　セキュリティグループを追加する

④リスナーとルーティング

ロードバランサーの配下に配置するインスタンスの構成を選択します。次の順で構成します。

(1) リスナーの構成

次のように操作して、リスナーを構成します（**図7-28**）。

・プロトコル

HTTPSで接続できるようにしたいので、[プロトコル] を [HTTPS] に変更します（それに伴い、ポートも「443」に変わります）。

・ターゲットグループの作成

[ターゲットグループの作成] をクリックして、ターゲットグループを作ります。

TIPS
ターゲットグループ　target group。ロードバランサーの配下に配置するインスタンス群を定義する設定のこと

●図7-28　リスナーをHTTPSとして構成する

(2) ターゲットグループの作成

ターゲットグループを作ります。

- EC2インスタンスのグループを作りたいので、ターゲットタイプには [インスタンス] を選択します
- ターゲットグループ名は、任意の名前です。ここでは「mytargets」と名付けます

- プロトコルは、ターゲット（EC2インスタンス）の待ち受けるプロトコルです。「HTTP」とし、ポートはデフォルトの「80」とします
- IPアドレスタイプは［IPv4］とします
- VPCにはEC2インスタンスを配置したVPC——すなわち本書ではデフォルトのVPC——を選択します
- プロトコルバージョンは［HTTP1］を選択します
- ヘルスチェックは、配下のターゲットに定期的に接続して異常がないかを調べ、異常があるときは、そこに通信を配分しないようにする機能です。デフォルトでは、HTTPで「/」にアクセスすることで正常性を確認します。今回は、デフォルトのままにします。

上記を入力したら、[次へ]をクリックします（図7-29）。

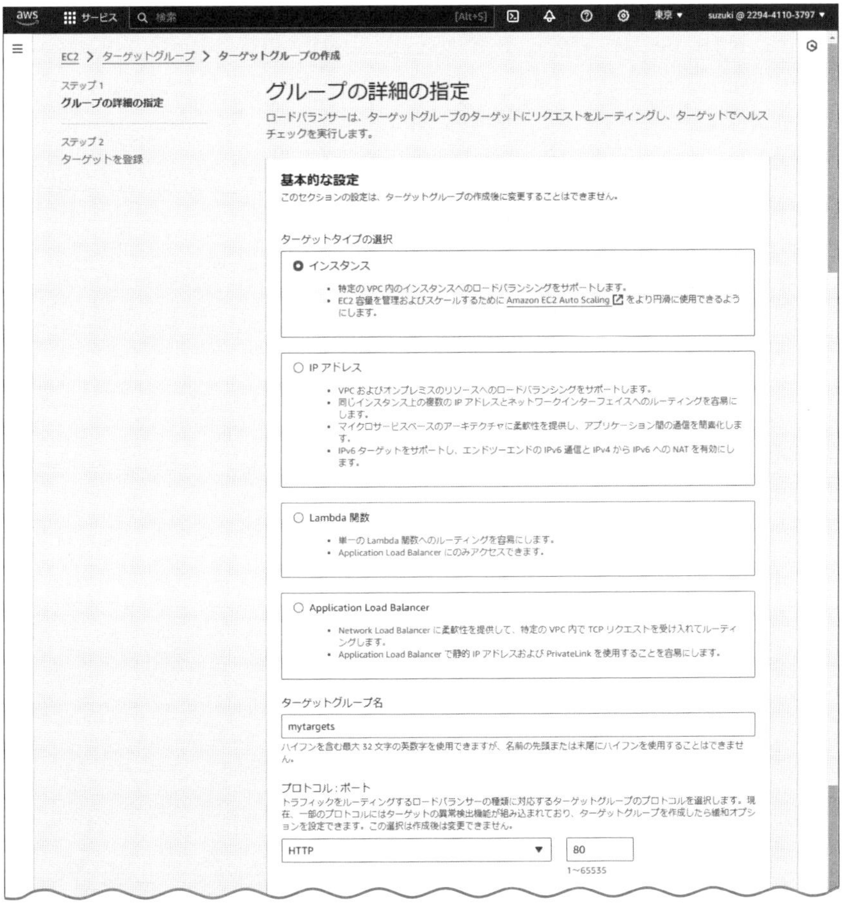
aws
サービス
検索
[Alt+S]
東京
suzuki @ 2294-4110-3797
EC2 > ターゲットグループ > ターゲットグループの作成
ステップ 1
グループの詳細の指定
ステップ 2
ターゲットを登録
グループの詳細の指定
ロードバランサーは、ターゲットグループのターゲットにリクエストをルーティングし、ターゲットでヘルスチェックを実行します。
基本的な設定
このセクションの設定は、ターゲットグループの作成後に変更することはできません。
ターゲットタイプの選択
インスタンス
特定の VPC 内のインスタンスへのロードバランシングをサポートします。
EC2 容量を管理およびスケールするために Amazon EC2 Auto Scaling をより円滑に使用できるようにします。
IP アドレス
VPC およびオンプレミスのリソースへのロードバランシングをサポートします。
同じインスタンス上の複数の IP アドレスとネットワークインターフェイスへのルーティングを容易にします。
マイクロサービスベースのアーキテクチャに柔軟性を提供し、アプリケーション間の通信を簡素化します。
IPv6 ターゲットをサポートし、エンドツーエンドの IPv6 通信と IPv4 から IPv6 への NAT を有効にします。
Lambda 関数
単一の Lambda 関数へのルーティングを容易にします。
Application Load Balancer にのみアクセスできます。
Application Load Balancer
Network Load Balancer に柔軟性を提供して、特定の VPC 内で TCP リクエストを受け入れてルーティングします。
Application Load Balancer で静的 IP アドレスおよび PrivateLink を使用することを容易にします。
ターゲットグループ名
mytargets
ハイフンを含む最大 32 文字の英数字を使用できますが、名前の先頭または末尾にハイフンを使用することはできません。
プロトコル : ポート
トラフィックをルーティングするロードバランサーの種類に対応するターゲットグループのプロトコルを選択します。現在、一部のプロトコルにはターゲットの異常検出機能が組み込まれており、ターゲットグループを作成したら緩和オプションを設定できます。この選択は作成後は変更できません。
HTTP
80
1~65535

IP アドレスタイプ
このターゲットグループに登録できるのは、指定された IP アドレスタイプのターゲットのみです。
IPv4
各インスタンスには、プライマリプライベート IPv4 アドレスが割り当てられたデフォルトのネットワークインターフェイス (eth0) があります。インスタンスのプライマリプライベート IPv4 アドレスは、ターゲットに適用されるアドレスです。
IPv6
登録する各インスタンスには、プライマリ IPv6 アドレスが割り当てられている必要があります。これはインスタンスのデフォルトネットワークインターフェース (eth0) で設定されます。さらに詳しく
VPC
ターゲットグループに含めるインスタンスを含む VPC を選択します。上記で選択した IP アドレスタイプをサポートする VPC のみが、このリストに表示されます。
-
vpc-0b4d42d3006b7c8d0
IPv4: 172.31.0.0/16
プロトコルバージョン
HTTP1
HTTP/1.1 を使用してターゲットにリクエストを送信します。これはリクエストプロトコルが HTTP/1.1 または HTTP/2 の場合にサポートされます。
HTTP2
HTTP/2 を使用してターゲットにリクエストを送信します。これはリクエストプロトコルが HTTP/2 または gRPC の場合にサポートされますが、gRPC 固有の機能は使用できません。
gRPC
gRPC を使用してターゲットにリクエストを送信します。これはリクエストプロトコルが gRPC の場合にサポートされます。
ヘルスチェック
関連付けられたロードバランサーは、以下の設定ごとに、登録済みターゲットのステータスをテストするため、登録済みターゲットに対して定期的にリクエストを送信します。
ヘルスチェックプロトコル
HTTP
ヘルスチェックパス
デフォルトパス「/」を使用してルートに ping を実行するか、必要に応じてカスタムパスを指定します。
/
最大文字数は 1024 です。
ヘルスチェックの詳細設定
属性
特定のデフォルト属性がターゲットグループに適用されます。ターゲットグループの作成後に表示および編集できます。
タグ - 省略可能
ターゲットグループにタグを追加することを検討してください。タグを使用すると、AWS リソースを分類できるため、リソースをより簡単に管理できます。
キャンセル
次へ
CloudShell
フィードバック
© 2023, Amazon Web Services, Inc. またはその関連会社。
プライバシー
用語
Cookie の設定

●図7-29　ターゲットグループの作成

ターゲットを登録します。[使用可能なインスタンス]で、配下に含めたいインスタンスにチェックを付けます。そして[選択したインスタンスのポート]に、このインスタンスが待ち受けているポート番号を指定します。ここまでの操作では、EC2インスタンスにはnginxをインストールしてあり、ポート80番で待ち受けしているので、「80」と入力し、[保留中として以下を含める]をクリックします(**図7-30**)。

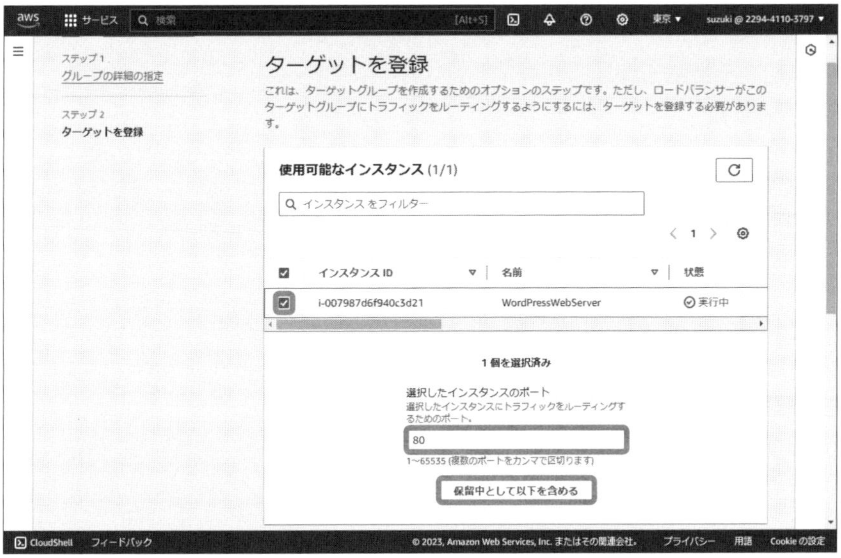

●図7-30　保留中に含める

すると、選択したインスタンスが［ターゲット］の一覧に入ります。確認したら、［ターゲットグループの作成］をクリックします（図7-31）。

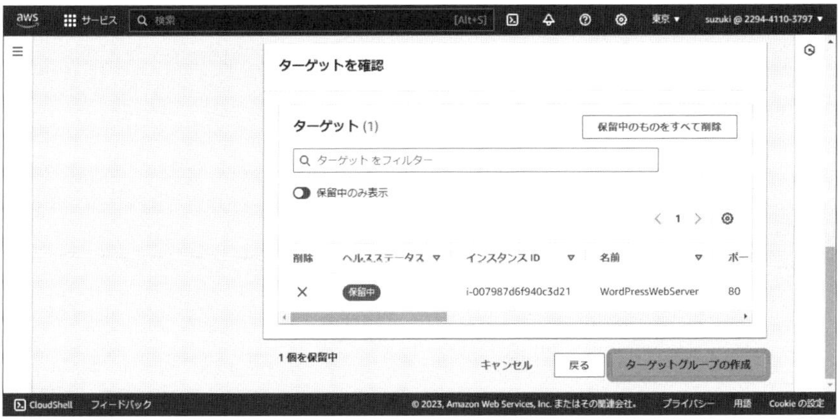

●図7-31　EC2インスタンスが［ターゲット］の一覧に入ったことを確認して、ターゲットグループを作成する

(3) ターゲットの選択

ターゲットを作成したら、ロードバランサーの作成画面に戻り、リスナーの［デフォルトアクション］のところで、いま作成したターゲットグループを選択します（図7-32）。

TIPS
追加したターゲットグループが表示されないときは、ドロップダウンリストの左側の［再読込］のボタンをクリックしてください

aws
サービス
検索
[Alt+S]
東京
suzuki @ 2294-4110-3797
リスナーとルーティング 情報
リスナーは、設定したポートとプロトコルを使用して接続リクエストをチェックするプロセスです。リスナー用に定義するルールによって、登録されたターゲットにロードバランサーがリクエストをルーティングする方法が決まります。
リスナー HTTPS:443
削除
プロトコル
ポート
HTTPS
443
1~65535
デフォルトアクション 情報
転送先
mytargets
HTTP
ターゲットの種類 インスタンス, IPv4
ターゲットグループの作成
リスナータグ - 省略可能
リスナーにタグを追加することを検討してください。タグを使用すると、AWS リソースを分類できるため、リソースをより簡単に管理できます。
リスナータグの追加
タグは最大 50 個追加できます。
リスナーの追加
CloudShell
フィードバック
© 2023, Amazon Web Services, Inc. またはその関連会社。
プライバシー
用語
Cookie の設定

●図7-32 [デフォルトアクション]でターゲットグループを選択する

⑤セキュアリスナーの設定

HTTPS通信の証明書を設定します(**図7-33**)。

・セキュリティポリシー

どのようなセキュリティポリシーを適用するのかを選択します。デフォルトのままで問題ありません。

・デフォルトSSL/TLSサーバー証明書

証明書を選択します。すでに、AWS Certificate Manager (ACM) で証明書を作成済みなので、[ACMから] を選択し、ドロップダウンリストで、作成済みの証明書を選択します。

aws
サービス
検索
[Alt+S]
東京
suzuki @ 2294-4110-3797
セキュアリスナーの設定 情報
これらの設定は、すべてのセキュアリスナーに適用されます。作成後は、リスナーごとにこれらの設定を管理できます。
セキュリティポリシー 情報
ロードバランサーは、セキュリティポリシーと呼ばれる Secure Socket Layer (SSL) ネゴシエーション設定を使用して、クライアントとと SSL 接続を管理します。セキュリティポリシーの比較
セキュリティカテゴリ
ポリシー名
すべてのセキュリティポリシー
ELBSecurityPolicy-TLS13-1-2-2021-06 (推奨)
デフォルト SSL/TLS サーバー証明書
クライアントが SNI プロトコルなしで接続した場合、または一致する証明書がない場合に使用される証明書。この証明書は、AWS Certificate Manager (ACM)、Amazon Identity and Access Management (IAM) から入手するか、証明書をインポートできます。この証明書はリスナー証明書リストに自動的に追加されます。
証明書の取得先
ACM から
IAM から
証明書をインポート
証明書 (ACM から)
選択した証明書が、このロードバランサーのセキュアリスナーのデフォルト SSL/TLS サーバー証明書として適用されます。
blogs.awsexample0123.com
ff871e1a-0b77-4c0f-b002-5d0deaa89860
新しい ACM 証明書をリクエスト
クライアント証明書の処理 情報
クライアント証明書は、リモートサーバーに認証されたリクエストを行うために使用されます。詳細はこちら
相互認証 (mTLS)
相互 TLS (トランスポートレイヤーセキュリティ) 認証は、双方向のピア認証を提供します。TLS 経由のセキュリティのレイヤーを追加し、接続しているクライアントをサービスが検証するのを許可します。
CloudShell
フィードバック
© 2023, Amazon Web Services, Inc. またはその関連会社。
プライバシー
用語
Cookie の設定

●図7-33 セキュアリスナーの設定

⑥確認して作成する

一番下に、これまで入力および選択した内容が表示されるので、内容を確認し、[ロードバランサーの作成]をクリックして、作成します(図7-34)。

●図7-34　ロードバランサーの作成

7-4-3 ロードバランサーにドメイン名でアクセスできるようにする

次に、blogs.awsexample0123.comが、EC2インスタンスに向いていたものを、ロードバランサーを向くように設定します(図7-35)。

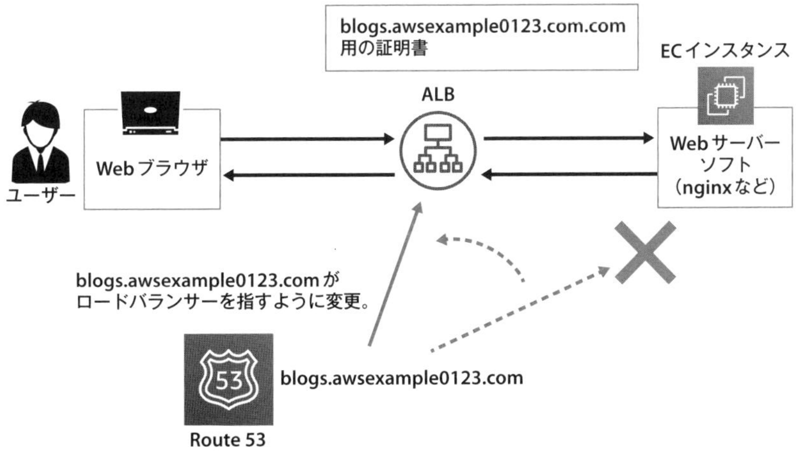

●図7-35　blogs.awsexample0123.comがロードバランサーを向くように修正する

手順 ➔ blogs.awsexample0123.comをロードバランサーに変更する

Step1 blogs.awsexample0123.comの設定を開く

Route 53の［ホストゾーン］を操作して、awsexample0123.com.comのゾーン（ドメイン）を開きます。［blogs.awsexample0123.com］の項目にチェックを付けます。右側に詳細が表示されたら、［レコードを編集］をクリックします（図7-36）。

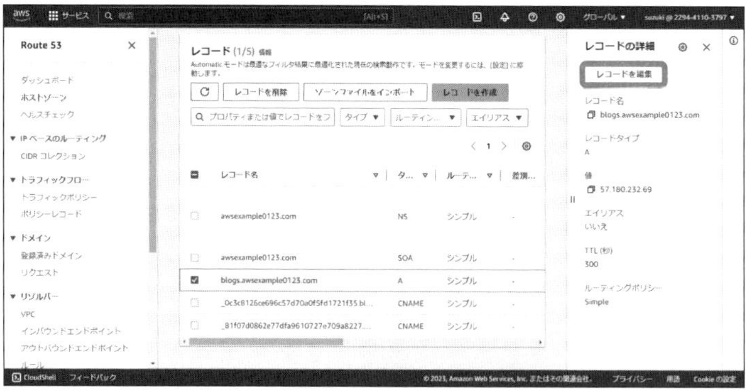

●図7-36　blogs.awsexample0123.comの設定を開く

Step2 ロードバランサーを指すように修正する

図7-36に示したように、本書の流れでは、WordPressをインストールしたEC2インスタンスのIPアドレス（Elastic IP）が設定されているはずです。

これをロードバランサーに変更します。そのためには、［エイリアス］をオンにします。すると選択肢にロードバランサーが現れるので、それを選択して［保存］ボタンをクリックします（図7-37）。

●図7-37　ロードバランサーを選択して保存する

以上で設定は完了です。ブラウザから「https://blogs.awsexample0123.com/」のように「https://」で、正しくアクセスできることを確認しましょう。

実際に確認すると、レイアウトが崩れたり、画像が見えなかったりします。これはすでに説明したように、ホスト名などが合っていないからです。

「6-2-6　レイアウトの崩れなどに対応する」で説明した方法で、wp-config.phpファイルの設定内容を「https://blogs.awsexample0123.com/」に変更し、さらに、追加として「$_SERVER['HTTPS'] = 'on'」という行を追加します。すると直るはずです。ブラウザでもう一度接続して確認してください。

```
<?php
define('WP_HOME',' https://blogs.awsexample0123.com/');
define('WP_SITEURL','https://blogs.awsexample0123.com/');
$_SERVER['HTTPS'] = 'on';
…略…
```

COLUMN

EC2インスタンスに、直接接続できないようにする

ユーザーは、https://blogs.awsexample0123.com/にアクセスすればSSL/TLSによる暗号化通信できますが、直接、http://EC2インスタンスのElastic IP/にアクセスすることも、依然として可能です。この場合、通信は暗号化されません。

ロードバランサーを用いた構成では、ユーザーが直接、EC2インスタンスに接続する必要はありません。直接、接続できないようにするには、セキュリティグループを変更して、ロードバランサーからのHTTP通信（そして管理用のSSH通信）だけを許すように構成します。

7-5 CloudFrontを構成する

S3バケットをSSL/TLSで接続できるようにします。

7-5-1 CloudFrontダッシュボードを開く

AWSマネジメントコンソールから、CloudFrontの画面を開きます（図7-38）。

●図7-38　CloudFrontを開く

7-5-2 SSL/TLS通信するCloudFrontディストリビューション

CloudFrontダッシュボードでディストリビューション（配信設定）を作成します。

手順 SSL/TLS通信するCloudFrontディストリビューションを作る

Step1 ディストリビューションの作成を始める

［CloudFrtonディストリビューションを作成］ボタンをクリックして、ディストリビューションの作成を始めます（図7-39）。

aws
サービス
検索
[Alt+S]
グローバル
suzuki @ 2294-4110-3797
ネットワークとコンテンツ配信
Amazon CloudFront
低レイテンシーと高速転送速度でコンテンツを安全に配信
Amazon CloudFront は、低レイテンシーと高速転送速度で、データ、動画、アプリケーション、API を世界中の顧客に安全に配信する高速コンテンツ配信ネットワーク (CDN) サービスです。
CloudFront を使い始める
Amazon S3 バケット、Application Load Balancer、Amazon API Gateway API などの高速で、信頼でき、安全なコンテンツ配信を 5 分以内で実現します。
CloudFront ディストリビューションを作成
AWS 無料利用枠

●図7-39　ディストリビューションの作成をはじめる

Step2 ドメイン名や配信元などを選択する

ドメイン名や配信元のS3バケットなどを選択します。次の内容を入力します。

①オリジン

配信元のサーバーなどを設定します（図7-40）。

> **TIPS**
> origin　オリジン。起源という意味。キャッシュ対象の元データなど、起源や起点となっているものを指すときに使われる汎用的な用語

・オリジンドメイン

配信元の名前です。配信元となるS3バケットを選択します。選択すると、図7-40のように「このS3バケットはS3サイトで設定されています」という旨のメッセージが表示されます。［Webサイトのエンドポイントを使用］をクリックします。すると、静的ウェブサイトホスティングのURLに切り替わるので、移行の設定を進めていきます。

・プロトコル

オリジンドメインに接続する際のプロトコルです。S3バケットを選んだときは、適切に設定されるので、デフォルトのまま編集する必要はありません。

・オリジンパス

特定のURLのパス（/以下）しか機能させたくないときは、ここに、そのパスを入力します。全部キャッシュするのであれば、空欄にしておきます。

・名前

オリジンドメインとオリジンパスを基に、自動で生成される値です。

・オリジンアクセス

オリジンドメインに対して、CloudFrontを通さないで、直接アクセスすることを許すかどうかを設定します。［Origin access control settings(recommanded)］

を選択すると、CloudFrontを通さずにアクセスできないようにセキュリティポリシーを変更できますが、ここでは話を簡単にするため、[Public]を選択し、CloudFrontを経由しないアクセスも許容するものとします。

・カスタムヘッダーを追加

CloudFrontが、Origion Domain Nameで指定したものに対してアクセスする際、そのHTTPヘッダに含めたい任意の値を入力します。今回は、何も追加しません。

・オリジンシールドを有効にする

Origin Shieldという、オリジンサーバー（今回はアクセス先のS3バケット）への負荷を軽減する機能を有効にするかを決めます。ここでは［いいえ］を選択します。

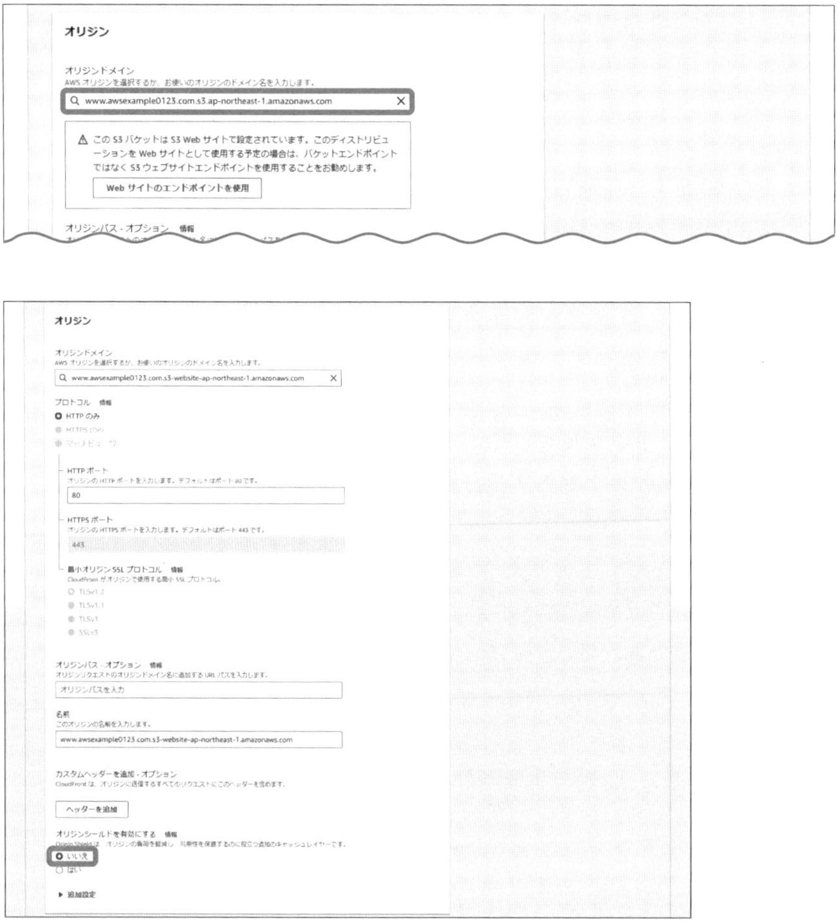

●図7-40　オリジンの設定

②デフォルトのキャッシュビヘイビア

キャッシュの持続時間や許可する操作などの振る舞いを設定します（**図7-41**）。多くの場合、デフォルトの値で問題ないので、ここでの説明は割愛します。

●図7-41　キャッシュ関連のデフォルトの設定

③関数の関連付け

リクエストが発生したときに、何かサーバーレスのコードを実行したいときは、そのコードを設定します。

本書では、こうした機能は使わないので、すべて［関連付けなし］のままにしておきます（**図7-42**）。

●図7-42　関数の関連付け

④ウェブアプリケーションファイアウォール (WAF)

ウェブのファイアウォール機能を有効にするかを決めます。費用が別途かかるので、ここでは、[セキュリティ保護を有効にしないでください] を選択します (図7-43)。

> **TIPS**
> WAF　Web Application Firewall。ウェブの通信を中身まで確認して、セキュリティ上、問題となりそうな通信を除外したりログとして記録したりする機能

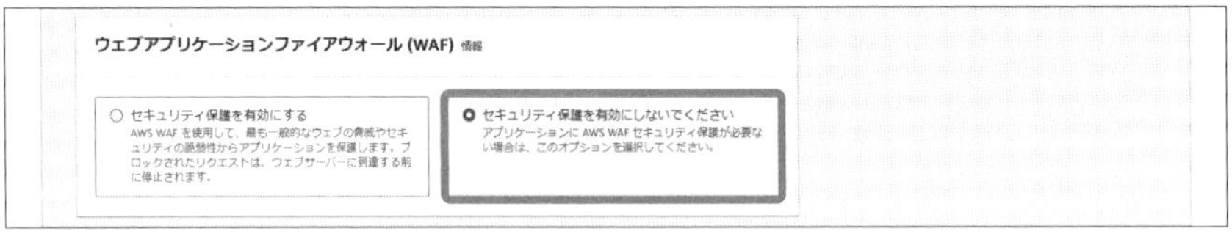

●図7-43　ウェブアプリケーションファイアウォール

⑤設定

配信の全体的な設定を決めます。証明書を選択する項目もあります。

設定が終わったら、一番下の [ディストリビューションを作成] をクリックします (図7-44)

料金クラス

適用範囲です。次のいずれかを選びます。適用範囲が広いほど、費用がかかります。ここでは、デフォルトの[すべてのエッジロケーションを使用する (最高のパフォーマンス)] としますが、費用が気になる場合は、ほかの選択肢にしてもよいでしょう。

1. すべてのエッジロケーションを使用する（最高のパフォーマンス）
2. 北米と欧州のみを使用
3. 北米、欧州、アジア、中東、アフリカを使用

> **TIPS**
> この設定は、全部で何台のキャッシュサーバーを使うかの設定。Edge Locationとは、キャッシュサーバーの場所のこと。1.を選択するとAWSの主要拠点に設置されるのに対し、2.を選択したときは、米国・カナダ・欧州のみ、3.を選択したときは2.に加えて、アジアとアフリカが追加される

・代替ドメイン名(CNAMEs)

ドメイン名の別名を入力します。ここでは「www.awsexample0123.com」で

アクセスできるようにするため、その旨を入力します。

・カスタム SSL 証明書

利用するSSL/TLS証明書です。あらかじめCertificate Managerで作成しておいた証明書を選択します。

・レガシークライアントサポート

古いブラウザをサポートするかを決めます。[有効] にチェックを付けると、月額600ドルがかかるので、付けないようにします。

ここで言う「古い」とは、SNIと呼ばれる機能に対応しないもので、年代的には20年以上前だと考えてください。現存のほとんどのブラウザでは、有効にする必要はありません。

> **TIPS**
> SNI　Server Name Indication。SSL/TLSの拡張仕様のひとつで、1つのIPアドレスを共有する環境でも、異なるドメイン名の暗号化通信を可能とする

・セキュリティポリシー

セキュリティポリシーを選択します。推奨の[TLSv1.2_2021]を選択します。

・サポートされている HTTP バージョン

サポートするHTTPバージョンを選択します。デフォルトの [HTTP/2] のままとします。

・デフォルトルートオブジェクト

ルートオブジェクトのデフォルトの位置を示します。アクセスしたときに、別のパスを見せたいときに指定します。空欄にすると、オリジンのサーバーと同じ場所が見えるようになります。通常空欄のままとします。

・標準ログ記録

ログをとるかどうかの設定です。デフォルトは [オフ] です。[オン] にするとログを記録できますが、記録容量に応じた費用がかかります。

・IPv6

IPv6をサポートするかどうかです。デフォルトでは[オン]になっています。そのままの設定でかまいません。

・説明

任意のコメントです。空欄でかまいません。

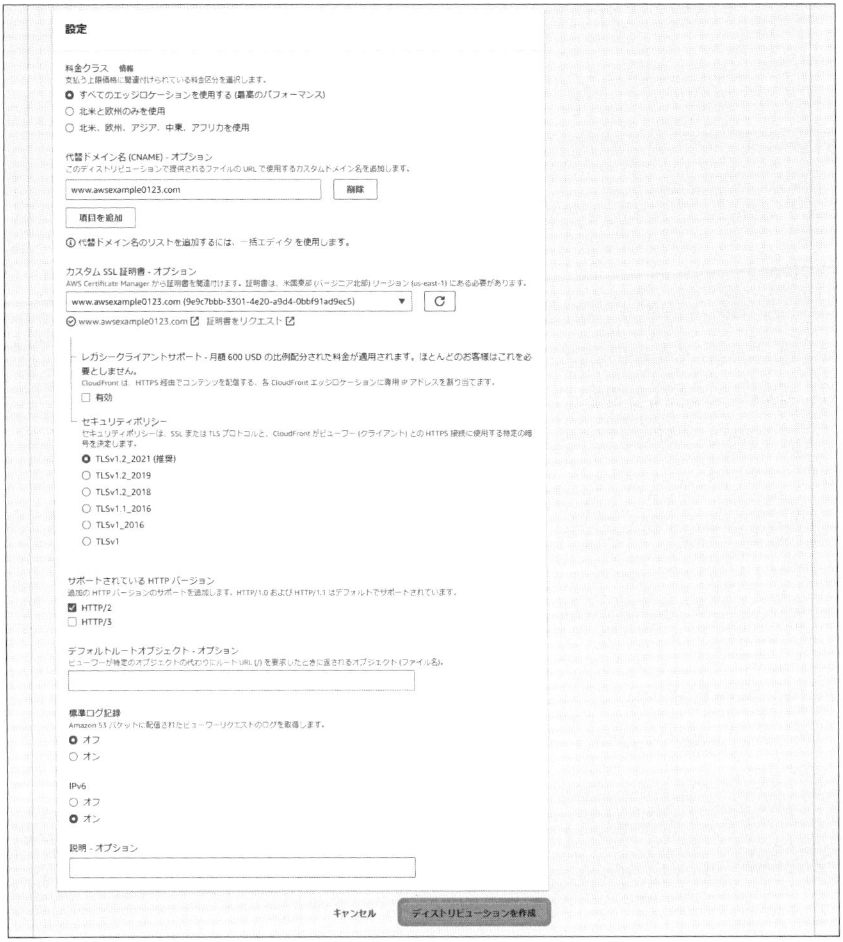

●図7-44 設定

Step3 設定の完了

設定が完了します（図7-45）。

●図7-45 設定の完了

7-5-3 CloudFrontにドメイン名でアクセスできるようにする

次に、www.awsexample0123.comが、S3バケットではなく、CloudFrontを向くように設定します（図7-46）。

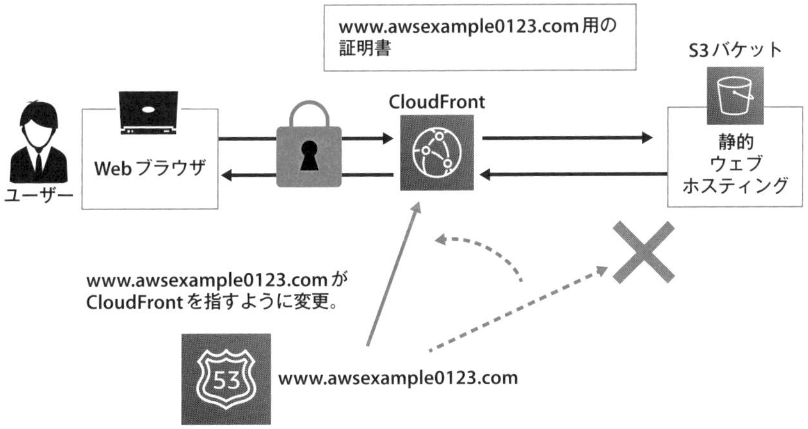

●図7-46　www.awsexample0123.comがCloudFrontを向くように修正する

手順 www.awsexample0123.comがCloudFrontを向くように構成する

Step1 www.awsexample0123.comの設定を開く

Route 53の［ホストゾーン］を操作して、awsexample0123.comのゾーン（ドメイン）を開きます。

そして［www.awsexample0123.com］の項目を開きます（図7-47）。

●図7-47　www.awsexample0123.comの設定を開く

Step2 CloudFrontを指すように修正する

図7-47に示したように、本書の流れでは、S3バケットが設定されています。これをCloudFrontに変更し、[保存]ボタンをクリックします(図7-48)。

●図7-48 CloudFrontを選択して保存する

以上で設定完了です。https://www.awsexample0123.com/のように「https://」でアクセスして、S3バケットに置いたファイルが見えることを確認してください。

TIPS

S3バケットには2つのURLがある。ひとつは、最初から付いているS3にアクセスするときのURLで、AWSの機能を使ってファイル操作するときに使うURL。このURLでは権限があればファイルのアップロードや削除などの操作もできる。もうひとつは、静的ウェブホスティングを有効にしたときに限って追加で設定されるURL。こちらのURLは、Webブラウザから、配置したコンテンツを参照するときに使うもので、基本的には参照専用

COLUMN

後始末

本書は、この章でおしまいです。本章で使ったロードバランサーやCloudFront、そして、本書を通じてずっと使ってきたEC2インスタンスやS3バケットを削除するには、次のようにします。

①ロードバランサーを削除する

ロードバランサーは［アクション］メニューから削除できます。ロードバランサーを削除したら、ターゲットグループも削除しましょう（**図7-49**、**図7-50**）。

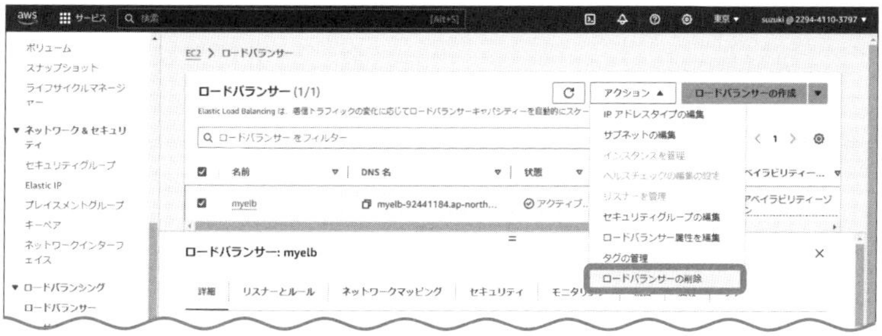

●**図7-49　ロードバランサーを削除する**

●**図7-50　ターゲットグループを削除する**

②CloudFrontを削除する

CloudFrontは、いったん無効にしてから、削除するという手順が必要です。

まずは、［無効］ボタンをクリックして、いったん無効にします（**図7-51**）。無効の状態になると［Delete］ボタンがクリックできるようになるのでクリックして削除します（**図7-52**）。

TIPS

実際には、そのあと、確認画面が表示されますが、ここでは省略。以下の手順も同様で、停止や削除の際には、念のための確認画面が表示される

●図7-51　CloudFrontを無効にする

●図7-52　削除する

③EC2インスタンス

EC2インスタンスを削除します。第4章を参考にしてください。

④DBインスタンス

ブログデータの保存に使ったDBインスタンスも削除しましょう。この手順の詳細については、第5章を参考にしてください。

⑤S3バケット

S3バケットを削除する手順については、第3章を参考にしてください。

⑥ドメイン名やRoute 53

ドメイン名やRoute 53も必要に応じて削除しましょう。Route 53のメニューで［ホストゾーン］でゾーンを選択し、［削除］を選択します（**図7-53**）。ただしドメイン名は、一度取得すると1年間有効なので、その間は使い続けるのもよいでしょう。

●図7-53　Route 53のゾーンを削除する

これまでかかった費用などは、AWSマネジメントコンソールの右上の自分の名前をクリックすると表示される［請求とコスト管理］から確認できます（**図7-54**）。

●図7-54　請求ダッシュボードを確認する

TIPS

AWSで取得したドメイン名は、デフォルトでは自動更新。更新期限が近づくとメールが届く。更新したくないときは、更新しない旨の操作をしないと、自動的に更新されてしまうので注意

TIPS

請求とコスト管理や解約は、AWSのrootアカウントでしか操作できない

AWSをもう使わないのなら、解約するのもよいでしょう。

解約するには[アカウント]メニューから操作します。アカウントメニューの一番下には、「アカウントを閉鎖」という項目があり、解約申請できます（図7-55）。

aws
サービス
検索
[Alt+S]
グローバル
Amazon Taro
請求とコスト管理
ホーム 新規
開始方法 新規
請求と支払い
請求書
支払い
クレジット
発注書
コスト分析
Cost Explorer 新規
Cost Explorer 保存済みレポート
コスト異常検出
無料利用枠
データエクスポート 新規
コスト組織
Cost Categories
顧客確認情報を管理するには、顧客検証 を参照してください。
アカウントを閉鎖
この 重要なアカウント解約ガイダンス を確認してください。具体的には:
アグリーメントの終了: アカウントの解約は、このアカウントについて、AWS カスタマーアグリーメント (またはこのアカウントを統制する他の AWS アグリーメント) のお客様による解除通知として機能します。
請求: {billsLink} および {subscriptionLink} ({reservedInstanceLink} など) を含むすべての {paymentsDueLink} の責任は、お客様が引き続き負うものとします。
再アクティブ化: お客様は、解約後 90 日間、AWS のアカウントを再開できます。アカウントを再開すると、アクティブ リソースの料金を請求される場合があります。90 日間が経過すると、アカウントは完全に解約され、残りのコンテンツは削除され、未使用のクレジットは失われます。
GovCloud: このアカウントの解約により、リンクされている GovCloud アカウント もすべて解約されます。
予期しない変更が発生した場合は、アカウントを解約せずに、無料利用枠の変更、不要なリソース、不正なアクティビティなどの一般的な変更のトラブルシューティング を行う方法を確認してください。
アカウントを閉鎖
CloudShell
フィードバック
© 2024, Amazon Web Services, Inc. またはその関連会社。
プライバシー
用語
Cookie の設定

●図7-55　AWSを解約する

要点整理

- ✔ SSL/TLSで暗号化するには、証明書が必要です。証明書は、秘密鍵と公開鍵を作成し、その公開鍵を、認証局に確認してもらったものです。
- ✔ AWS Certificate Managerを使うと、証明書を無料で生成できます。
- ✔ ロードバランサーは負荷を分散するシステムです。証明書をインストールすれば、SSL/TLSで暗号化通信できるようになります。
- ✔ CloudFrontはキャッシュするシステムです。証明書をインストールすれば、SSL/TLSで暗号化通信できるようになります。

本書は、これで終わりです。AWSの機能はまだまだたくさんありますが、基本的なところはすべて紹介しました。

小規模なWebサイトの構築なら、本書の知識で十分ですし、この章で説明したロードバランサーやCloudFrontを活用すれば、もっと大規模なサイトも安定して運用できます。

簡単に設定でき、堅牢な運用ができるAWSを、是非、趣味に、業務にと、さまざまなところで使っていってください。

索引

A—E

G—I

L—N

O—R

S・T

V―Y

あ行

か行

さ行

た行

な・は行

ま行

や・ら・わ行

■著者紹介
大澤文孝（おおさわふみたか）
ITエンジニア、コンサルタント、ライター。フリーのITエンジニアとしてシステム開発などに従事、IT分野での執筆業や講演も行っている。主な著書に「エンジニアのためのChatGPT活用入門 AIで作業負担を減らすためのアイデア集」「AWSネットワーク入門 第2版」「AWS Lambda実践ガイド 第2版」（インプレス）、「Amazon Web Servicesクラウドデザインパターン」（共著、日経BP）。他、開発者向けの実践書を多数執筆。

デザイン・装丁 ● 吉村 朋子
レイアウト ● リンクアップ
編集 ● 野田 大貴

■サポートホームページ
本書の内容について、弊社ホームページでサポート情報を公開しています。
https://gihyo.jp/book/2024/978-4-297-14089-2

ゼロからわかる
Amazon《アマゾン》 Web《ウェブ》 Services《サービス》超入門《ちょうにゅうもん》
はじめてのクラウド　改訂新版《かいていしんぱん》

2019年　7月　9日　初　版　第1刷発行
2024年　5月　3日　第2版　第1刷発行

著　者　大澤《おおさわ》　文孝《ふみたか》
発行者　片岡　巌
発行所　株式会社技術評論社
東京都新宿区市谷左内町21-13
電話　03-3513-6150　販売促進部
03-3513-6177　第5編集部
製本／印刷　図書印刷株式会社

定価はカバーに印刷してあります

ISBN978-4-297-14089-2 C3055
Printed in Japan

■お問い合わせについて
ご質問は本書の記載内容に関するものに限定させていただきます。本書の内容と関係のない事項、個別のケースへの対応、プログラムの改造や改良などに関するご質問には一切お答えできません。なお、電話でのご質問は受け付けておりませんので、FAX・書面・弊社Webサイトの質問用フォームのいずれかをご利用ください。ご質問の際には書名・該当ページ・返信先・ご質問内容を明記していただくようお願いします。
ご質問にはできる限り迅速に回答するよう努力しておりますが、内容によっては回答までに日数を要する場合があります。回答の期日や時間を指定しても、ご希望に沿えるとは限りませんので、あらかじめご了承ください。

●問い合わせ先
〒162-0846　東京都新宿区市谷左内町21-13
株式会社技術評論社　第5編集部
「ゼロからわかるAmazon Web Services超入門
はじめてのクラウド　改訂新版」質問係
FAX番号　03-3513-6173

なお、ご質問の際に記載いただいた個人情報は、ご質問の返答以外の目的には使用いたしません。また、返答後は速やかに破棄させていただきます。